高等职业教育教材

食品微生物学

第三版 Third Edition

孙长花　丁娟芳　主编

化学工业出版社

·北京·

内容简介

本书主要阐述了微生物学基础知识以及微生物与食品的关系。在微生物学基础方面，系统阐述了微生物的形态、结构、培养及生理特征，微生物的营养代谢与生长繁殖，微生物的遗传变异、菌种选育与保藏。在微生物与食品的关系方面，系统阐述了微生物在食品生产中的应用，食品中潜在的有害微生物种类及其对人类健康的威胁、防止食品腐败变质的措施，以及微生物对食品安全的影响、微生物及其毒素污染食品引起食物中毒的种类及预防措施等。第八章为微生物实验技术，主要包括显微镜的使用方法、各类微生物及其结构的形态学观察方法、微生物培养技术、食品中菌落总数和大肠菌群的检测方法、微生物菌种选育及保藏技术等。

本书既可供高等职业教育食品类专业师生使用，也可供相关领域的专业技术人员参考。

图书在版编目（CIP）数据

食品微生物学 / 孙长花，丁娟芳主编. — 3 版.
北京：化学工业出版社，2025. 1. —（高等职业教育教材）. — ISBN 978-7-122-47481-0

Ⅰ. TS201.3

中国国家版本馆 CIP 数据核字第 2025KV2603 号

责任编辑：毛一文 蔡洪伟　　　装帧设计：刘丽华
责任校对：李雨晴

出版发行：化学工业出版社
　　　　　（北京市东城区青年湖南街 13 号　邮政编码 100011）
印　　装：北京云浩印刷有限责任公司
787mm×1092mm　1/16　印张 14　字数 347 千字
2025 年 10 月北京第 3 版第 1 次印刷

购书咨询：010-64518888　　　售后服务：010-64518899
网　　址：http://www.cip.com.cn
凡购买本书，如有缺损质量问题，本社销售中心负责调换。

定　　价：42.00 元

编写人员名单

主　　编　　孙长花　扬州职业技术大学

丁娟芳　扬州职业技术大学

副主编　　操庆国　江苏农林职业技术学院

郑小双　扬州职业技术大学

参　　编　　吴江萍　扬州职业技术大学

杨　　嘉　扬州市食品药品检验检测中心

吕玉珍　扬州职业技术大学

刘菲帆　江苏农牧科技职业学院

主　　审　　朱乐敏　扬州职业技术大学

第三版前言

本教材自 2006 年首次出版以来，紧跟经济社会、产业升级及高职教育的快速发展，结合行业对高技能人才的需求，对接职业标准与岗位要求，进行了多次修订。近二十年来，本教材得到了广大用户的高度评价，深受全国众多高职院校的青睐，并被广泛应用于食品相关专业的教学中。为贯彻《职业院校教材管理办法》和落实《教育强国建设规划纲要（2024—2035 年）》的精神，本次修订结合了行业企业分析领域的调研成果，融合了编者及部分高职院校在课程改革和教学实践中的经验与建议。此外，本次修订还增补了数字化教学资源，并更新吸收了行业发展的新知识、新技术、新工艺和新规范，以确保教材内容与时俱进，更好地满足教学需求。

本教材编写修订过程中，严格遵循职业教育教学规律、高技能人才成长规律以及学生的认知特点，紧密结合人才培养模式的创新需求，致力于培养学生的职业素养、劳模精神、工匠精神以及面向职业和岗位的创新精神。同时，注重提升学生解决一线复杂问题的综合能力，增强其工作适应性、岗位胜任力和职业综合素质。本教材的主要特点如下：

（1）思政元素有机融入，德技并修　教材在各章节中巧妙融入思政教育内容，选取了食源性病原微生物的检测与防控、微生物在健康食品中的应用、我国科学家事迹、食品废弃物的资源化利用等典型思政案例，并结合党的二十大报告中"推进健康中国建设""推动绿色发展，促进人与自然和谐共生""弘扬科学家精神""加快实现高水平科技自立自强"等重要论述，引导学生树立文化自信、爱国情怀、科学精神、尊重生命、环保意识以及科技报国的理想信念。同时，通过引入多家企业的真实案例，培养学生的严谨态度、责任意识、职业品德和专业精神。教材将立德树人根本任务与"为党育人、为国育才"的教育理念贯穿始终，实现思想道德、职业素养与工匠精神的培养贯穿于专业知识学习和技能训练全过程，真正做到德技并修。

（2）内容体系全面，注重实践应用　教材编写以"理论知识必需、够用"为原则，突出应用型理论的实用性和针对性。全书共分为八章，其中第一章至第七章涵盖微生物学理论基础、微生物在食品工业中的应用以及微生物引起的食品腐败变质等内容。每章以学习目标和相关知识开篇，以本章小结和复习思考题收尾，帮助学生明确学习重点和能力培养方向，同时拓展学生的知识视野。第八章为微生物实验技术，根据理论知识递进规律设计实验内容，重点培养学生的微生物实验基本技能和检验检测应用能力。

（3）产教深度融合，理论与实践高度统一　教材紧密结合企业实际，选取了大量真实岗位工作任务和典型案例作为教学载体，设计了 16 个实验实训项目，并将部分内容录制成视频用于教学，实现了理论与实践的高度统一，有效激发学生的学习兴趣和创新潜能。同时，教材引入国家和行业的新标准与新规范，紧密对接产业发展动态，培养学生的国家标准意识、质量观念和规范理念，帮助学生掌握行业的新知识、新技术、新工艺和新规范，使教材内容更具规范性、可读性、适用性和实用性。

（4）编写团队多元化，突出职业教育特色　为确保教材内容与职业岗位能力标准紧密对接，满足企业用人需求，编写团队由高职院校教师、行业企业技术人员、能工巧匠和一线工程师共同组成。通过广泛调研不同食品企业的实际需求，团队充分发挥校企合作优势，确保教材内容贴近职业岗位实际，突出职业教育特色。

（5）形式新颖多样，配套资源丰富 教材配套了丰富的数字化教学资源，包括视频、教学 PPT、习题等，形成了立体化的学习资源体系，增强了教材的可读性和趣味性，同时提升了学生的自主学习能力和可持续发展能力，相关资源可登录 www.cipedu.com.cn 下载。

在前两版各位编者编写修订的基础上，参加本次修订工作的有扬州职业技术大学孙长花、丁娟芳、郑小双、吴江萍、吕玉珍，江苏农林职业技术学院操庆国，江苏农牧科技职业学院刘菲帆，扬州市食品药品检验检测中心杨嘉。具体分工为：第一章至第七章内容的修订由孙长花、丁娟芳、操庆国、郑小双、吴江萍、刘菲帆完成，第八章内容的修订由杨嘉、吕玉珍完成，微课视频由操庆国完成。

本书由孙长花、丁娟芳任主编，操庆国、郑小双任副主编。全书由孙长花主持修订及统稿，丁娟芳参加了修订内容的整理工作。朱乐敏担任本书的主审，并提出了许多宝贵意见。

本次修订承蒙朱乐敏老师、兄弟院校同仁及相关企业专家的悉心指导与通力协助，在此谨致衷心感谢！教材修订过程中汲取了其他优秀书籍的精华，在此对各位编者谨致谢意！

鉴于编者学识和能力有限，不足之处在所难免，恳请各位专家、使用本书的师生和广大读者批评指正。在此向关心和使用本书的各位朋友致以诚挚的谢意！

编者

2025 年 1 月

第一版前言

  本教材是根据教育部有关高职高专教材建设的文件精神，以高职高专食品类专业学生的培养目标为依据编写的。在教材的编写过程中广泛征求了食品企业专家和食品微生物授课老师的意见。同时，本教材编写人员本身就是从事高职高专食品专业教学多年的教师，因而本教材具有较强的实用性。

  在编写过程中，理论部分本着"必需、够用为度"的原则，突出实验部分的教学内容，但又不失本学科知识的连续性和完整性。本书选材合适、层次分明、内容安排较合理，并努力做到条理规范、内容实用，重要的是突出了高职高专的教育是以能力为中心的教育特点。

  本书共分八章，第一章至第七章是微生物理论部分、微生物在食品工业中的应用及不同的微生物引起不同食品的腐败变质。第八章是微生物实验，共十六个实验，包括微生物的形态观察、微生物的测定及微生物应用实验。其中第一章、第四章、第五章、第七章、实验八、实验十一、实验十二、实验十六由朱乐敏编写；第二章、实验七、实验十由熊美阳编写；第三章的第一节及第三节、实验一、实验二、实验三、实验四、实验五、实验六及附录部分由李善斌编写；第三章的第二节及第四节、实验九、实验十三、实验十四、实验十五由田晖编写；第六章由程伟编写。全书由朱乐敏统稿。

  周凤霞担任本书的主审，并提出了许多宝贵意见。由于编者水平有限，书中不妥之处在所难免，恳请有关专家、老师、读者批评指正。

  本书在编写过程中，得到了江苏省扬州市职业大学、长沙环境保护职业技术学院、广西工业职业技术学院、杭州职业技术学院及新疆职业技术学院等单位领导的大力支持，在此表示衷心的感谢。

  最后，我们要特别感谢参考文献中的所有作者，这些文献为本书提供了丰富的资料。

编者
2006 年 4 月

目　录

第一章 绪 论

【学习目标】
1. 掌握微生物的基本概念及特点。
2. 熟悉微生物学的主要分支学科及发展史。
3. 明确食品微生物学的研究对象和任务。
4. 了解食品微生物的研究和应用前景。

第一节 微生物概念及其特性

一、微生物的概念

微生物（microorganism，microbe）一词，是对所有形体微小、单细胞或个体结构较为简单的多细胞，甚至无细胞结构的低等生物的总称，或简单地说是对细小的、人们肉眼看不见的、只有借助于显微镜才能看见的生物的总称。但有的细菌是肉眼可见的，如 1993 年正式确定为细菌的 *Epulopiscium fishlsoni* 以及 1998 年报道的 *Thiomargarita namibiensis*。2004 年，德国科学家在纳米比亚海的海底沉积物中，发现了一种硫细菌，亦为肉眼可见的细菌。所以上述微生物的定义是指一般的概念，是历史的沿革，但仍为今天所适用。

这些微小的生物包括无细胞结构、不能独立生活的病毒和亚病毒（类病毒、拟病毒和朊病毒），原核细胞结构的真细菌、古细菌和有真核细胞结构的真菌（酵母、霉菌等），还包括原生动物和某些藻类。在这些微小的生物体中，大多数是肉眼不可见的，尤其是病毒等生物体，即使在普通的光学显微镜下也不能看到，必须在电子显微镜下才能观察到。但也有例外，有些微生物尤其是真菌——食用真菌等是肉眼可见的。由此可见，微生物是一个微观世界里生物体的总称。

但也有的微生物学家提出不同的看法，例如著名的微生物学家 Roger Stanier 提出，确定微生物领域不应只是根据其大小，而也应该根据其有别于动、植物的研究技术。微生物学家通常是首先从群体中分离出特殊的微生物纯种，然后进行培养，因此，研究微生物要使用特殊的技术，例如消毒灭菌和培养基的应用等，这对成功的分离以及微生物生长是必需的，也是有别于动、植物的。

二、微生物与人类的关系

微生物是地球上最早出现的生命有机体，生命存在的任何一个角落都有微生物的踪迹，而且其数量比任何动植物的数量都多，可能是地球上生物总量的最大组成部分。微生物与人类社会和文明的发展有着极为密切的关系。我国劳动人民很早就认识到微生物的存在和作用，也是最早应用微生物的少数国家之一。据考古学推测，我国在 8000 年前已经出现了曲蘖酿酒，4000 多年前我国酿酒已十分普遍，积累了极为丰富的酿酒理论与经验，创造了人类利用微生物的辉煌实践；2500 年前发明酿醋、制酱，知道用曲治疗消化道疾病；在公元 6 世纪我国贾思勰的巨著《齐民要术》详细地记载了制曲、酿酒、制酱和酿醋等工艺。在农业上，虽然还不知道根瘤菌的固氮作用，但已经利用豆科植物轮作提高土壤肥力。在医学方面，2000 多年前我们的祖先就用长在豆腐上的霉菌来治疗疮疖等疾病；在我国隆庆年间就开始用人痘预防天花，人痘预防天花是我国对世界医学的一大重要贡献，这种方法先后传到俄国、日本、朝鲜、土耳其及英国，为以后天花疫苗的研制提供了重要基础。1928 年，英国的科学家弗莱明等人发现了青霉素，从此揭开了微生物产生抗生素的奥秘，其后应用于临床，效果极其显著，开辟了世界医疗史上的新纪元。

微生物与我们的生活密不可分。当今人们在生活中已难以离开微生物的应用及其制品。如食品中的面包、奶酪、酸奶、酸菜；各种发酵乙醇饮料如蒸馏酒、啤酒、葡萄酒、黄酒等；酱油、醋、味精等调味品；各种抗生素、维生素、疫苗、酶及其他微生物药品、微生物保健品；微生物产生的各种药物对人类疾病的控制与治疗等。合成生物学技术更为微生物工程注入新活力，例如通过基因编辑技术改造微生物生产高附加值产物（人造肉蛋白、生物降解塑料）。同时，微生物组学技术通过解析肠道菌群与人体健康的关系，为"健康中国"战略中的疾病预防提供新思路。目前全球迅速发展的可再生资源——微生物生产燃料乙醇；环境中动植物病原菌的生物防治剂；生物杀虫剂代替化学农药；环境微生物污染和污染环境的微生物治理与修复；用生物固氮代替化肥；世界上已有许多国家用硫化细菌进行采矿等，这些都与微生物的作用或其代谢产物有关。随着高通量测序技术的发展，科学家能够更精准地解析微生物的多样性及其生态功能，为"绿水青山就是金山银山"的生态文明建设提供科学支撑。因此，微生物是人类生存环境的清道夫和物质转化的必不可少的重要成员，推动着地球上物质的生物化学循环，使得地球上的物质循环得以正常进行。很难想象，如果没有微生物的作用，地球将是什么样，无疑所有的生命都将无法生存与繁衍，更不用说如今的文明了。因此说，微生物对人类的生存和发展起着巨大的作用。

然而，微生物也会给人类带来灾难，有时甚至是毁灭性的。1347 年的一场由鼠疫杆菌（*Yersinia pestis*）引起的瘟疫几乎摧毁了整个欧洲，有 1/3 的欧洲人（约 2500 万人）死于这场灾难，在此后的 80 年间，这种疾病一再肆虐，实际上消灭了大约 75% 的欧洲人口，一些历史学家认为这场灾难甚至改变了欧洲文化。我国在 1949 年前也曾多次流行鼠疫，死亡率很高。即使是现在，人类社会仍然遭受着由微生物病原菌引起的疾病带来的威胁。如艾滋病（AIDS）、肺结核、疟疾、霍乱仍然存在并有传播趋势。随着环境污染的日趋严重，正在不断出现的新的疾病如牛海绵状脑病、军团病、埃博拉病毒病（EBOV），大肠杆菌 O157、霍乱 O139 新致病菌株，1999 年在西半球出现的西尼罗河病毒，2003 年的 SARS 病毒，2005 年的禽流感病毒，2007 年的 H1N1 流感病毒，2009 年的甲型 H1N1 流感，2012 年的中东呼吸综合征冠状病毒（MERS-CoV），2014 年的埃博拉病毒，2019 年年底的严重急性呼吸综合征冠状病毒 2 型（SARS-CoV-2）等又给人类带来了新的威胁。死灰复燃的脑膜炎、鼠疫甚至是天花等有时也会给人类带来新的疾病与灾难。甚至目前还存在的食源性病毒感染和食物中毒，由此引发的食品安全问题是一个巨大的、不断扩大的全球性的公共卫生问题。而这些正是我们要去面对和采取措施进行监督和控制的，相信人类可以战胜它们。例如 2019 年年底，SARS-CoV-2 引发的新型冠状病毒感染疫情迅速蔓延至全球，成为百年来最严重的公共卫生事件之一。在新冠疫情防控中，我国科学家发挥了重要作用。陈薇院士团队研发的腺病毒载体新冠疫苗，成为全球首个进入临床试验的新冠疫苗，为全球疫情防控做出突出贡献，彰显了"科技报国"的使命担当。

三、微生物在生物学分类中的地位

在生物学发展的历史上，曾把所有的生物分为动物界和植物界两大类。但微生物，不仅形体微小、结构简单，而且它们中间有些类型像动物，有些类型像植物，还有些类型既有动物的某些特征，又具有植物的某些特征，因而归于动物或植物都不合适。于是，1866年海克尔（Haeckel）提出区别动物界与植物界的第三界——原生生物界。它包括藻类、原生动物、真菌和细菌。

科学的发展和新技术的应用，尤其是电子显微镜和超显微结构研究技术的应用，发现了生物的细胞核有两种类型，一种是没有真正的核结构，称为原核，其细胞不具核膜，只有一团裸露的核物质；另一种是由核膜、核仁及染色体组成的真正的核结构，称为真核。动物界、植物界及原生生物界中的大部分藻类、原生动物和真菌是真核生物，而细菌、蓝细菌则是原核生物。真核生物和原核生物的内容将在第二章详细介绍。

近年来，随着分子生物学技术的不断进步使得微生物分类更加精准和细化。通过比较不同细菌的16S rRNA基因序列相似度，能够更准确地确定细菌之间的亲缘关系，从而对细菌分类系统进行优化和完善。此外，宏基因组学技术的兴起，使得人们能够对环境中未培养的微生物进行研究和分类，极大地拓展了我们对微生物多样性的认知，发现了许多新的微生物类群，进一步丰富了微生物的分类体系。

四、微生物的特点

微生物虽然个体小、结构简单，但它们具有与高等生物相同的基本生物学特性。遗传信息都是由DNA链上的基因所携带，少数特例外；微生物的初级代谢途径如蛋白质、核酸、多糖、脂肪酸等大分子物质的合成途径基本相同；微生物的能量代谢都以ATP作为能量载体。微生物作为生物的一大类，除了与其他生物共有的特点外，还具有其本身的特点及其独特的生物多样性：种类多、数量大、分布广、繁殖快、代谢能力强等，这是自然界中其他任何生物不可能比拟的，而且这些特性归根结底是与微生物体积小、结构简单有关。

1. 代谢活力强

微生物体积虽小，但有极大的比表面积，如大肠杆菌的比表面积可达30万，因而微生物能与环境之间迅速进行物质交换，吸收营养和排泄废物，而且有最大的代谢速率。从单位重量来看，微生物的代谢强度比高等生物大几千倍到几万倍。如在适宜环境下，大肠杆菌每小时可消耗的糖类相当于其自身重量的2000倍。以同等体积计，一个细菌在1h内所消耗的糖即可相当于一个人在500年时间内所消耗的粮食。

微生物的这个特性为其高速生长繁殖和产生大量代谢产物提供了充分的物质基础，从而使微生物有可能更好地发挥"活的化工厂"的作用。

2. 繁殖快

微生物繁殖速度快、易培养，是其他生物不能比拟的。如在适宜条件下，大肠杆菌37℃时世代时间为18min，每24h可分裂80次，每24h的增殖数为1.2×10^{24}个。枯草芽孢杆菌30℃时的世代时间为31min，每24h可分裂46次，增殖数为7.0×10^{13}个。

事实上，由于种种客观条件的限制，细菌的指数分裂速度只能维持数小时，因而在液体培养中，细菌的浓度一般仅能达到每毫升$10^8 \sim 10^9$个。

微生物的这一特性在发酵工业上具有重要的实践意义，主要体现在它的生产效率高、发酵周期短。而且大多数微生物都能在常温常压下利用简单的营养物质生长，并在生长过程中积累代谢产物，不受季节限制，可因地制宜、就地取材，这就为开发微生物资源提供了有利的条件。如生产发面鲜酵母的酿酒酵母，其繁殖速度不算太高（2h 分裂 1 次），但在单罐发酵时，几乎每 12h 即可收获 1 次，每年可"收获"数百次。这是其他任何农作物所不能达到的"复种指数"。这对缓和人类面临的人口增长与食物供应矛盾也有着重大意义。另外，微生物繁殖速度快的生物学特性对于生物学基本理论的研究也有极大的优越性——它使科学研究周期大大缩短、经费减少、效率提高。当然，对于危害人、畜和植物等的病原微生物或使食品发生霉变的微生物来说，它们的这个特性却会给人类带来极大的麻烦甚至严重的祸害。因而需要认真对待，加以区别。

3. 种类多，分布广

微生物在自然界是一个十分庞杂的生物类群。迄今为止，我们所知道的微生物近 10 万种，现在仍然以每年发现几百至上千个新种的趋势在增加。它们具有各种生活方式和营养类型，大多数是以有机物为营养物质，还有些是寄生类型。微生物的生理代谢类型之多是动物、植物所不及的。分解地球上储量最丰富的初级有机物——天然气、石油、纤维素、木质素的能力，属微生物专有。微生物有着多种产能方式，如细菌光合作用、自养细菌的化能合成作用、各种厌氧产能途径；生物固氮作用；合成各种复杂有机物——次级代谢产物的能力；对复杂有机物分子的生物转化能力；抵抗热、冷、酸、碱、高渗、高压、高辐射剂量等极端环境的能力；以及独特的繁殖方式——病毒的复制增殖等。不同微生物可以产生不同的代谢产物，如抗生素、酶类、氨基酸及有机酸等，还可以通过微生物的活动防止公害。自然界的物质循环是由各种微生物参与才得以完成的。

自然界中微生物存在的数量往往超出人们的预料。每克土壤中细菌可达几亿个，放线菌孢子可达几千万个。人体肠道中菌体总数可达 100 万亿个。每克新鲜叶子表面可附生 100 多万个微生物。全世界海洋中微生物的总质量估计达 280 亿吨。从这些数据可见微生物在自然界中的数量之巨。实际上，我们生活在一个充满着微生物的环境中。微生物在自然界的分布极为广泛，除了火山喷发中心区和人为的无菌环境外，土壤、水域、空气，以及动植物和人类体内外，都存在着各种不同的微生物。可以这样说，凡是有高等生物存在的地方，就有微生物存在，即使在极端的环境条件如高山、深海、冰川、沙漠等高等生物不能存在的地方，也有微生物存在。

微生物生态学家较为一致地认为，目前已知的和已分离培养的微生物种类可能还不足自然界存在的微生物总数的 1%。情形可能确实如此，在自然界中存在着极其丰富的微生物资源。因此，在生产实践和生物学理论研究中，利用微生物的前景是十分广阔的。

4. 适应性强，易变异

微生物对外界环境适应能力特强，这都是为了保存自己，是生物进化的结果。有些微生物体外附着一个保护层，如荚膜等，其作用之一是可以作为营养缺乏的细胞外贮藏养料，二是可以抵御吞噬细胞对它的吞噬。细菌的休眠芽孢、放线菌的分子孢子等对外界的抵抗力比其繁殖体要强许多倍。有些极端微生物都有相应特殊结构的蛋白质、酶和其他物质，使之能适应恶劣环境。

另外，由于微生物表面积和体积的比值大，与外界环境的接触面大，因而受环境影响也大。一旦环境条件变化，不适于微生物生长时，很多微生物会死亡，只有少数个体发生变异而存活下来。利用微生物易变异的特性，在微生物工业生产中进行诱变育种，获得高产优质的菌种，提高产品产量和质量。

第二节　微生物的发现与微生物学的发展

一、微生物形成前的历史

距今 8000 年至公元 1676 年间，人类还未见到过微生物的个体，却自发地与微生物打交道。公元前 3000 年埃及人就食用牛奶、黄油和奶酪；犹太人利用从死海中获得的盐来保存各种食物；中国人用盐腌保藏鱼及食品。公元前 3500 年有了葡萄酒的酿造。约 2000 年前中国就有食醋的生产，约 1500 年前开始酿制酱和酱油。

约 1000 年前，罗马人用雪来包裹虾和其他易烂的食品，同时用盐熏肉的方法储藏食品等。公元 943 年，法国因麦角中毒死亡 40000 多人，当时并不知道是由真菌麦角引起的。虽然应用了大量的微生物学知识和技术于食品的制作、保存和防腐，而且非常有效，但微生物与食品有什么关系以及保藏机理、食品传播疾病所带来的危害与微生物之间的关系等仍然是个谜。虽然到了 13 世纪人们意识到食肉的质量，但还没有认识到肉的质量与微生物之间的因果关系。

微生物学作为一门学科，是从有显微镜开始的，微生物学的发展经历了三个时期：形态学时期、生理学时期和现代微生物学时期。

二、微生物学的形成

1. 微生物形态学时期

微生物形态观察是从安东·列文虎克（Antony Van Leeuwenhock，1632—1732）发明显微镜开始的，他是世界上真正看见并描述微生物的第一人。他的最大贡献是他利用自制的显微镜发现了微生物世界（当时被称为微小动物），他的显微镜放大倍数为 50～300 倍，构造很简单，仅有一个透镜安装在两片金属薄片的中间，在透镜前面有一根金属短棒，在棒的尖端搁上需要观察的样品，通过调焦螺旋调节焦距。他利用这种显微镜，清楚地看见了细菌和原生动物，而且还把观察结果报告给英国皇家学会，其中有详细的描述，并配有准确的插图。1695 年，安东·列文虎克把自己积累的大量结果汇集在《安东·列文虎克所发现的自然界秘密》一书里。他的发现和描述首次揭示了一个崭新的生物世界——微生物界。这在微生物学的发展史上具有划时代的意义。并且由于安东·列文虎克的贡献，他在 1680 年被选为英国皇家学会会员。

2. 微生物生理学时期

继列文虎克发现微生物以后的 200 年间，微生物学的研究基本上停留在形态描述和分门别类阶段。直到 19 世纪中期，法国的巴斯德（Louis Pasteur，1822—1895）在进行乙醇发酵试验时发现乙醇发酵是由酵母菌引起的，同时还研究了氧气对酵母菌的生长和乙醇发酵的影响。此外，巴斯德还发现乳酸发酵、乙醇发酵和丁酸发酵都是由不同细菌所引起。德国的科赫（Robert Koch，1843—1910）对病原细菌做了大量的研究，发现了肺结核病的病原菌，肺结核是当时死亡率极高的传染性疾病；证实了炭疽杆菌是炭疽病的病原菌，并建立了分离、培养、接种和灭菌等一系列独特的微生物技术。从此，微生物的研究从形态描述阶段推进到生理学研究阶段。巴斯德和科赫是微生物学的奠基人。

3. 微生物学的成熟期

从 1953 年发现 DNA 的双螺旋结构模型起，整个生命科学进入到分子生物学的研究领域，这也是微生物学发展史上成熟期到来的标志，其应用研究向着更自觉、更有效和可人为控制的方向发展。在应用方面，开发菌种资源、开发新的微生物发酵原料、利用代谢调控机制和利用固定化细胞、固定化酶发展发酵生产和提高发酵产品的经济效益。应用遗传工程组建具有特殊功能的"工程菌"，把研究微生物的各种方法和手段应用于动物、植物和人类研究的某些领域等。从此，微生物学研究进入到一个崭新的时期。

第三节　微生物与食品微生物

一、微生物学的概念及研究对象

概括地说，微生物学（microbiology）是研究微生物及其生命活动规律的学科。主要研究对象是微生物的形态结构、营养特点、生理生化特点、生长繁殖、遗传变异、分类鉴定、生态分布以及微生物在工业、农业、医疗卫生、环境保护等方面的应用。

二、微生物学的主要分支学科

随着微生物学的不断发展，已经形成了基础微生物学和应用微生物学，它们又可分为许多不同的分支学科，并且还在不断地形成新的学科和研究领域。

(1) 根据基础理论研究内容不同，形成的分支学科　有微生物生理学（microbial physiology）、微生物遗传学（microbial genetics）、微生物生物化学（microbial biochemistry）、微生物分类学（microbial taxonomy）、微生物生态学（microbial ecology）、分子微生物学（molecular microbiology）等。

(2) 根据微生物类群不同，形成的分支学科　有细菌学（bacteriology）、病毒学（virology）、真菌学（mycology）、放线菌学（actinomycology）等。

(3) 根据微生物的应用领域不同，形成的分支学科　有工业微生物学（industrial microbiology）、农业微生物学（agricultural microbiology）、医学微生物学（medical microbiology）、药用微生物学（patherological microbiology）、兽医微生物学（veterinary microbiology）、食品微生物学（food microbiology）等。

(4) 根据微生物生态环境不同，形成的分支学科　有土壤微生物学（soil microbiology）、海洋微生物学（marine microbiology）等。

综上所述，微生物学既是基础学科，又是应用学科，而且各分支学科是相互配合、相互促进的，其根本任务是利用和改善有益微生物，控制、消灭和改造有害微生物。

三、食品微生物学的概念及研究内容

食品微生物学（food microbiology）是专门研究微生物与食品之间的相互关系的一门科学。食品微生物学研究的内容包括：

① 研究与食品有关的微生物及其群落的活动规律；

② 研究如何利用有益微生物为人类制造食品；

③ 研究如何控制有害微生物、防止食品发生腐败变质；

④ 研究食品中微生物的检测及追踪方法；制订食品中微生物指标，从而为判断食品的卫生质量提供科学依据；

⑤ 进行食品开发的多元化拓展——食品风味及口感提升、极端环境微生物的应用、单细胞蛋白（SCP）、功能性食品基料（利用微生物制造新的食品原料、产品）的开发。

四、食品微生物学研究任务

微生物在自然界广泛存在，在食品原料和大多数食品中都存在微生物。但不同的食品或在不同的条件下，其微生物的种类、数量和作用亦不相同。微生物既可在食品制造中起有益作用，又可通过食品给人类带来危害。食品微生物学研究的任务概括如下。

1. 有益微生物在食品制造中的作用

利用微生物制造食品，这并不是新的概念。早在古代，人们就采食野生菌类，利用微生物酿酒、制酱。但当时并不知道这是微生物的作用。随着对微生物与食品关系的认识日益加深，对微生物的种类及其作用机理的理解，也逐步扩大了微生物在食品制造中的应用范围。伴随着合成生物学和基因编辑技术的快速发展，通过基因编辑技术（如 CRISPR-Cas9），科学家能够精确改造微生物的代谢途径，使其更高效地生产特定的食品成分，如功能性氨基酸、维生素和益生元。此外，合成生物学还使得人工设计的微生物能够生产出传统方法难以获得的食品添加剂和营养成分，拓宽了微生物在食品中的应用，为食品工业带来了革命性的变化。概括起来，微生物在食品中的应用有三种方式。

① 微生物菌体的应用。食用菌就是受人们欢迎的食品；乳酸菌可用于蔬菜和乳类及其他多种食品的发酵，所以人们在食用酸牛奶和酸泡菜时也食用了大量的乳酸菌；单细胞蛋白（SCP）就是从微生物体中获得的蛋白质，也是人们对微生物菌体的利用。

② 微生物代谢产物的应用。人们食用的食品中含有经过微生物发酵作用产生的代谢产物，如酒类、食醋、氨基酸、有机酸、维生素等。

③ 微生物酶的应用。如豆腐乳、酱油。酱类是利用微生物产生的酶将原料中的成分分解而制成的食品。微生物酶制剂在食品及其他工业中的应用日益广泛。

中国幅员辽阔，微生物资源丰富。开发微生物资源，并利用生物工程手段改造微生物菌种，使其更好地发挥有益作用，为人类提供更多更好的食品，是食品微生物学的重要任务之一。通过合理开发和利用微生物资源在保障食品安全的同时，促进可持续发展，助力实现美丽中国的目标。

2. 有害微生物对食品的危害及预防

微生物引起的食品危害主要是食品的腐败变质，因而使食品的营养价值降低或完全丧失。有些微生物是使人类致病的病原菌，有的微生物可产生毒素。如果人们食用了含有大量病原菌或毒素的食物，则可引起食物中毒，影响人体健康，甚至危及生命。所以食品微生物学工作者应该设法控制或消除微生物对人类的这些有害作用，采用现代检测手段，如基于PCR（聚合酶链式反应）和下一代测序技术的快速检测方法在短时间内准确识别食品中的病原微生物和毒素。此外，人工智能和大数据分析技术的应用，使得食品生产过程中的微生物监控更加智能化和精准化，能够实时预警和防控食品安全风险，对食品中的微生物进行检测，以保证食品安全性，这也是食品微生物学的任务之一。在预防有害微生物对食品的危害过程中，我们不仅要依靠科技手段，还要加强法治建设，确保食品安全法律法规的严格执行。

3. 食品微生物学的社会责任

食品微生物学不仅是一门学科，更是一项关乎国计民生的重要任务。随着全球气候变化和人口增长，食品安全问题日益复杂。食品微生物学的研究和应用不仅要关注食品的生产和安全，还要考虑到其对环境和社会的影响。通过科技创新和绿色发展，食品微生物学可以为全球粮食安全和可持续发展做出贡献。食品微生物学的研究和应用应当紧密围绕"健康中国"和"绿色发展"的理念，推动食品工业的转型升级。通过科技创新，能够在保障食品安全的同时，减少资源消耗和环境污染，推动食品工业向绿色、低碳、可持续的方向发展。

总之，食品微生物学的任务是为人类提供既有益于健康、营养丰富，而又可以保证生命安全的食品。通过科技创新和绿色发展，食品微生物学将在保障食品安全、促进健康中国建设和推动可持续发展方面发挥更加重要的作用。

第四节　微生物的应用与前景

一、微生物资源的开发和利用

人类的生物资源包括植物资源、动物资源和微生物资源。在这三大资源中，植物资源和动物资源被人类开发利用得较彻底，而微生物资源则是一个远远未得到充分开发和利用的资源宝库。在微生物中，那些具有经济价值、有助于改善人类生活质量的微生物称为微生物资源。自然界微生物资源非常丰富。土壤、水、空气、腐败的动植物等都是微生物的主要生活和生长繁殖场所。有人估计，全世界所描述的微生物种类不到实际数的 2%，而真正被利用的不到 1%，微生物是最有潜力开发的一类资源。而且微生物繁殖快，属于可再生性资源。

微生物学的研究将日益重视微生物特有的生命现象。如在自然界的高温、低温、高酸、高碱、高盐、高压或高辐射强度等极端环境下生存着的嗜热菌、嗜冷菌、嗜酸菌、嗜碱菌、嗜盐菌、嗜高压菌或耐辐射菌，对它们进行开发和利用；进一步从极端微生物中分离出更多的微生物新菌种，筛选出更多的新的代谢产物。由于这些极端微生物具有的遗传特性以及特殊的结构和生理机能，对其研究和开发将为探索未知领域、拓展资源利用边界提供新的可能性。

由于微生物本身的特点和代谢产物的多样性，利用微生物来生产人类战胜疾病所需的医药用品正受到广泛重视，如艾滋病、疯牛病、埃博拉病毒病、非典型肺炎、禽流感等，在很大程度上需要应用已有的和正在发展的微生物学理论与技术，并依赖于新的微生物医药资源的开发与利用。近年来，随着合成生物学和基因编辑技术的快速发展，微生物资源的开发进入了新的阶段。科学家能够精准编辑微生物基因，创造出具有特定功能的新菌种，这些新菌种在医药、农业和环境保护等领域展现出巨大的应用潜力。微生物资源的开发不仅关注疾病的治疗，还注重预防和健康管理，为个性化医疗和健康管理提供新的思路。

此外，随着微生物组学研究的深入，微生物在人类健康管理中的应用前景日益广阔。例如，肠道微生物与人体健康的关系已成为研究热点，通过调节肠道菌群平衡，可以有效预防和治疗肥胖、糖尿病、抑郁症等多种疾病。此外，利用益生菌和益生元开发的功能性食品，正成为健康产业的重要组成部分。可以预见，随着对微生物资源研究的不断深入，它的利用和开发必将为人类的生存和可持续发展做出巨大贡献。

二、微生物与环境

保护环境、维护生态平衡以提高土壤、水域和大气的环境质量，创造一个适宜人类生存繁衍并能生产安全食品的良好环境，是人类所面临的重大任务。随着工农业生产的发展和人们对生活环境质量要求的提高，对于进入环境的日益增多的有机废水污物和人工合成的有毒化合物等所引起的污染问题，越来越受到关注。而微生物是这些有机废水及污染物的强有力的分解者和转化者，起着环境"清道夫"的作用。而且由于微生物本身所具有的繁衍迅速、代谢基质范围宽以及分布广泛等特点，它们在清除环境（土壤、水体）污染物中的作用和优势是其他理化方法所不能比拟的。因此目前世界上正广泛应用微生物来处理有机废水和污物，进行污染土壤的微生物修复，不仅提高了土壤的再利用价值，还保护了生态环境，促进了可持续发展。

三、微生物菌体食品（食用蕈菌）

中国土地辽阔，地理复杂，气候多样化，植物种类繁多，被列为世界上 12 个具有高度生物多样性的国家之一，同时是食用菌良好的繁衍和滋生地。我国蕴藏着极其丰富的食用蕈菌资源，据科学估计我国菌物种约有 18 万种左右，其中大型真菌（蕈菌）约 2.7 万种，而作为功能蕈菌的约有 1.35 万种。目前已发现并报道的食用菌约有 1000 种，其中能进行人工栽培的有 50 余种，已经形成规模的商业栽培的有 20 种左右。由于食用菌所含的营养物质不仅具有动物蛋白食品的高营养价值，而且也具有植物性食品富含维生素的特点，经常食用能滋补健身，增强对疾病的抵抗力。同时人工栽培的食用菌因不使用或少量使用杀虫剂，因此不含有对人体有害的有机磷等毒物。因而开发和利用新的食用菌资源及提高野生菌人工扩大栽培技术是食用蕈菌产业可持续发展的需要。食用菌产业更加注重绿色生产和可持续发展，推广无土栽培、智能化温室等技术，减少资源消耗和环境污染，为实现"绿水青山就是金山银山"的理念贡献力量。

四、微生物风味物质

风味和芳香物质对于食品、化妆品等工业是非常重要的。目前大部分风味化合物是通过化学合成或萃取的方法生产的。但消费者对食品、化妆品及其他日用品中添加的化学制品越来越反感和抵制。这就使得人们产生了用生物法生产风味物质的强烈愿望，即生产所谓的天然或生物风味物质。目前，植物是香精和风味物质的主要来源。然而，植物中的有效成分含量少，分离较困难，风味物质价格昂贵。

近年来，微生物发酵技术在风味物质生产中取得了突破性进展。通过代谢工程改造酵母菌和大肠杆菌，科学家成功实现了香草醛、柠檬烯等天然风味物质的高效合成。此外，利用合成生物学技术构建的人工微生物细胞工厂，能够高效生产复杂风味物质，如玫瑰精油中的香叶醇。这些技术的应用不仅降低了生产成本，还满足了市场对天然食品添加剂的需求。因此，利用微生物发酵生产风味物质及通过生物转化技术将合适的前体物质转化为风味物质的方法，正逐渐成为主流，并展现出广阔的发展前景。

五、微生物与食源性感染

某些微生物本身可作为病原或其代谢毒物污染环境或食品，危害着人类健康。食源性疾病实际上通常是由感染或中毒所致的疾病，即通过食品消化进入人体，每个人都存在患食源性疾病的危险。食源性疾病是一种广泛存在且不断增多的公共卫生问题，不管在发展中国家，还是发达国家都存在。由此而产生的食品安全问题是各国政府、厂家和消费者都十分关心的大事，是我们共同关注的话题。国家卫生健康委员会和国家市场监督管理总局则主要致力于预防食品腐败，研究食品变质，从而控制食品污染的源头，将食品制造过程中可能产生的危害因素消灭在生产过程中。在食品生产经营企业大力推行 GMP（good manufacturing practice，良好操作规范）和 HACCP（hazard analysis critical control point，危害分析与关键控制点）食品安全控制系统，从根本上减少病从口入的可能性，减少食源性疾病，最大限度地创造更多、更好的健康食品，实现保障消费者健康的目标。

六、微生物与能源开发

微生物在能源领域的应用正成为全球关注的焦点。随着化石能源的枯竭和环境污染问题的加剧，开发清洁、可再生的微生物能源成为解决能源危机的重要途径。例如，利用产甲烷菌将有机废弃物转化为沼气，不仅实现了废弃物的资源化利用，还减少了温室气体排放。此外，通过基因工程改造的蓝藻和光合细菌能够高效生产生物氢，为未来清洁能源的开发提供了新思路。在"碳达峰、碳中和"目标的指引下，微生物能源技术的推广和应用将为绿色低碳发展提供重要支撑。

【知识拓展】

食物中的隐秘世界与人类健康

一、食物微生物：从发酵传承到科学解密

微生物在食品科学中扮演着双面角色，既是发酵风味的创造者（如奶酪、酸奶、泡菜），也是腐败与中毒的源头。人类利用盐腌、发酵等技术控制有害菌，提升食品安全与风味。然而，传统培养方法仅能鉴定约 1% 的微生物，大部分仍属"未知领域"。2024 年，意大利特伦托大学团队在 Cell 发表突破性研究，通过宏基因组测序技术分析了全球 50 个国家 2533 种食物样本（65% 为乳制品，17% 为发酵饮料），构建首个"食物微生物组数据库（cFMD）"，揭示了 10899 种食物微生物，其中半数属于科学未知的新物种。

二、食物微生物：塑造人体"肠道生态"

食物不仅是营养载体，更是微生物的"迁徙通道"。研究团队通过比对 2.5 万份人类肠道样本，食物微生物平均约占据新生儿肠道微生物组的 56%，约占据儿童肠道微生物组的 8%，约占据成年人肠道微生物组的 3%。这一梯度变化表明，食物微生物可能在生命早期定植，逐步演化为肠道菌群的稳定成员。例如，巴布亚新几内亚农村居民肠道中富集的罗伊氏乳杆菌，在其传统饮食（豆类、红薯、高纤维植物）中含量极高，而在工业化饮食人群中几乎绝迹。

2025 年 Cell 研究发现，通过"非工业化饮食"（高纤维、低加工食品）干预三周，受试者坏胆固醇降低 17%、血糖下降 6%、炎症标志物 C 反应蛋白减少 14%。其核心机制正是饮食重塑了肠道菌群，促进有益菌代谢短链脂肪酸，进而抑制癌症基因表达。

三、微生物是把"双刃剑"：健康守护者与药物干扰者

食物微生物对健康的影响复杂而精细。食物微生物可以守护健康。植物性饮食富集的微生物（如产丁酸盐菌）可抑制促炎细菌（如肠杆菌科），并激活抑癌基因。然而，食物微生物有些也会干扰药物。2025 年 Cell 另一研究揭示，大豆中的植物化学物（如皂苷）被肠道菌代谢为大豆皂苷元，后者激活肝脏药物代谢酶 CYP3A，加速抗癌药 PI3K 抑制剂的分解，使其血药浓度降低 70 倍，疗效"被中和"。豆类本是有益的膳食纤维来源，却可能干扰药物疗效。这凸显了"个性化营养"的必要性——未来需结合个体菌群特征设计饮食。

四、未来应用：从食品安全到精准营养

cFMD 数据库的建立为食品科学开辟了新路径。通过微生物特征鉴别食品产地（如普洱茶和康普茶的菌群差异对比），实现食品溯源与质量控制；针对缺失的共生菌（如罗伊氏乳杆菌），设计含棉籽糖的食材（菊芋、洋葱）促进其定植，进行益生菌开发；注意药物-饮食协同作用，癌症患者需避免大豆干扰药物代谢，或联合 CYP3A 抑制剂提升疗效。

【复习巩固】

一、填空题

1. 大肠杆菌37℃时世代时间为_____，每24h可分裂_____次。
2. 微生物学的发展经历了_____、_____和现代微生物学的发展时期三个时期。
3. 微生物在食品中的应用方式有微生物菌体的应用、_____的应用和_____应用。

二、选择题

1. 首次揭示微生物界的科学家是（　　　）
A. 巴斯德　　　　　　B. 科赫　　　　　　C. 列文虎克　　　　D. 海克尔
2. 微生物体积小但代谢活力强，原因是（　　　）。
A. 有极大的比表面积　　　　　　B. 繁殖快
C. 种类多　　　　　　　　　　　D. 分布广
3. 食品微生物学的研究对象不包括（　　　）。
A. 食品中微生物的种类　　　　　B. 食品的加工工艺
C. 微生物对食品的危害　　　　　D. 如何利用微生物制造食品
4. 微生物资源未被充分开发利用，估计真正被利用的不到（　　　）。
A. 1%　　　　　　　B. 2%　　　　　　C. 5%　　　　　　D. 10%

三、名词解释

1. 微生物
2. 微生物学

四、问答题

1. 简述微生物的特点。
2. 简述食品微生物学研究的内容。
3. 你认为微生物学发展中什么是最重要的发现？为什么？
4. 请举例说明微生物在人类生活中的作用。

第二章　微生物的主要类群

【学习目标】
1. 掌握细菌、酵母菌和霉菌的形态结构及菌落特征。
2. 理解并掌握革兰染色的要点及作用机理。
3. 了解放线菌、古细菌、蓝细菌、衣原体、支原体等原核微生物的生物学特征。
4. 掌握酵母菌和霉菌的无性孢子和有性孢子的形成及其特征。
5. 了解病毒和亚病毒的概念、形态结构、病毒的复制过程及分类。
6. 掌握噬菌体的检测方法。
7. 了解噬菌体的危害和防治措施。

微生物种类繁多，根据有无细胞及细胞结构的不同，可将微生物分为非细胞微生物、原核微生物和真核微生物三大类群。非细胞微生物是指不具有细胞结构的微生物，如病毒和亚病毒。原核微生物的细胞核很原始，发育不完善，无核仁，核物质也无核膜包裹，不进行有丝分裂，细胞质内的结构分化水平低，除核糖体外，无其他细胞器。真核微生物的细胞核发育完善，有核仁，核物质有核膜包裹，能进行有丝分裂，细胞质内有高度分化的细胞器，如线粒体、高尔基体和内质网等。

第一节　原核微生物

原核微生物主要包括细菌、放线菌、古细菌、蓝细菌、立克次体、衣原体、支原体和螺旋体等类群。本节重点介绍细菌。

一、细菌

细菌（bacteria）是一类个体微小、形态结构简单的单细胞原核微生物。在自然界中，细菌分布最广、数量最多，细菌几乎可以在地球上的各种环境下生存，一般每克土壤中含有的细菌数可达数十万个到数千万个。一方面，因为细菌的营养和代谢类型极为多样，所以它们在自然界的物质循环中，在食品和发酵工业、医药工业、农业以及环境保护等方面均发挥着极为重要的作用。如用醋酸菌酿造食醋、生产葡萄糖酸和山梨糖；用乳酸菌发酵生产酸奶；用棒杆菌和短杆菌等发酵生产味精和赖氨酸；用节杆菌生产甾类化合物；用基因工程大肠杆菌生产胰岛素；用苏云金杆菌作为生物杀虫剂；用能够形成菌胶团的细菌净化污水；用细菌来冶炼金属等。另一方面，不少细菌又是人类和动植物的病原菌，有的致病菌产生的毒素会引起人类患病，如肉毒梭菌，在灭菌不彻底的罐头中厌氧生长产生剧毒的肉毒毒素（1g足以杀死100万人）。有的细菌如肺炎链球菌虽不产生任何毒素，但能在肺组织中大量繁殖，导致肺功能障碍，严重时引起宿主死亡。

1. 细菌的形态与排列方式

细菌种类繁多，就单个菌体而言，细菌有三种基本形态：球状、杆状、螺旋状，分别称为球菌、杆菌、螺旋菌。其中以杆菌最为常见，球菌次之，螺旋菌较少。在一定条件下，各种细菌通常保持其各自特定的形态，可作为分类和鉴定的依据（图 2-1）。

（1）球菌　球菌是一类菌体呈球形或近似球形的细菌，按分裂后细胞的排列方式不同，又可分为 6 种不同的类型。

① 单球菌。又称微球菌或小球菌。细菌在一个平面上分裂，且分裂后的菌体分散而单独存在。如尿素小球菌。

② 双球菌。细菌沿一个平面分裂，且分裂后的菌体成对排列。如肺炎双球菌。

③ 链球菌。细菌在一个平面上分裂，且分裂后多个菌体相互连接成链状排列。如乳链球菌。

④ 四联球菌。细菌在两个相互垂直的平面上分裂，分裂后每四个菌体呈正方形排列在一起，如四联小球菌。

⑤ 八叠球菌。细菌在三个相互垂直的平面分裂，分裂后每八个菌体在一起呈立方体排列。如乳酪八叠球菌。

⑥ 葡萄球菌。细菌在多个不规则的平面上分裂，且分裂后的菌体无规则地聚在一起呈葡萄串状。如金黄色葡萄球菌。

（2）杆菌　细胞呈杆状或圆柱状。各种杆菌的长短、大小、粗细、弯曲程度差异较大，有长杆菌和短杆菌。有的杆菌的两端或一端呈平截状，如炭疽杆菌，有的呈圆弧状，如大肠杆菌，有的呈分枝状或膨大呈棒槌状，如棒状杆菌。

杆菌在培养条件下，有的呈单个存在，如大肠杆菌；有的呈链状排列，如枯草芽孢杆菌；有的呈栅状排列或 V 形排列，如棒状杆菌。

（3）螺旋菌　菌体呈弯曲状的杆菌。根据其弯曲程度不同可分成弧菌与螺菌两种类型。

① 弧菌。菌体仅一个弯曲，形态呈弧形或逗号形，如霍乱弧菌。

② 螺菌。菌体有多个弯曲，回转呈螺旋状，如小螺菌。

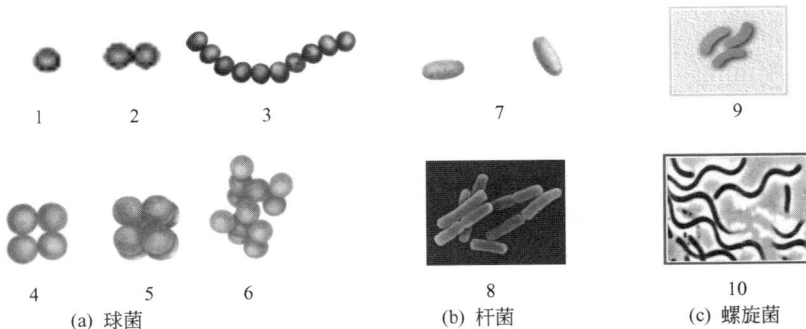

图 2-1　细菌形态图

1—球菌；2—双球菌；3—链球菌；4—四联球菌；5—八叠球菌；
6—葡萄球菌；7—短杆菌；8—长杆菌；9—弧菌；10—螺菌

除上述三种基本形态外，人们还发现了细胞呈梨形、星形、方形和三角形的细菌。

在正常生长条件下，不同种类的细菌各有其自身相对稳定的形态。但培养时间、培养温度、pH、培养基的成分或其浓度发生改变，皆有可能引起细菌形态的变化。

一般情况下，生长条件适宜的幼龄细菌，菌体大小划一，形态规则，正常地表现出自身特定的形态；在较老的菌龄阶段或不正常的培养条件下，细菌常出现不正常的形态。

2. 细菌细胞的大小

细菌的个体通常很小，常用微米（μm）作为测量其长度、宽度或直径的单位。由于细菌的形态和大小受培养条件的影响，因此测量菌体大小时以最适培养条件下培养的细菌为准。多数球菌的直径为 0.5～2.0μm；杆菌的大小（宽×长）为 （0.5～1.0)μm×（1～5）μm；螺旋菌的大小（宽×长）为 （0.25～1.7)μm×（2～60)μm。螺旋菌的长度是菌体两端点间的空间距离，而不是将螺旋菌体拉直后的真正长度，在进行形态鉴定，测其真正的长度时，是按螺旋的直径和圈数来计算的。

细菌的大小与细菌的固定和染色方法以及培养时间等因素有关。如经干燥固定的菌体比活菌体的长度一般要缩短 1/4～1/3；用衬托菌体的负染色法，其菌体往往大于普通染色法，有的甚至比活菌体还要大，有荚膜的细菌最容易出现此种情况。影响细菌形态的因素也同样影响细菌的大小，如培养 4h 的枯草芽孢杆菌比培养 24h 的长 5～7 倍，但宽度变化不明显，这可能与代谢产物的积累有关。

3. 细菌细胞的结构与功能

细菌细胞结构包括基本结构和特殊结构。基本结构是各种细菌所共有的，如细胞壁、细胞膜、细胞质和内含物、拟核及核糖体。特殊结构只是某些细菌具有的，如芽孢、荚膜、鞭毛等。细菌细胞的模式结构见图 2-2。

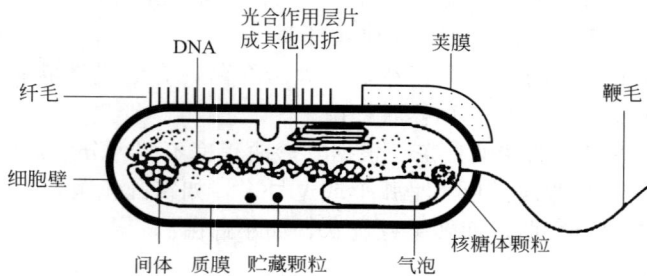

图 2-2 细菌细胞构造模式图

（1）细胞壁 细胞壁是包围在细胞最外的一层坚韧且略具弹性的无色透明薄膜。它约占菌体干重的 10%～25%。细胞壁的主要功能是维持细胞形状；提高机械强度，保护细胞免受机械性破坏或其他破坏；阻拦酶蛋白和某些抗生素等大分子物质进入细胞，保护细胞免受溶菌酶、消化酶等有害物质的损伤等。

原核微生物细胞壁包括肽聚糖、磷壁酸。肽聚糖是原核微生物细胞壁所特有的成分，它是由 N-乙酰葡萄糖胺（NAG）、N-乙酰胞壁酸（NAM）和短肽聚合而成的网状结构的大分子化合物。不同细菌的细胞壁化学组成和结构不同。通过革兰染色法可将大多数的细菌分为革兰阳性菌（G^+）和革兰阴性菌（G^-）两大类。

革兰染色法是 1884 年丹麦病理学家 Christian Gram 发明的一种细菌鉴别方法，也是细菌学中最常用、最重要的一种鉴别染色法，染色过程如下：

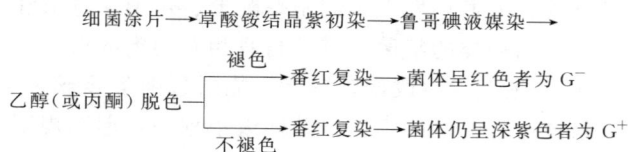

细菌涂片 → 草酸铵结晶紫初染 → 鲁哥碘液媒染 →

乙醇（或丙酮）脱色 —— 褪色 → 番红复染 → 菌体呈红色者为 G^-
—— 不褪色 → 番红复染 → 菌体仍呈深紫色者为 G^+

① G^+ 细菌的细胞壁。多层，厚约 20～80nm，由肽聚糖、磷壁酸和少量脂类组成。其

中肽聚糖含量高。约占细胞壁干重的 40%～90%，且网状结构致密。

② G⁻ 细菌的细胞壁。单层，厚约 20nm，结构比 G⁺ 细菌复杂。外层为脂蛋白和脂多糖层，内层为肽聚糖层。肽聚糖含量低，约占细胞壁干重的 5%～10%，且网状结构疏松。

经电子显微镜及化学分析发现，G⁺ 细菌和 G⁻ 细菌在细胞壁的化学组成与结构上有显著差异，见表 2-1 和图 2-3。

表 2-1 G⁺ 和 G⁻ 菌细胞壁化学组成及结构比较

细菌类群	壁厚度/nm	肽聚糖			磷壁酸	蛋白质/%	脂多糖	脂肪/%
		含量/%	层次	网格结构				
G⁺	20～80	40～90	多层	紧密	+	约 20	−	1～4
G⁻	10	5～10	单层	疏松	−	约 60	+	11～22

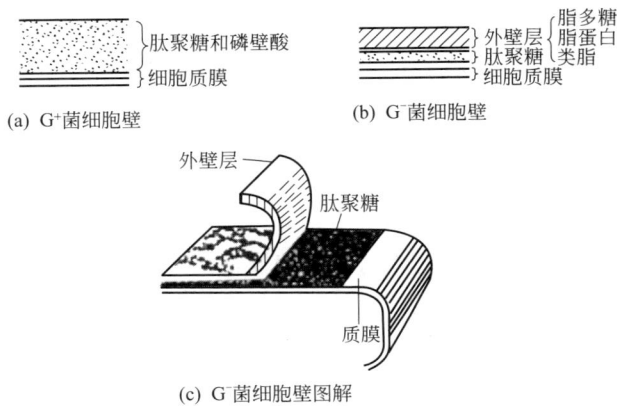

(a) G⁺菌细胞壁   (b) G⁻菌细胞壁

(c) G⁻菌细胞壁图解

图 2-3 细菌细胞壁结构图

③ 革兰染色的机理。关于革兰染色的机理有许多学说，目前认为一般与细胞壁的结构和化学组成以及细胞壁的渗透性有关。在革兰染色过程中，细胞内形成了深紫色的结晶紫-碘复合物，这种复合物可被乙醇（或丙酮）等脱色剂从革兰阴性菌细胞内浸出，而革兰阳性菌则不易被浸出。这是由于革兰阳性菌的细胞壁较厚，肽聚糖含量高且网格结构紧密，脂类含量极低，当用乙醇（或丙酮）脱色时，引起肽聚糖层脱水，使网格结构的孔径缩小，导致细胞壁的通透性降低，从而使结晶紫-碘的复合物不易被洗脱而保留在细胞内，使菌体经番红复染后仍呈深紫色。反之，革兰阴性菌因其细胞壁肽聚糖层薄且网格结构疏松，脂类含量又高，当用乙醇（或丙酮）脱色时，脂类物质溶解，细胞壁通透性增大，使结晶紫-碘复合物较易被洗脱出来。所以，菌体经番红复染后呈红色。

(2) 细胞膜 细胞膜又称细胞质膜、内膜或原生质膜，是外侧紧贴细胞壁、内侧包围细胞质的一层柔软而富有弹性的半透性薄膜，厚度一般为 7～8nm。其基本结构为三层单位膜：内外两层磷脂分子，含量为 20%～30%；蛋白质有些穿透磷脂层，有些位于表面，含量为 60%～70%；另外还有少量多糖（约 2%）。细胞膜的基本结构见图 2-4。

细胞膜是具有高度选择性的半透膜，含有丰富的酶系和多种膜蛋白。其具有重要的生理功能，主要有：

① 选择渗透性。在细胞膜上镶嵌有大量的渗透蛋白（渗透酶）控制营养物质和代谢产物的进出，并维持着细胞内正常的渗透压。

② 参与细胞壁各种组分以及糖等的生物合成。

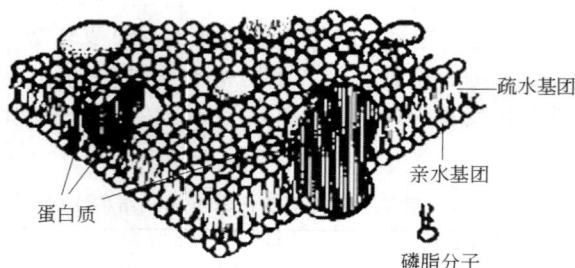

图 2-4　细胞膜结构模式

③ 参与产能代谢。在细菌中，电子传递和 ATP 合成酶均位于细胞膜上。

(3) 细胞质及内含物　细胞质是细胞膜以内，核以外的无色透明、黏稠的复杂胶体，亦称原生质。其主要成分为蛋白质、核酸、多糖、脂类、水分和少量无机盐类。细胞质中含有许多酶系，是细菌新陈代谢的主要场所。细胞质中无真核细胞所具有的细胞器，但含有许多内含物，主要有核糖体、液泡和贮藏性颗粒。由于含有较多的核糖核酸（特别在幼龄和生长期含量更高），所以呈现较强的嗜碱性，易被碱性和中性染料染色。

① 核糖体。是分散在细胞质中沉降系数为 70S 的亚显微颗粒物质，是合成蛋白质的场所。其化学成分为蛋白质（40%）和 RNA（60%）。

② 贮藏性颗粒。是一类由不同化学成分累积而成的不溶性颗粒。主要功能是贮藏营养物质，如聚-β-羟基丁酸、异染粒、硫粒、肝糖粒和淀粉粒。这些颗粒通常较大，并为单层膜所包围，经适当染色可在光学显微镜下观察到，它们是成熟细菌细胞在其生存环境中营养过剩时的积累，营养缺乏时又可被利用。

③ 气泡。一些无鞭毛的水生细菌，生长一段时间后，在细胞质出现几个甚至更多的圆柱形或纺锤形气泡。其内充满水分和盐类或一些不溶性颗粒。气泡使细菌具有浮力，漂浮于水面，以便吸收空气中的氧气供代谢需要。

(4) 原核（拟核）　细菌细胞核因无核仁和核膜，故称为原核或拟核。它是由一条环状双链的 DNA 分子（脱氧核糖核酸）高度折叠缠绕而形成。以大肠杆菌为例，菌体长度仅 $1\sim2\mu m$，而它的 DNA 长度可达 $1100\mu m$，相当于菌体长度的 1000 倍。

原核是重要的遗传物质，携带着细菌的全部遗传信息。它的主要功能是决定细菌的遗传性状和传递遗传信息。

除原核外，很多细菌还含有质粒。质粒为小型环状 DNA 分子。根据其功能不同可分为三类：①致育因子（F 因子），与有性接合有关；②耐药性质粒（R 因子），与耐药性有关；③降解性质粒，与降解污染物有关。质粒既能自我复制，稳定地遗传，也可插入细菌 DNA 中，或与其携带的外源 DNA 片段共同复制；它既可单独转移，也可携带细菌 DNA 片段一起转移。所以，质粒已成为遗传工程中重要的运载工具之一。质粒的有无与细菌的生存无关。但是，许多次级代谢产物如抗生素、色素等的产生以及芽孢的形成，均受质粒的控制。

(5) 荚膜　荚膜是细菌的特殊结构，是某些细菌在新陈代谢过程中产生的覆盖在细胞壁外的一层疏松透明的黏液状物质（图 2-5）。一般厚约 200nm。荚膜使细菌在固体培养基上形成光滑型菌落。根据荚膜的厚度和形

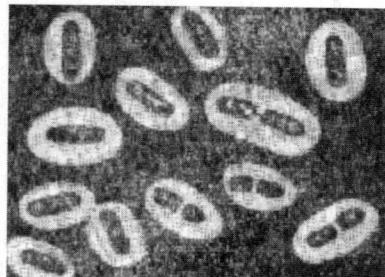

图 2-5　巨大芽孢杆菌的荚膜

状不同又可分为以下几种。

① 大荚膜。具有一定的外形，厚约 200nm，能较稳定地附着于细胞壁外，并且与环境有明显的边缘。

② 黏液层。没有明显的边缘且扩散在环境中。

③ 菌胶团。许多细菌的个体排列在一起时，其荚膜物质相互融合而形成的具有一定形状的细菌团。

细菌失去荚膜仍然能正常生长，所以荚膜不是生命活动所必需的。荚膜的形成与否主要由菌种的遗传特性决定，也与其生存的环境条件有关。如肠膜明串珠菌在碳源丰富、氮源不足时易形成荚膜；而炭疽杆菌则只在其感染的宿主体内或在二氧化碳分压较高的环境中才能形成荚膜。产生荚膜的细菌并不是在整个生活期内都能形成荚膜，如某些链球菌在生长早期形成荚膜，后期则消失。

荚膜的主要成分为多糖，少数含多肽、脂多糖等，含水量在 90% 以上。荚膜的主要功能有：①保护作用。可保护细菌免受干旱损伤，对于致病菌来说，则可保护它们免受宿主细胞的吞噬。②贮藏养料。营养缺乏时可作为细胞外碳（或氮）源和能源的贮存物质。③表面吸附作用。其多糖、多肽、脂多糖等具有较强的吸附能力。④作为透性屏障。可保护细菌免受重金属离子的毒害。

荚膜折射率很低，不易着色，必须通过特殊的荚膜染色法，即使背景和菌体着色，衬托出无色的荚膜，才可在光学显微镜下观察到。

在食品工业中，由于产荚膜细菌的污染，可造成面包、牛奶、酒类和饮料等食品的黏性变质。肠膜明串珠菌是制糖工业的有害菌，常在糖液中繁殖，使糖液变得黏稠而难以过滤，因而降低了糖的产量。另外，可利用肠膜明串珠菌将蔗糖合成大量的荚膜物质——葡聚糖。再利用葡聚糖来生产右旋糖酐，作为代血浆的主要成分。此外，还可从野油菜黄单胞菌的荚膜中提取黄原胶（xanthan），作为石油钻井液、印染、食品等的添加剂。

(6) 芽孢　芽孢是细菌的特殊结构。某些细菌生长到一定阶段，在细胞内形成一个圆形、椭圆形或圆柱形的厚壁、含水量极低、对不良环境具有抗性的休眠孢子，称为芽孢，又叫内生孢子。

芽孢有极强的抗热、抗辐射、抗化学药物和抗静水压等特性。如一般细菌的营养细胞在 70~80℃时 10min 就死亡，而在沸水中，枯草芽孢杆菌的芽孢可存活 1h，破伤风芽孢杆菌的芽孢可存活 3h，肉毒梭菌的芽孢可存活 6h。一般在 121℃条件下，需 15~20min 才能杀死芽孢。

细菌的营养细胞在 5% 苯酚溶液中很快死亡，芽孢却能存活 15 天。芽孢抗紫外线辐射的能力一般要比营养细胞强 1 倍，而巨大芽孢杆菌的芽孢抗辐射能力要比其营养细胞强 36 倍。因此在微生物实验室或工业发酵中常以是否杀死芽孢作为灭菌是否彻底的指标。

芽孢之所以具有较强的抗逆境能力与其含水量低（38%~40%）、壁厚而致密（分三层）、芽孢中 2,6-吡啶二羧酸含量高以及含耐热性酶等多种因素有关。

芽孢的休眠能力也是十分惊人的，在休眠期间，代谢活力极低。一般的芽孢在普通条件下可保存几年至几十年的活力。有些湖底沉积土中的芽孢杆菌经 500~1000 年后仍有活力，还有经 2000 年甚至更长时间仍保持芽孢生命力的记载。

芽孢可帮助细菌度过不良环境，在适宜条件下，一个即使是沉睡了几十年的芽孢，也可在几分钟内苏醒，并萌发成为一个菌体。故芽孢只是休眠体而非繁殖体。

用孔雀绿将芽孢染色，在光学显微镜下可观察其存在。芽孢在细胞中的位置、形状与大小因菌种不同而异，这是分类鉴定的重要依据之一。如枯草芽孢杆菌等细菌的芽孢位于细胞中央或近中央，直径小于细胞宽度。而破伤风梭状芽孢杆菌的芽孢则位于细胞一端，且直径大于细胞宽度，使菌体呈鼓槌状。芽孢的形态和着生位置如图2-6所示。

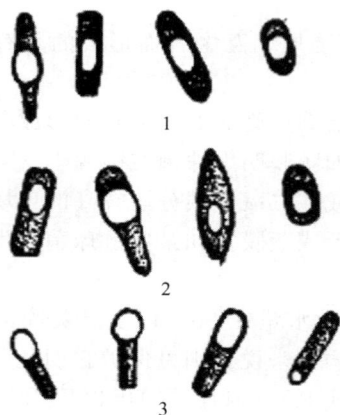

图 2-6　芽孢的形态和着生位置
1—中央位；2—近中位；3—极端位

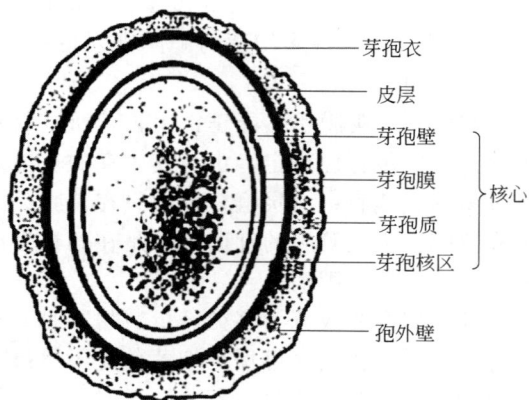

图 2-7　芽孢的结构模式图

芽孢的结构主要由孢外壁、芽孢衣、皮层和核心组成。从图2-7可知成熟的芽孢具有多层结构。其中芽孢核心是原生质部分，含DNA、核糖体和酶类；皮层是最厚的一层，在芽孢形成过程中产生的一种高度抗性物质——2,6-吡啶二羧酸就存在于皮层中，孢外壁（芽孢壳）是一种类似角蛋白的蛋白质，非常致密，无通透性，可抵抗有害物质的侵入。成熟的芽孢结构特点是含水少、壁致密、含大量的抗性物质，因此芽孢具有高度的耐热性、抗性和休眠等特性。

细菌能否形成芽孢除与遗传因素有关外，与环境条件如气体、养分、温度、生长因子等也密切相关。菌种不同所需环境条件也不相同，大多数细菌的芽孢在营养缺乏、代谢产物积累、温度较高等生存环境较差时形成。少数菌种如苏云金芽孢杆菌则在营养丰富，温度、氧气均适宜时形成芽孢。芽孢的极强的抗逆性、休眠的稳定性、复苏的快捷性为我们对有芽孢的细菌进行纯种分离、分类鉴定及研究和应用提供了帮助。

（7）鞭毛与纤毛　鞭毛是细菌的特殊结构，是某些运动细菌体内长出的一根或数根波状弯曲的细长丝状体。鞭毛的特点是极易脱落而且非常纤细，它的直径为12～18nm，长度可超过菌体的数倍到数十倍，需经特殊染色方可在光学显微镜下观察到。

大多数的球菌没有鞭毛；杆菌有的生鞭毛，有的不生鞭毛；螺旋菌一般都有鞭毛。根据鞭毛数量和排列情况，可将细菌鞭毛分为几下类型。

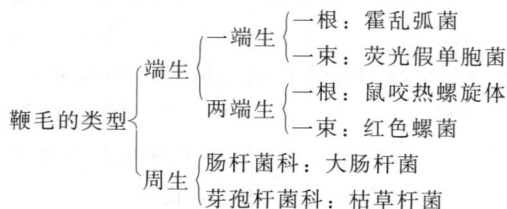

鞭毛的类型 {
　端生 {
　　一端生 {
　　　一根：霍乱弧菌
　　　一束：荧光假单胞菌
　　两端生 {
　　　一根：鼠咬热螺旋体
　　　一束：红色螺菌
　周生 {
　　肠杆菌科：大肠杆菌
　　芽孢杆菌科：枯草杆菌

鞭毛的化学组成主要是蛋白质、少量多糖、脂类和核酸。鞭毛的结构由鞭毛基体、鞭毛钩和鞭毛丝三部分组成。革兰阴性菌的鞭毛最典型。鞭毛是负责细菌运动的结构，一般幼龄细菌在有水的适温环境中能进行活跃的运动，衰老菌常因鞭毛脱落而运动不活跃。另外，鞭

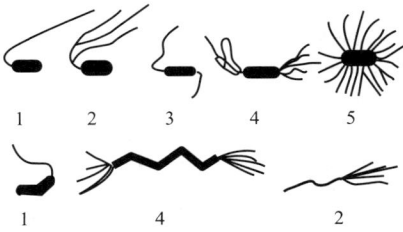

图 2-8　鞭毛着生类型
1—端单生鞭毛；2—端丛生鞭毛；
3—两端单生鞭毛；4—两端丛生
鞭毛；5—周生鞭毛

毛与病原微生物的致病性有关。细菌鞭毛的着生类型如图 2-8 所示。鞭毛的着生位置、数量和排列方式因菌种不同而异，常用来作为分类鉴定的重要依据。

细菌的鞭毛是世界上最小的马达，个体微小却拥有极快的速度。然而，鞭毛的进化是众多进化论目前难以解释的领域之一。2021 年由我国的朱永群教授团队与张兴教授团队合作，通过不懈的努力与奋斗，首次系统地揭示了沙门氏菌鞭毛马达的组装和扭矩传输机制，解码了这种细菌的运动机理，同时为细胞学研究指明了新方向，也为生命科学和生物进化论提供了新的证据和课题，并为今后抗生素的设计提供了新的思路。他们不畏艰辛的科研态度和奋斗精神，彰显了中国智慧和科学家精神。

纤毛又称菌毛、伞毛、须毛等，是某些革兰阴性菌和少数革兰阳性菌细胞上长出的数目较多、短而直的蛋白质丝或细管。纤毛分布于整个菌体，不是细菌的运动器官。有纤毛的细菌以革兰阴性致病菌居多。纤毛有两种：一种是普通纤毛，能使细菌黏附在某物质上或液面上形成菌膜；另一种是性纤毛，又称性菌毛（F⁻菌毛），它比普通菌毛长，数目较少，为中空管状，一般常见于 G⁻菌的雄性菌株中，其功能是细菌在接合作用时向雌性菌株传递遗传物质，有的性纤毛还是噬菌体吸附于宿主细胞的受体。

4. 细菌的繁殖

细菌最普遍、最主要的繁殖方式是无性繁殖，即二分裂法（简称裂殖），其主要过程如下所述。

① 核质分裂。细菌分裂前先进行 DNA 复制，形成两个原核，随着细菌的生长，原核彼此分开，同时细胞膜向细胞质延伸然后闭合，形成细胞质隔膜，使细胞质和原核分开，即完成核质分裂。

② 横隔壁形成。随着细胞膜向内延伸，细胞壁同时向四周延伸，最后闭合形成横隔壁，这样便产生了两个子细胞。

③ 子细胞分裂。前两个过程完成后，两个子细胞即开始分离，形成两个完全独立的新细胞。根据菌种不同，组成不同的排列形式，如双球菌、双杆菌、链球菌等。

5. 细菌的培养特征

（1）细菌在固体培养基上的培养特征　细菌在固体培养基上的生长繁殖，由于受到固体表面的限制不能自由活动，只能聚集形成菌落。而菌落是指由一个细菌繁殖得到的一堆由无数个个体组成的肉眼可见的具有一定形态特征的群体。细菌菌落特征因种而异，是细菌分类鉴定的依据之一。可以从菌落的表面形状（圆形、不规则形、假根状）、隆起形状（扁平、台状、脐状、乳头状等）、边缘情况（整齐、波状、裂叶状、锯齿状）、表面状况（光滑、皱褶、龟裂状、同心环状）、表面光泽（闪光、金属光泽、无光泽）、质地（硬、软、黏、脆、油脂状、膜状）以及菌落的大小、颜色、透明程度等方面进行观察描述（图 2-9）。

（2）细菌在半固体培养基中的培养特征　用穿刺接种技术将细菌接种在含 0.3% ～ 0.5% 琼脂的半固体培养基中培养，可根据细菌的生长状态判断细菌的呼吸类型、有无鞭毛和能否运动。如果细菌在培养基的表面及穿刺线的上部生长者为好氧菌。沿整条穿刺线生长者为兼性厌氧菌，在穿刺线底部生长的为厌氧菌。如果只在穿刺线上生长的为无鞭毛、不运动的细菌；在穿刺线上及穿刺线周围扩散生长的为有鞭毛、能运动的细菌（图 2-10）。

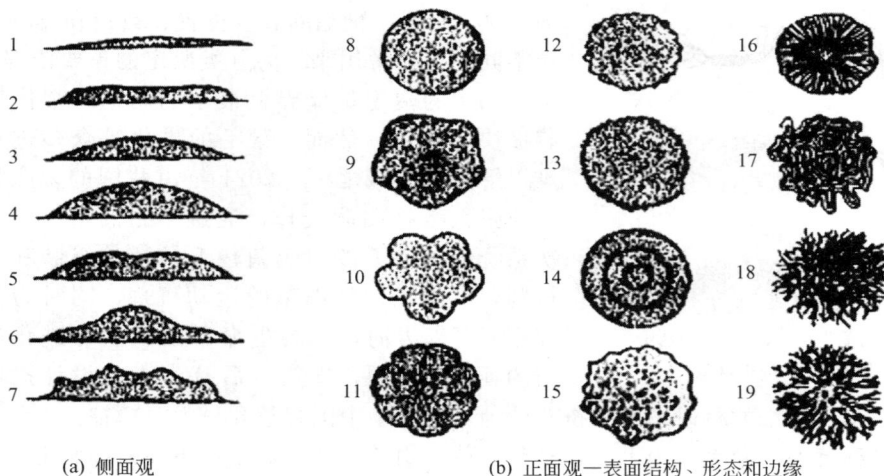

(a) 侧面观　　　　　　　　　(b) 正面观—表面结构、形态和边缘

图 2-9　常见细菌菌落的特征

1—扁平；2—隆起；3—低凸起；4—高凸起；5—脐状；6—草帽状；7—乳头状表面结构形状及边缘；
8—圆形，边缘整齐；9—不规则，边缘波浪；10—不规则，颗粒状，边缘叶状；11—规则，放射状，
边缘花瓣形；12—规则，边缘整齐，表面光滑；13—规则，边缘齿状；14—规则，有同心环，边缘完整；15—不规则
似毛毯状；16—规则似菌丝状；17—不规则，卷发状，边缘波状；18—不规则，丝状；19—不规则，根状

6. 食品中常见的细菌

(1) 假单胞菌属　为革兰阴性菌，需氧，无芽孢，端生鞭毛，能运动。能利用碳水化合物作为能源，但只能利用少数的糖类。具有强的分解脂肪和蛋白质的能力，如荧光假单胞菌，能在较低温度下生长，使肉类食品腐败变质；有些能使水果腐烂、变黑和枯萎，如菠萝软腐病假单胞菌。

(2) 乳杆菌属　为革兰阳性菌，不能运动，菌体为杆状，常呈链状排列。它们是乳酸、干酪、酸乳等乳制品的生产菌种，如干酪乳杆菌、保加利亚乳杆菌、嗜热乳杆菌和嗜酸乳杆菌等。

(3) 醋酸菌　为革兰阴性杆菌，老龄的菌经革兰染色后为阳性。无芽孢，需氧。本属菌具有较强的氧化能力，能将乙醇氧化为乙酸，是乙酸工业的生产菌种。但有些菌种对酒类和饮料有害，如纹膜醋酸菌常使葡萄酒、果汁变酸。

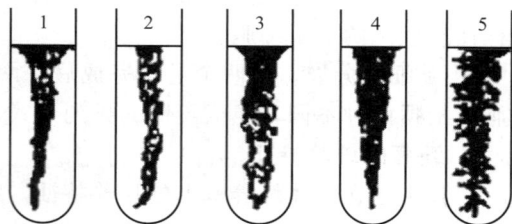

图 2-10　细菌在半固体培养基中的生长特征

1,2—不运动性好氧菌；3—不运动性兼性厌氧菌；
4—运动性好氧菌；5—运动性兼性厌氧菌

(4) 芽孢杆菌属　为革兰阳性菌，需氧，能产生芽孢。本属细菌大多数是食品中常见的腐败菌，如枯草芽孢杆菌等。有些菌是病原菌，能引起人畜中毒甚至死亡，如炭疽芽孢杆菌。

(5) 链球菌属　为革兰阳性菌，呈短链或长链状排列。本属有些细菌是发酵乳制品的生产菌种，如乳链球菌、乳酪链球菌等。有些细菌能引起食品腐败变质，如粪链球菌；有些细菌是人畜的病原菌，如溶血链球菌。

(6) 小球菌属和葡萄球菌属　为革兰阳性菌，需氧或兼性厌氧。有些细菌污染食品后产生色素，如小球菌。有些细菌污染食品后产生毒素，引起人类食物中毒，如金黄色葡萄球菌产生肠毒素。

二、放线菌

放线菌（actinomycetes）因在固体培养基上的菌落呈放射状生长而得名，是一类革兰阳性的原核微生物。放线菌多数为腐生菌，少数为寄生菌。放线菌广泛分布于人类生存的环境中，特别是在有机质丰富的微碱性土壤中含量最多。放线菌与人类的关系极为密切，是大多数抗生素的生产菌。到目前为止，在 6000 多种抗生素中约有 4000 多种是由放线菌产生的。放线菌广泛应用于纤维素降解、甾体转化、石油脱蜡、污水处理等方面。有的放线菌还能用来生产维生素和酶制剂，只有少数放线菌能引起人类、动物和植物的病害。

1. 放线菌的形态和大小

放线菌为单细胞，菌体由纤细的分枝状菌丝组成，放线菌细胞的成分和结构与细菌类似。它们的直径在 $0.5\sim1.0\mu m$。菌丝无隔膜为单细胞。放线菌的菌丝由于形态与功能不同分成以下三类（图 2-11）。

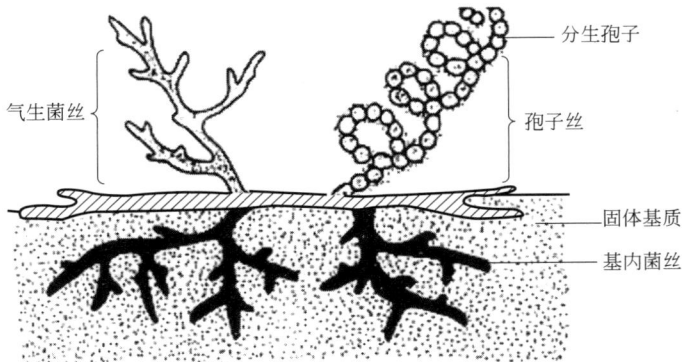

图 2-11 链霉菌的形态结构模式图

（1）基内菌丝 基内菌丝是放线菌的孢子萌发后，伸入培养基内摄取营养的菌丝，又称营养菌丝。

（2）气生菌丝 气生菌丝是由基内菌丝长出培养基外伸向空间的菌丝。

（3）孢子丝 孢子丝是气生菌丝生长发育到一定阶段，在其上部分化出可形成孢子的菌丝。孢子丝的形状和着生方式因种而异。形状有直形、波曲形和螺旋形之分；着生方式也可分成互生、丛生、轮生等方式（图 2-12）。孢子丝生长到一定阶段断裂为孢子。放线菌孢子丝的形态、孢子的形状和颜色等特征均为菌种鉴定的依据。

2. 放线菌的繁殖与菌落特征

（1）繁殖方式 放线菌主要通过产生无性孢子及菌丝片段等形式进行繁殖。

（2）菌落特征 放线菌的气生菌丝较细，生长缓慢，分枝的菌丝互相交错缠绕，因而形成的菌落小且质地致密，表面呈紧密的绒状或坚实、干燥、多皱。由于放线菌的基内菌丝长在培养基内，故菌落一般与培养基结合紧密，不易挑起，或整个菌落被挑起而不致破碎。只有放线菌中的诺卡菌，其菌丝体生长 15h～4d 时，菌丝将产生横隔膜，分枝的菌丝体全部断裂成杆状、球状或带杈的杆状，这时的菌落质地松散，易被挑取。

幼龄菌落因气生菌丝尚未分化成孢子丝，故菌落表面与细菌菌落相似而不易区分。当产生的大量孢子布满菌落表面时，就形成外观呈绒状、粉末状或颗粒状的典型放线菌菌落。此外，由于放线菌菌丝及孢子常具有不同的色素，可使菌落的正面与背面呈现不同的颜色，其中水溶性色素可扩散到培养基中，脂溶性色素则不能扩散。

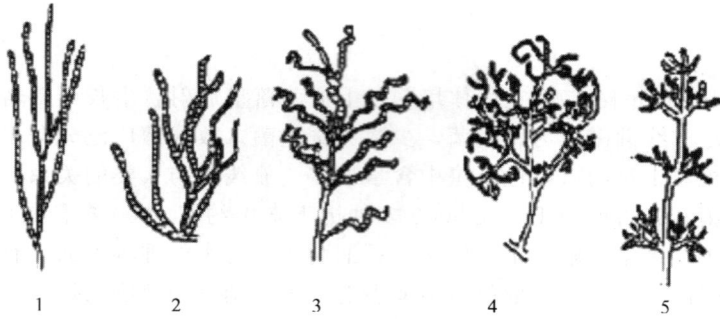

图 2-12 放线菌孢子丝形态图
1—直形；2—波浪形；3—松螺旋形；4—紧螺旋形；5—轮生

常见放线菌的代表属主要有：链霉菌属、诺卡菌属（原放线菌）和小单孢菌属等。

三、其他原核微生物

1. 古细菌

在过去很长一段时间里，由于微生物研究技术和手段落后，对古细菌（archaebacteria）的了解甚少，一直将古细菌隶属于细菌范畴。1977 年以后，科学家们改进了研究方法，对细菌进行深入研究后发现，在细菌中有一类在细胞形态、化学组成及生活环境等方面都很特殊的微生物。为了区分这类独特的微生物类群，将其命名为古细菌，简称古菌。

(1) 古细菌的主要特征 古细菌的细胞薄而扁平，形态独特多样。如叶片状（嗜热硫化叶菌）、棍棒状（热棒菌）、盘状（富盐菌）、球状、丝状等。细胞壁大多不含肽聚糖。质膜中有具醚键的类脂。古细菌大多生活在厌氧、高盐或高热等极端环境中。根据古细菌的生活习性和生理特性的不同可将其分成三大类群：产甲烷菌、嗜热嗜酸菌、极端嗜盐菌。下面仅对产甲烷菌群进行简单介绍。

(2) 古细菌的常见类群——产甲烷菌 早在 150 年前，人们就认识了产甲烷菌，并对它产生了极大的兴趣，原因是产甲烷菌在处理有机废物时能产生清洁的生物能源物质——甲烷。随着对产甲烷菌研究的深入，产甲烷菌新种不断被发现。产甲烷菌在形态上具有多样性，已分离的产甲烷菌就有球形、八叠球状、短杆状、长杆状、丝状和盘状等（图 2-13）。产甲烷菌是严格的厌氧菌，只能生活在与氧气隔绝的水底、沼泽、水稻田、厌氧处理装置以

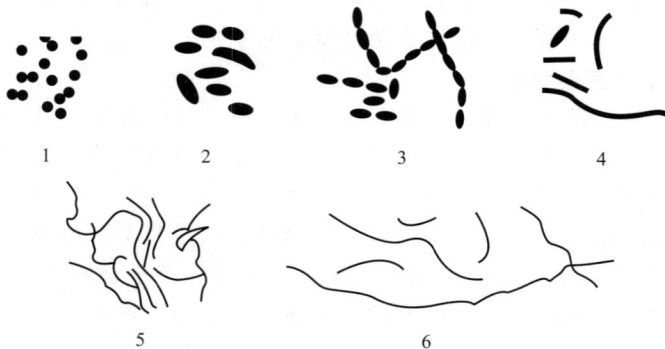

图 2-13 产甲烷细菌形态图
1—沃氏甲烷杆菌；2—布氏甲烷杆菌；3—嗜树木甲烷杆菌；4—甲酸甲烷杆菌；
5—嗜热自养甲烷杆菌；6—亨氏甲烷杆菌

及动物的消化道特别是反刍动物的瘤胃中。产甲烷菌是化能有机营养型或化能无机营养型。它们只能利用简单的 C_1 化合物（甲酸、甲醇等）、乙酸和 CO_2 为碳源，利用 H_2 还原 CO_2 生成甲烷，利用甲烷发酵或利用乙酸呼吸来获取生命活动所需的能量，乙酸可刺激生长。所有的产甲烷古细菌都能利用 NH_4^+ 为氮源，少数的种可以固定分子态氮。产甲烷菌中含有特殊的辅酶 F420，在荧光显微镜下，观察产甲烷菌能自发荧光，这是识别产甲烷菌的一种重要方法。

2. 蓝细菌

蓝细菌（cyanobacteria）是一类含有叶绿素 a，能进行放氧性光合作用的原核生物。

蓝细菌过去归入藻类植物，称为蓝藻或蓝绿藻，现根据其细胞具原始核、只有叶绿素、没有叶绿体、革兰染色阴性等特点而归入原核微生物中的一个特殊类群，故称为蓝细菌。

蓝细菌约有 2000 种，在自然界分布广泛，无论在淡水、海水、潮湿土壤、树皮和岩石表面，还是在沙漠的岩石缝隙里或是在温泉（70～73℃）等极端环境中都能生长。有些蓝细菌还能与真菌、苔藓、蕨类、种子植物、珊瑚和一些无脊椎动物共生。

蓝细菌与人类的关系密切，它们中有的种类富含营养，可供人类食用；有的种类能固氮，可增加水体和土壤的氮素营养；有的种类在营养丰富的湖泊或水库中大量繁殖，污染水体，其中有些还产生毒素，通过食物链危害人类健康。

(1) 蓝细菌的主要特征

① 蓝细菌形态差异大，有单细胞体、群体和丝状体。

② 蓝细菌的营养类型为光能自养型。光合色素为叶绿素 a 和独特的藻胆素（包括藻蓝素、藻红素与藻黄素）。菌体通常呈蓝色或蓝绿色（藻蓝素占优势），少数呈红、紫、褐等颜色。光合作用产氧。

③ 有异形胞的蓝细菌能固氮。异形胞较营养细胞稍大、厚壁、色浅，内含固氮酶，具有固定大气中游离氮的功能，目前已知的固氮蓝细菌有 120 多种。

④ 细胞壁外常有胶被或胶鞘。胶被和胶鞘厚度不等，无色或有各种颜色。

⑤ 繁殖方式主要为无性繁殖的二分裂法。丝状蓝细菌还可通过丝状体断裂形成短片状的段殖体，每个段殖体可长成新的个体。

(2) 常见代表属

① 念珠蓝菌属。菌体为丝状体，有胶鞘，构成丝状体的细胞球形、桶形或圆柱形，异形胞间生。常以段殖体进行繁殖。雨后在地面上出现的地木耳（葛仙米）是一种念珠蓝菌，可供食用。

② 螺旋蓝菌属。菌体为螺旋形的不分枝丝状体，它们由单细胞或多细胞构成，大小为 $(3～8)\mu m×(50～250)\mu m$。喜高温（最高温度可达 40℃，适温 28～37℃，低温达 15℃）和碱性（pH8.5～10.5）环境，也可在淡水、海水、稻田、沼泽、废水或是盐碱水（盐碱含量 20～70g/L）域生长。繁殖力强，10h 可增长一倍。

螺旋蓝菌，又称螺旋藻（图 2-14），菌体营养丰富，蛋白质含量高达 60%～80%，与日常食用的含蛋白质丰富的食物相比，它的蛋白

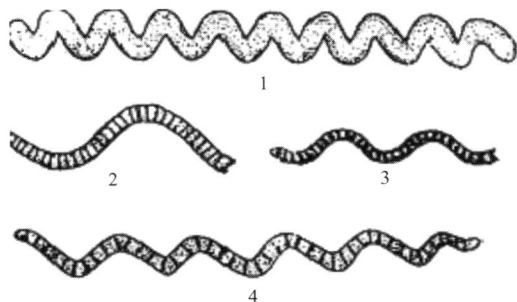

图 2-14　螺旋藻

1—为首螺旋藻；2—钝顶螺旋藻；

3—方胞螺旋藻；4—巨大螺旋藻

质含量是猪肉的 7 倍、鸡肉的 3.1 倍、全脂奶粉的 2.9 倍、蛋类的 4.6 倍。并且氨基酸组成均衡，其中 8 种人体必需的氨基酸的含量接近或超过联合国粮农组织推荐的标准。螺旋蓝菌是目前已知蛋白质含量和质量最高的食物。此外，螺旋藻还含有人体必需的多种维生素和微量元素，如维生素 E、β-胡萝卜素、维生素 K、维生素 B_1、维生素 B_5、维生素 B_{12}、泛酸和叶酸以及 Se、Zn、Mn、Cu、Fe、Ca 等微量元素。每人每天食用 4～8g 螺旋藻粉即可基本满足人体对大部分维生素及微量元素的需要。螺旋藻作为一种全天然、高蛋白、富含生理活性成分的保健食品早已受到许多发达国家的青睐，用螺旋藻制作的主副食品和营养保健品如螺旋藻饼干、螺旋藻酸奶、螺旋藻挂面和螺旋藻胶囊等风行美国、德国和日本等国家。我国也于 1978 年引进淡水螺旋藻并培育成功，据统计，至 2022 年中国螺旋藻行业产量约为8828 吨。

现在已知的螺旋蓝菌属共有 30 多个种类，中国有 5 种，大规模生产的藻种主要是钝顶螺旋藻和巨大螺旋藻。

③ 微囊蓝菌属。菌体是由许多球形细胞构成的群体，群体外具有公共胶被，该属中一些蓝菌产生毒素，通过食物链富集在鱼、贝等水生生物体内，最终危害人体健康，严重的可导致人畜死亡（图 2-15）。

3. 支原体

支原体（mycoplasma）又称类菌质体，是一类介于细菌与立克次体之间、能独立生活的最小原核微生物。广泛分布于污水、土壤和动物体内，多数致病，如可引起人畜和禽类的呼吸系统、尿道以及生殖系统（输卵管和附睾）炎症。

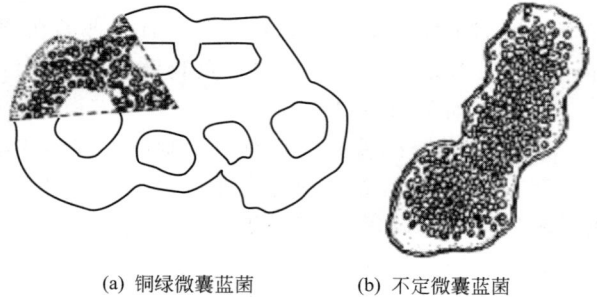

(a) 铜绿微囊蓝菌　　　　(b) 不定微囊蓝菌

图 2-15　微囊蓝菌

常可引起植物黄化病、矮缩病等的支原体通常又称类支原体。

支原体的主要特征是：①体形微小，直径约为 150～300nm，一般为 250nm 左右，在显微镜下勉强可见。②无细胞壁，细胞柔软而形态多变。③在含血清等营养丰富的培养基上形成"油煎蛋形"的小菌落，直径为 10～600μm。

4. 立克次体

立克次体（rickettsia）是一类只能寄生在真核细胞内的革兰阴性原核微生物。

1909 年，美国医生 H. T. Ricketes 首次发现斑疹伤寒的病原体，并在 1910 年因研究该病原体不幸感染而殉职，为表示纪念，将斑疹伤寒等这类病原体命名为立克次体。其主要特点是：①细胞呈球状、杆状或丝状，细胞大小一般为 $(0.3～0.7)\mu m \times (1～2)\mu m$，光学显微镜下可见；②有细胞壁，革兰染色阴性；③在真核细胞内营专性寄生（个别例外），其宿主一般为虱、蚤、蜱、螨等节肢动物，并可传至人或其他脊椎动物；④以二分裂方式繁殖；⑤不能在人工培养基上生长，可用鸡胚、敏感动物或合适的组织培养物培养。

汤飞凡作为一名医学科学家，抱着悬壶济世的理想投身科研。1958 年，他主动要求助手将沙眼病原体滴入自己眼中。他的双眼很快就肿得像核桃一样，出现了明显的沙眼临床症状。在随后的 40 天里，他冒着失明的风险，坚持不做任何治疗，收集了一批十分可靠的临床数据。至此，持续了多年的沙眼病原体的争论终于落下了帷幕。

汤飞凡对中国生物制品事业的发展有着不可磨灭的贡献。抗日战争全面爆发后，他积极投身抗日救亡运动，在昆明主持重建中国最早的生物制品机构——中央防疫处。利用简陋设备生产疫苗、血清和青霉素，拯救了无数生命。正是这种热爱国家、热爱民族的爱国主义精神，成为抗日战争取得胜利的强大动力，成为激励后人不断奋进的精神力量。

5. 衣原体

衣原体（chlamydia）是一类能通过细菌滤器在真核细胞内营专性能量寄生的原核微生物。其主要特征是：①细胞为球形或椭圆形，直径 $0.2\sim0.7\mu m$，大的可达 $1.5\mu m$。②有细胞壁，革兰染色阴性。③有不完整的酶系统，尤其缺乏能量代谢的酶系统，故必须依靠寄生细胞提供能量，进行严格的细胞内寄生。④核酸 DNA 和 RNA 以二分裂方式繁殖。⑤传播时不需媒介，而是直接由空气传染给鸟类、哺乳动物和人类，引起沙眼、结膜炎、肺炎、多发性关节炎、肠炎等。⑥在宿主细胞内的发育阶段存在原基体和始体两种细胞形态，即由细胞壁厚而坚韧且具感染性的原基体，变成细胞较大且壁厚的非传染性的始体，然后再形成致密的具传染性的原基体。

6. 螺旋体

螺旋体（spirochetes）是一类介于细菌与原生动物之间的单细胞原核微生物，形态结构和运动方式独特。其特点是：菌体细长，$(0.1\sim3.0)\mu m\times(3\sim500)\mu m$，极柔软，易弯曲，无鞭毛，在液体培养基中运动时能做特殊的弯曲、卷曲，或像蛇一样扭动。

螺旋体广泛分布于各种水体环境和动物体内。如哺乳动物肠道，睫毛表面，白蚁和石斑鱼的肠道，软体动物躯体和反刍动物瘤胃中都有螺旋体。在这些螺旋体中，有些是动物体内固有的正常微生物，对动物有利，但有些则引发人畜疾病，如梅毒、回归热、钩端螺旋体病等。

第二节　真核微生物

真核微生物是指细胞核有核仁和核膜，能进行有丝分裂，细胞质中存在线粒体和内质网等细胞器的微生物。真核微生物主要包括真菌（酵母菌、霉菌和担子菌）、微型藻类和原生动物等。本节主要介绍食品微生物中最常见的酵母菌和霉菌。

一、酵母菌

酵母菌（yeast）是以出芽繁殖为主的单细胞真菌的俗称，在分类上属于子囊菌纲、担子菌纲和半知菌纲。主要分布在含糖质较高的偏酸环境中，如果品、蔬菜、花蜜、植物叶子的表面和果园的土壤中。此外，在动物粪便、油田和炼油厂附近的土壤中也能分离到利用烃类的酵母菌。酵母菌大多为腐生型，少数为寄生型。

视频：酵母菌

酵母菌应用很广，人们可以利用酵母菌酿酒、制造美味可口的饮料和营养丰富的食品（面包、馒头），生产多种药品（核酸、辅酶 A、细胞色素 c、维生素 B、酶制剂等），进行石油脱蜡、降低石油的凝固点和生产各种有机酸。由于酵母菌细胞的蛋白质含量很高，且含有多种维生素、矿物质和核酸等，所以，人类在利用拟酵母、热带假丝酵母、白色假丝酵母、黏红酵母等酵母菌处理各种食品工业废水时，还可以获得营养丰富的菌体蛋白。

当然，也有少数酵母菌（约 25 种）是有害的，如鲁氏酵母、蜂蜜酵母等能使蜂蜜、果酱变质，有些酵母菌是发酵工业污染菌，使发酵产量降低或产生不良气味，影响产品质量。白色假丝酵母又称白色念珠菌，可引起皮肤、黏膜、呼吸道、消化道以及泌尿系统等的多种疾病。新型隐球酵母可引起慢性脑膜炎、肺炎等。

1. 酵母菌的形态结构

（1）形态 酵母菌的形态因种而异，一般有卵圆形、圆形、圆柱形、柠檬形或假丝状（图 2-16）。假丝状是指有些酵母菌的细胞进行一连串的芽殖后，长大的子细胞与母细胞不分离，彼此连成藕节状或竹节状的细胞串，形似霉菌菌丝，为了区别于霉菌的菌丝，称之为假菌丝。酵母菌细胞的直径为 $1\sim5\mu m$，长约 $5\sim30\mu m$ 或更长。酵母菌的形状与大小可因培养条件及菌龄不同而改变。如一般成熟的细胞大于幼龄细胞，液体培养的细胞大于固体培养的细胞。

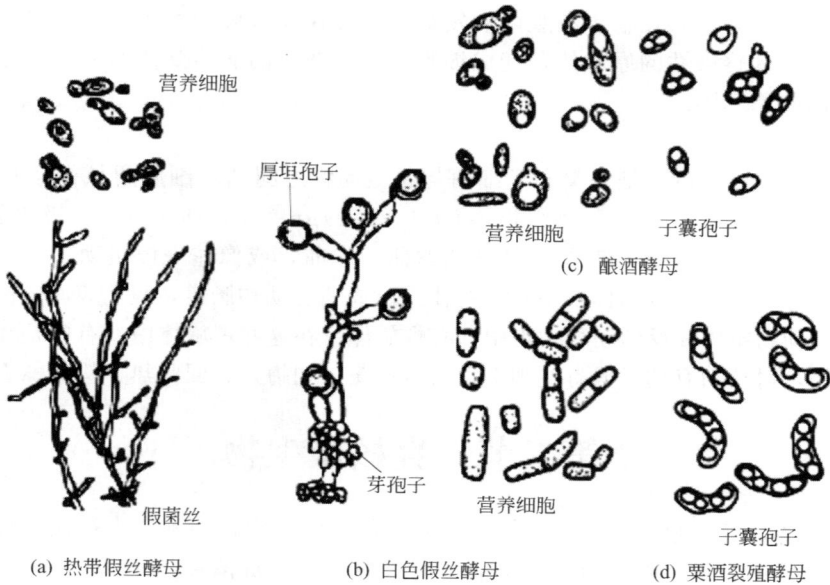

图 2-16 几种酵母菌

（a）热带假丝酵母　　（b）白色假丝酵母　　（c）酿酒酵母　　（d）粟酒裂殖酵母

（2）酵母菌的细胞结构 酵母菌的细胞与细菌的细胞一样有细胞壁、细胞膜和细胞质等基本结构以及核糖体等细胞器，此外酵母菌细胞还具有一些真核细胞特有的结构和细胞器，如细胞核有核仁和核膜，DNA 与蛋白质结合形成染色体，能进行有丝分裂，细胞质中有线粒体（能量代谢的中心）、中心体、内质网和高尔基体等细胞器以及多糖、脂类等贮藏物质（图 2-17）。细胞壁的组成成分主要是葡聚糖和甘露聚糖。

2. 酵母菌的繁殖方式和生活史

（1）酵母菌的繁殖方式 酵母菌的繁殖方式如下所示。

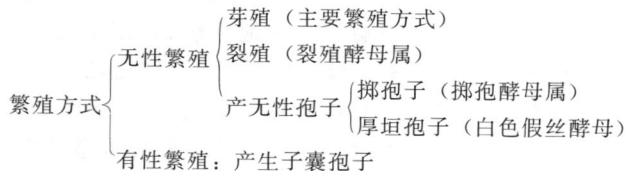

繁殖方式 ⎰ 无性繁殖 ⎰ 芽殖（主要繁殖方式）
　　　　　　　　　　裂殖（裂殖酵母属）
　　　　　　　　　　产无性孢子 ⎰ 掷孢子（掷孢酵母属）
　　　　　　　　　　　　　　　　　厚垣孢子（白色假丝酵母）
　　　　　　有性繁殖：产生子囊孢子

① 无性繁殖。无性繁殖是指不经过性细胞，由母细胞直接产生子代的繁殖方式。酵母菌的无性繁殖主要有以下几种方式。

a. 芽殖：这是酵母菌无性繁殖的主要方式。成熟的酵母菌细胞表面向外突出形成一个小芽体，接着，复制后的一个核和部分细胞质进入芽体，使芽体得到母细胞一套完整的核结构和线粒体等细胞器。当芽体长到一定程度时，在芽体与母细胞之间形成横隔壁，然后，脱离母细胞，成为独立的新个体，或暂时与母细胞连在一起。一个成熟的酵母细胞在一生中通过芽殖可产生 9～43 个子细胞，平均可产生 24 个子细胞。

b. 裂殖：这是少数酵母菌借助于细胞的横分裂而繁殖的方式。细胞长大后，核复制后分裂为二，然后在细胞中产生一隔膜，将细胞一分为二。

c. 无性孢子繁殖：有些酵母菌可形成一些无性孢子进行繁殖。这些无性孢子有掷孢子、厚垣孢子和节孢子等。如掷孢酵母属等少数酵母菌产生掷孢子，其外形呈肾状、镰刀形或豆形，这种孢子是在卵圆形的营养细胞生出的小梗上形成的。孢子成熟后通过一种特有的喷射机制将孢子射出。此外有的酵母菌还能在假菌丝的顶端产生厚垣孢子，如白色假丝酵母菌等。

② 有性繁殖。有性繁殖是指通过两个有性差异的细胞相互接合形成新个体的繁殖方式。有性繁殖过程一般分为三个阶段，即质配、核配和减数分裂。

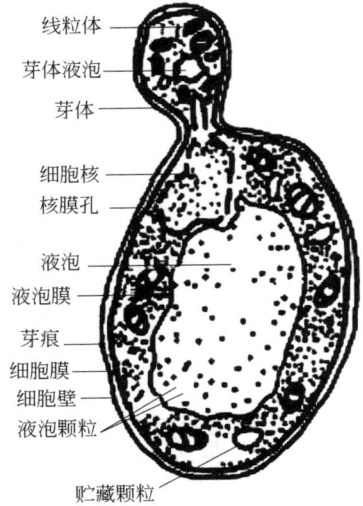

图 2-17 酵母菌细胞的模式结构

质配是两个配偶细胞的原生质融合在同一细胞中，而两个细胞核并不结合，每个核的染色体数都是单倍的。核配即两个核结合成一个二倍体的核。减数分裂则使细胞核中的染色体数目又恢复到原来的单倍体。

当酵母菌细胞发育到一定阶段，邻近的两个交配型不同的细胞各自伸出一根管状原生质突起，随即相互接触，接触处的细胞壁溶解，融合成管道，然后通过质配、核配形成二倍体细胞，该细胞在一定条件下进行 1～3 次分裂，其中第一次是减数分裂，形成四个或八个子核，每一子核与其附近的原生质一起，在其表面形成一层孢子壁后，就形成了一个子囊孢子，而原有的营养细胞就成了子囊。子囊孢子的数目可以是四个或八个，因种而异。

酵母菌形成子囊孢子的难易程度因种类不同而异。有些酵母菌不形成子囊孢子，而有些酵母菌几乎在所有培养基上都能形成大量子囊孢子；有的种类则必须用特殊培养基才能形成；有些酵母菌在长期的培养中会失去形成子囊孢子的能力。形成子囊孢子的酵母菌也可以芽殖，芽殖的酵母菌也可能同时裂殖。

(2) 酵母菌的生活史 个体经过一系列生长发育阶段后产生下一代个体的全部过程，就称为该生物的生活史或生命周期。由于酵母菌的单倍体细胞（n）和二倍体细胞（$2n$）都有可能独立存在，并各自进行生长和繁殖，因此酵母菌的生活史包含了单倍体生长阶段和二倍体生长阶段两个部分。

根据酵母菌生活史中单倍体和二倍体阶段存在时间的长短，可以把酵母菌分成单倍体型、二倍体型和单双倍体型三种类型。

① 单倍体型。该类酵母菌的主要特点是：a. 营养细胞为单倍体；b. 无性繁殖以裂殖方式进行；c. 二倍体细胞不能独立生活，故此阶段很短。以八孢裂殖酵母为例看其生活史过程（图 2-18）。

ⓐ单倍体营养细胞通过裂殖进行无性繁殖；ⓑ两个营养细胞接触后形成接合管，质配后立即核配，两个细胞核合成一体；ⓒ二倍体核（$2n$）连续分裂 3 次，第一次为减数分裂；ⓓ形成 8 个单倍体的子囊孢子；ⓔ子囊破裂，释放子囊孢子。

② 二倍体型。该类酵母菌的主要特点是：a. 二倍体的营养细胞不断进行芽殖，此阶段

较长；b. 单倍体的子囊孢子只在子囊内发生接合；c. 单倍体阶段只能以子囊孢子形式存在，故不能进行独立生活。以路德酵母为例（图2-19）看其生活史过程。

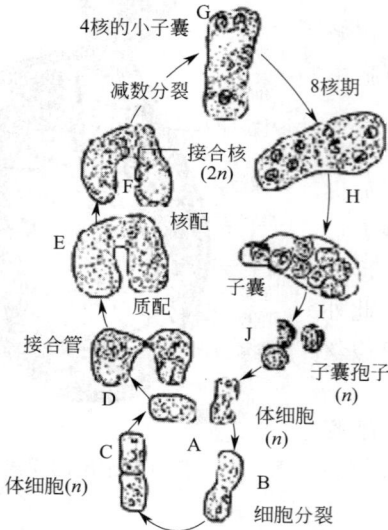

图 2-18　八孢裂殖酵母生活史

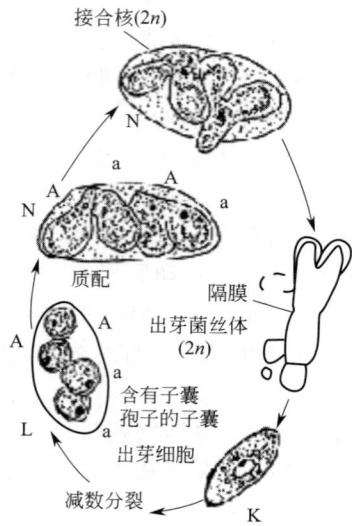

图 2-19　路德酵母生活史

ⓐ单倍体子囊孢子在孢子囊内成对接合，发生质配和核配后形成二倍体的细胞；ⓑ二倍体细胞萌发，穿破子囊壁；ⓒ二倍体的营养细胞可独立生活，通过芽殖方式进行无性繁殖；ⓓ在二倍体营养细胞内的核进行减数分裂，营养细胞成为子囊，其中形成4个单倍体的子囊孢子。

③ 单双倍体型。该类酵母菌的主要特点是：a. 单倍体营养细胞和二倍体营养细胞都可进行出芽繁殖；b. 一般以出芽繁殖为主，特定条件下进行有性繁殖。

以啤酒酵母为例看其生活史的全过程（图2-20）：ⓐ子囊孢子在合适的条件下出芽产生单倍体营养细胞；ⓑ单倍体细胞不断进行出芽繁殖；ⓒ两个不同性别的营养细胞彼此接合，在质配后发生核配，形成二倍体营养细胞；ⓓ二倍体营养细胞并不立即进行核分裂，而是不断进行出芽繁殖，成为二倍体营养细胞；ⓔ在生孢培养基（例如在含0.5%乙酸钠和1.0%的氯化钾培养基或石膏块、胡萝卜条培养基上）和好氧等特定条件下（pH6~7，缺氮源等），二倍体营养细胞转变为子囊，细胞核经减数分裂后形成4个子囊孢子；ⓕ子囊经自然破壁或人为破壁（如加蜗牛消化酶溶壁，或加硅藻土和石蜡油研磨等）后，释放出单倍体子囊孢子。

啤酒酵母的二倍体营养细胞因其体积大，生活

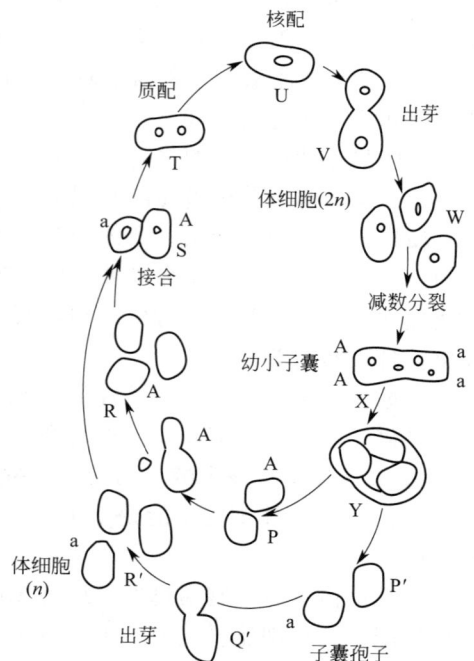

图 2-20　啤酒酵母生活史

力强，从而被广泛应用于发酵工业生产、科学研究或遗传工程实践中。

（3）酵母菌的培养特征　酵母菌在固体培养基上形成的菌落与细菌的菌落相似，但较大且厚实，表面光滑、湿润、黏稠、易被挑取。若培养时间长，则菌落表面由湿润转为干燥，呈皱缩状。菌落颜色多为乳白色，少数红色，偶见黑色。其中不产假菌丝的酵母菌的菌落更为隆起，边缘十分圆整；而产假菌丝的酵母菌的菌落较平坦，表面和边缘则较粗糙。

酵母菌在液体培养基中，有的在培养基底部生长并形成沉淀，有的在培养基中均匀生长，有的在培养基表面生长并形成菌膜或菌醭。酵母菌在液体培养基中的生长情况反映了它们对氧需求的差异。

菌醭的形成以及菌落的颜色、光泽、质地、表面和边缘等特征都是菌种鉴定的依据。

3. 食品中常见的酵母菌

（1）酵母属　酵母细胞为圆形、卵圆形，常形成假菌丝，多数为出芽繁殖，产生子囊孢子1～4个，能发酵多种糖类，如葡萄糖、麦芽糖、蔗糖、半乳糖和棉子糖，但不发酵乳糖。如啤酒酵母可引起水果、蔬菜发酵，可使糖发酵产生乙醇和CO_2，还可用于面包发酵；鲁氏酵母在酿制酱油中，对风味、香气的形成起重要作用。但过量的鲁氏酵母菌可引起高糖（果酱）和高盐（酱油）食品的变质。

（2）假丝酵母属　酵母细胞为球形或圆筒形，多数为出芽繁殖和分裂繁殖。具有分解糖和氧化有机酸的能力，常在液体食品上形成浮膜，如浮膜假丝酵母。由于该属酵母菌体干物质中的蛋白质含量高达60%左右，因而常作为生产单细胞蛋白的生产菌种，如热带假丝酵母、产朊假丝酵母等。对多数糖有分解作用，常作为乙醇发酵的生产菌种。

（3）球拟酵母属　酵母细胞为球形、卵形、椭圆形，为多端出芽繁殖，对多数糖有分解能力。具有耐高浓度的盐和糖的特性，如杆状球拟酵母在酱油酿制中形成特殊的酯香气，但过量时可引起酱油变质。也常见于果汁、乳制品、鱼和贝类食品中。

二、霉菌

霉菌（mold）是丝状真菌的俗称，在分类学上，分属藻状菌纲、子囊菌纲和半知菌纲。霉菌大多为腐生型，少数为寄生型，在自然界分布极广，土壤、水域、空气、动植物体内外均有它们的踪迹。霉菌与人类关系密切，对人类有利也有害。有利的方面主要是：食品工业利用霉菌制酱、制曲；发酵工业利用霉菌来生产乙醇、有机酸（如柠檬酸、葡萄糖酸等）；医药工业利用霉菌生产抗生素（如青霉素、灰黄霉素等）、酶制剂（淀粉酶等）、维生素等；在农业上可用霉菌发酵饲料、生产农药；此外，霉菌还可分解自然界中的淀粉、纤维素、木质素、蛋白质等复杂大分子有机物，使之变成葡萄糖等微生物能利用的物质，从而保证了生态系统中的物质得以不断循环。霉菌对人类有害的方面主要是：使食品、粮食发生霉变，使纤维制品腐烂。据统计，每年因霉变造成的粮食损失达2%；霉菌能产生100多种毒素，许多毒素的毒性大、致癌力强，即使食入少量也会对人畜有害。

因此，霉菌是个"两面派"，就如"科技是一把双刃剑"一样，任何事物既有利的一面，也有弊的一面，需要用辩证思维去分析，秉持客观理性的态度去面对，科学地剖析、对待事物的两面性。

1. 霉菌的形态结构

霉菌菌体由分枝或不分枝的菌丝构成，许多菌丝交织在一起，称为菌丝体。菌丝直径2～10μm，是细菌和放线菌菌丝的几倍到几十倍，与酵母菌差不多。根据菌丝有无隔膜可分成无隔膜菌丝和有隔膜菌丝两类（图2-21）。无隔膜菌丝是长管状的单细胞，细胞内含多个核；有隔膜菌丝是由隔膜分隔成许多细胞，细胞内含有 1 个或多个细胞核。根据菌丝的分化程度又可分为两类：营养菌丝和气生菌丝。营养菌丝伸入培养基表层内吸取营养物质，而气生菌丝则伸展到空气中，其顶端可形成各种孢子，故又称繁殖菌丝。菌丝细胞的结构与酵母菌相似，不同的是多数霉菌细胞壁的成分中有几丁质，少数种类还含有纤维素。

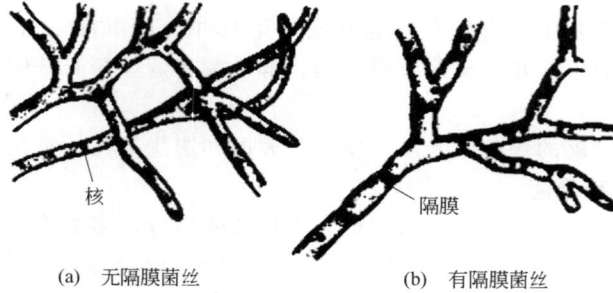

(a) 无隔膜菌丝　　　　　　　　(b) 有隔膜菌丝

图 2-21　霉菌的营养菌丝

2. 霉菌的繁殖

霉菌的繁殖能力极强，繁殖方式复杂多样，菌丝的碎片即可发育成新个体，称为断裂增殖。而在自然界霉菌主要是形成各种无性孢子和有性孢子进行繁殖，即无性繁殖和有性繁殖。

（1）无性孢子繁殖　无性孢子繁殖不经两性细胞的结合，只是营养细胞的分裂或营养菌丝的分化形成同种新个体。产生无性孢子是霉菌进行无性繁殖的主要方式，这些孢子主要有孢子囊孢子、分生孢子、节孢子、厚垣孢子和芽孢子（图 2-22）。

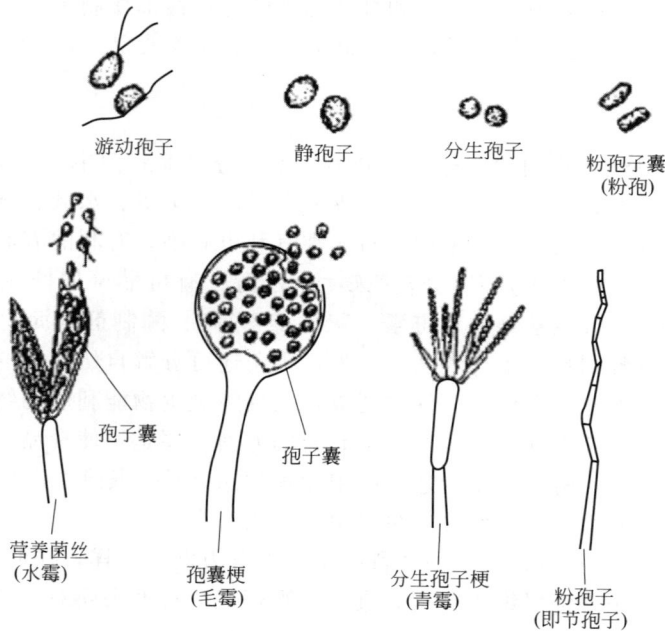

图 2-22　常见霉菌无性孢子的类型

① 孢子囊孢子。在孢子囊内产生的孢子称孢子囊孢子。在孢子形成前，气生菌丝或孢囊梗顶端膨大，形成孢子囊，囊内形成许多细胞核，每一个核外包以细胞质，产生孢子壁，即形成了孢子囊孢子。产生孢子囊的菌丝叫孢囊梗，孢囊梗伸入孢子囊的膨大部分叫囊轴。

孢子成熟后孢子囊破裂，孢囊孢子扩散。孢囊孢子按运动性分为两类，一类是游动孢子，如水霉的游动孢子，呈圆形、梨形和肾形，顶生两根鞭毛；另一类是陆生霉菌所产生的，无鞭毛、不运动的不动孢子，如毛霉、根霉等。

② 分生孢子。在菌丝顶端或分生孢子梗上以出芽方式形成单个、成链或成簇的孢子称为分生孢子。它是霉菌中最常见的一类无性孢子，由于是生在菌丝细胞外的孢子，所以又称外生孢子。如曲霉、青霉等。

③ 节孢子。节孢子又称裂生孢子，由菌丝断裂形成。当菌丝生长到一定阶段出现许多横隔膜，然后从横隔膜处断裂，产生许多单个的孢子，孢子形态多呈圆柱形。如白地霉。

④ 厚垣孢子。又称厚壁孢子，是由菌丝的顶端或中间部分细胞的原生质浓缩变圆，细胞壁变厚而形成球形、纺锤形或长方形的休眠孢子。对不良环境有很强的抵抗力。若菌丝遇到不良的环境死亡，而厚垣孢子则常能继续存活，一旦环境条件好转，便萌发形成新的菌丝体。如总状毛霉、地霉等。

⑤ 芽孢子。菌丝细胞像发芽一样产生小突起，经过细胞壁紧缩而成的一种球形的小芽体称为节孢子。如毛霉、根霉在液体培养基中形成的酵母型细胞属芽孢子。

(2) 有性繁殖 经过两性细胞结合而形成的孢子称为有性孢子。有性孢子的产生不如无性孢子那么频繁和丰富，它们常常只在一些特殊的条件下产生。常见的有卵孢子、接合孢子、子囊孢子和担孢子（图 2-23）。

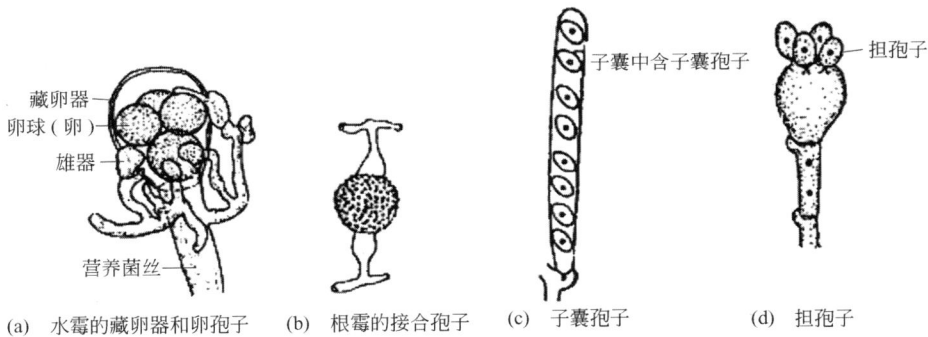

(a) 水霉的藏卵器和卵孢子   (b) 根霉的接合孢子   (c) 子囊孢子   (d) 担孢子

图 2-23　霉菌的各种有性孢子形态图

① 卵孢子。菌丝分化成形状不同的雄器和藏卵器，雄器与藏卵器结合后所形成的有性孢子叫卵孢子，如水霉。

② 接合孢子。由菌丝分化成的两个形状相同但性别不同的配子囊结合而形成的有性孢子叫接合孢子，如根霉。

③ 子囊孢子。菌丝分化成产囊器和雄器，两者结合形成子囊，在子囊内形成的有性孢子即为子囊孢子，如曲霉、镰刀霉。

④ 担孢子。菌丝经过特殊的分化和有性结合形成担子，在担子上形成的有性孢子即为担孢子，如担子菌。

由于霉菌的孢子特别是无性孢子具有小、轻、干、多，以及形态色泽各异、休眠期长和抗逆性强等特点，每个个体所产生的孢子数经常是成千上万的，有时竟达几百亿、几千亿甚至更多。因此，霉菌在自然界中不但可以随处散播而且有极强的繁殖能力。对人类的实践来说，孢子的这些特点有利于接种、扩大培养以及菌种选育、保藏和鉴定等工作，对人类的不利之处则是容易造成污染、霉变和导致动植物的病害。

（3）菌落特征　霉菌菌落和放线菌一样，都是由分枝状菌丝组成。由于霉菌菌丝较粗而长，故形成的菌落较疏松、常呈绒毛状、絮状或蜘蛛网状。它们的菌落是细菌和放线菌的几倍到几十倍，并且较放线菌的菌落易于挑取。霉菌菌落表面的结构与色泽因孢子的形状、结构与颜色的不同而异。

3. 食品中的常见霉菌

（1）毛霉属　毛霉生长迅速，产生发达的菌丝；菌丝一般白色，无隔膜，为分枝的单细胞。孢子囊梗直接由菌丝体生出，一般单生分枝较少或不分枝，孢子囊梗多数呈现丛生状，分枝或不分枝，菌丝发育成熟时，在顶端产生球形的孢子囊。孢子囊黑色或褐色，表面光滑，内生孢子囊孢子（图 2-24）。

毛霉以孢子囊孢子进行无性繁殖，以接合孢子进行有性繁殖。毛霉的菌落为疏松的絮状。

毛霉分解蛋白质和淀粉的能力很强，常被用于制作腐乳和豆豉，有的种还被用来生产草酸、乳酸、柠檬酸和甘油等。有些毛霉属能引起果酱、蔬菜、糕点、乳制品等食品腐败变质，如鲁氏毛霉。

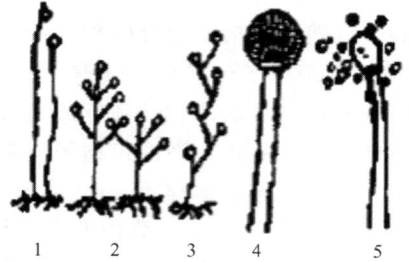

图 2-24　毛霉
1—单柄、不分枝；2—总状分枝；3—假轴状分枝；4—孢囊梗和孢子囊；5—孢子囊破裂

（2）根霉属　根霉与毛霉相似的特征是菌丝生长迅速、白色、无隔膜，无性繁殖产生孢囊孢子，有性繁殖产生接合孢子，菌落呈絮状。根霉与毛霉不同的是，根霉有假根和匍匐菌丝，匍匐菌丝呈弧形，在培养基表面水平生长，在匍匐菌丝上着生孢囊梗的部位，其菌丝伸入培养基内呈分枝状生长，犹如树根，故称为假根，在假根处的匍匐菌丝上丛生着孢子囊梗（图 2-25）。

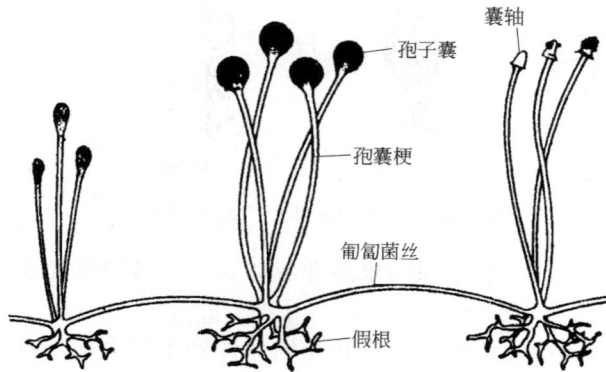

图 2-25　根霉

根霉能够产生糖化酶，使淀粉转化为糖，是酿酒工业常用的发酵菌，民间制作甜酒的酒曲就是根霉和酵母菌的混合菌种。工业上用根霉来生产有机酸和转化甾体物质等。另外，根霉也能引起粮食及其制品霉变，如米根霉。

（3）曲霉属　曲霉菌丝为有隔膜的分枝的多细胞，部分菌丝分化形成厚壁的足细胞，在足细胞上长出分生孢子梗，梗顶端膨大成球形或椭圆形顶囊，顶囊表面长满一层或两层辐射状小梗，小梗呈瓶状，顶端着生成串的球形分生孢子，以上几部分结构合称为"孢子穗"（图 2-26）。孢子呈绿、黄、橙、褐、黑等颜色。菌落呈绒状，其表面的颜色由分生孢子决定。曲霉孢子穗的形态，包括分生孢子梗的长度，顶囊的形状、小梗着生是单层还是双层，分生孢子的形状、大小、颜色等，都是菌种鉴定的依据。

曲霉属中的大多数仅以分生孢子进行无性繁殖，极少数可形成子囊孢子进行有性繁殖。

曲霉是发酵工业和食品工业的重要菌种。200多年前，我国就用于制酱，它也是酿酒、制醋曲的主要菌种。现代工业中，曲霉已被广泛应用于制造发酵食品、酶制剂、有机酸、抗生素和转化甾族化合物，农业上也作为糖化饲料的菌种。

曲霉广泛分布在谷物、空气、土壤和各种有机物品上，可造成谷物、水果、蔬菜等物品霉变腐烂，其中有些曲霉产生的黄曲霉毒素是已知的致癌物质。

(4) 青霉属　青霉的菌丝有隔膜，分生孢子梗顶端分枝产生单轮或多轮对称或不对称小梗，小梗顶端产生成串的青色分生孢子，孢子穗形似扫帚，故又称帚状分枝（图2-27）。孢子穗的形态构造是分类鉴定的重要依据。青霉属中大多数种以分生孢子进行无性繁殖。

青霉菌落呈密毡状或松絮状，大多为青绿色。青霉菌因产生青霉素而著称，它还可用于生产有机酸和酶制剂等。青霉是霉腐菌，可引起皮革、布匹、谷物和水果等腐烂。

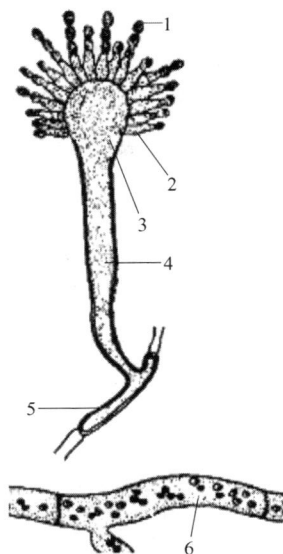

图 2-26　曲霉
1—分子孢子；2—孢子梗；3—顶囊；
4—分子孢子梗；5—足细胞；6—菌丝

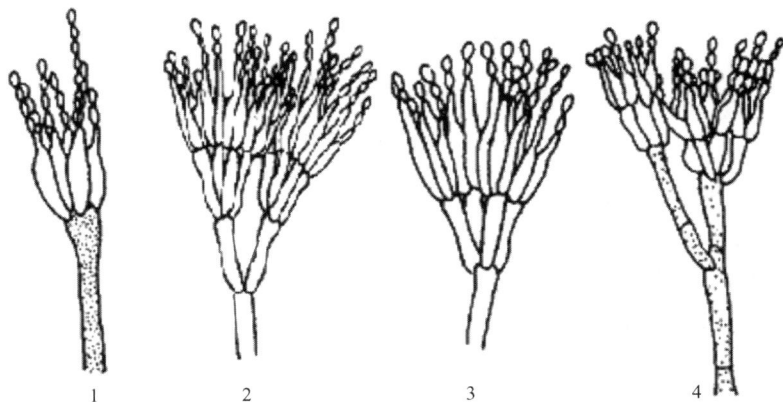

图 2-27　青霉属孢子穗的类型
1—单轮生；2—对称二轮生；3—多轮生；4—不对称青霉群

第三节　非细胞型微生物

非细胞型微生物包括病毒和亚病毒，后者又包括类病毒、卫星病毒和朊病毒。

一、病毒

病毒（virus）是一类超显微的非细胞型微生物，每一种病毒只含有一种核酸（DNA或RNA）；它们只能在活细胞内营专性寄生，依靠其宿主的代谢系统进行增殖，它们在离体条件下，能以无生命的化学大分子状态长期存在并保持其侵染活性。

病毒分布极为广泛，几乎可以感染所有的生物，包括各类微生物、植物、昆虫、鱼类、禽类、哺乳动物和人类。

据统计，人类传染病的 80％ 是由病毒引起，恶性肿瘤中约有 15％ 是由于病毒的感染而诱发。许多动、植物的疾病与病毒有关。

1. 病毒的形态与大小

病毒形态多种多样，有球形、卵圆形、砖形、杆状、子弹状、丝状和蝌蚪状等，但以近似球形的多面体和杆状的种类为多。植物病毒大多呈杆状，如烟草花叶病毒；少数呈丝状，如甜菜黄化病毒；还有一些呈球状，如花椰菜花叶病毒等。动物病毒多呈球形，如口蹄疫病毒、脊髓灰质类病毒和腺病毒等；有的呈砖形或卵圆形，如牛痘病毒；少数呈子弹状，如狂犬病毒；细菌病毒则多为蝌蚪形，也有球状和丝状等（图 2-28）。病毒的形体极微小，常用纳米（nm）表示（$1nm = 10^{-6}mm = 10^{-9}m$）。病毒种类不同，其大小相差悬殊，直径在 $10\sim300nm$ 之间，通常为 100nm 左右，能通过细菌滤器，必须借助电子显微镜才能观察到。

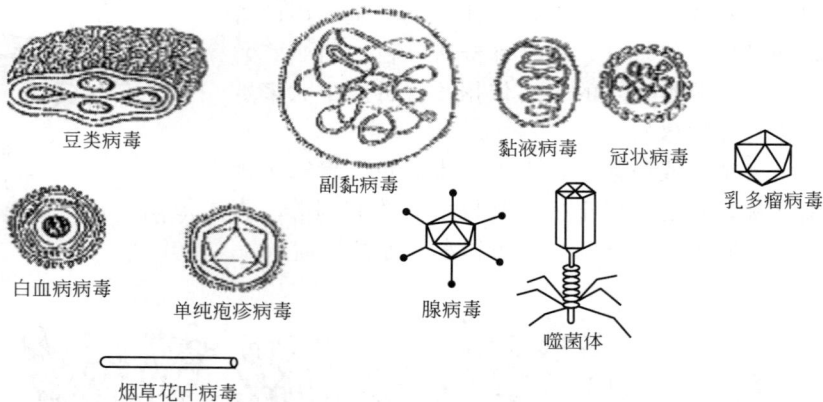

图 2-28　常见病毒形态

2. 病毒的化学组成与结构

病毒的基本化学组成是蛋白质和核酸，而且每种病毒只含 RNA 或 DNA 一种核酸。有些较大病毒除含核酸和蛋白质外，还含有类脂质和多糖等成分。病毒的结构如图 2-29 所示。位于病毒中心的核酸称核髓，是病毒繁殖、遗传变异与感染性的重要物质基础，包在核髓外的是蛋白质外壳，称衣壳，衣壳由衣壳粒构成，衣壳粒则由一种或几种多肽链折叠而成的蛋白质亚单位构成。衣壳呈对称结构排列，主要作用在于保护核酸免受外界核酸酶及其他理化因子的破坏，决定病毒感染的特异性和抗原性。核髓和衣壳构成核衣壳后，即成为具有感染性的病毒粒子。有些较大型病毒，在它们的核衣壳外还有一层包被物，称为包膜或囊膜，包膜外常有刺突，它是多糖与蛋白质的复合物。刺突因病毒的种类不同而异，可作为鉴定的依据。这些有包膜的结构复杂

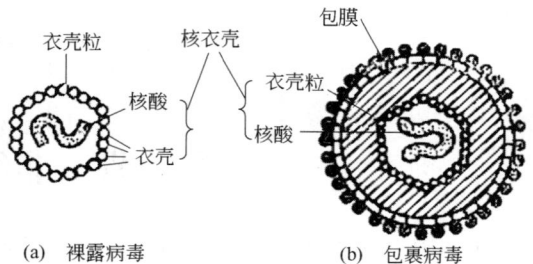

图 2-29　病毒的基本结构

的大病毒，多数含有一些酶类。但因病毒酶系极不完全，所以一旦离开宿主细胞就不能进行独立的代谢和繁殖。

3. 病毒的主要类群

自从 1892 年俄罗斯的伊万诺夫斯基发现病毒以来，迄今已发现了 5000 余种病毒。虽然

很多病毒学家对病毒的分类做了不懈的努力，探索了很多种分类方法，提出了大量方案，但目前仍还不成熟、不完善，还没有一个公认的病毒分类系统，因此为了实际应用和叙述的方便，人们习惯按病毒感染的宿主种类，将病毒分为：微生物病毒、植物病毒、脊椎动物病毒和昆虫病毒。

(1) 微生物病毒　微生物病毒广泛存在于自然界。侵染细菌等原核微生物的病毒通常称为噬菌体。侵染真菌的病毒称噬真菌体。据报道，至今观察到的噬菌体至少有 2850 种（株），其中 2700 种（株）是有尾的，在大肠杆菌中发现的噬菌体最多，研究也是最深入的。

(2) 植物病毒　目前已知的植物病毒已有 600 多种，绝大多数为种子植物，尤其是禾本科、豆科、十字花科等植物都易发生病毒病。许多植物病毒虽是严格的细胞内寄生物，但是它们的专一性并不强，往往一种病毒可寄生在不同种、属甚至不同科的植物上，例如烟草花叶病毒（TMV）就可以传染 10 多个科、100 多种草本和木本植物。

(3) 脊椎动物病毒　这是一类寄生在人类、哺乳动物、禽类、两栖类、爬行类和鱼类等各种脊椎动物细胞内的病毒。目前研究较广泛和深入的是与人类健康、畜牧业直接相关的少数脊椎动物病毒。常见的如引起流感、麻疹、腮腺炎、肝炎、疱疹、艾滋病、狂犬病以及非典型性肺炎（SARS）等的病毒。此外，家禽和其他哺乳动物中的病毒也相当普遍，如引发猪瘟、牛瘟、口蹄疫、鸡新城疫、鸡瘟等疫病的病毒以及禽流感病毒等。

(4) 昆虫病毒　据记载，国际上已报道的昆虫病毒有 1671 种（1990 年统计），中国有290 多种（1990 年统计），在昆虫病毒中，80% 以上是农林业中常见的鳞翅目害虫的病原体。

4. 病毒的增殖

病毒的增殖又称为病毒的复制，是病毒在活细胞中的繁殖过程。各类病毒的增殖过程基本相似，现以大肠杆菌 T 系列噬菌体为例（图 2-30）介绍其繁殖过程，该过程包括吸附、侵入、生物合成、装配和释放等阶段。

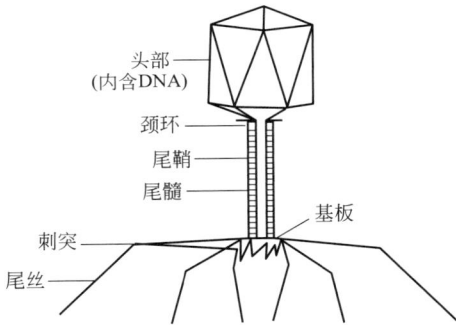

头部
(内含DNA)

颈环

尾鞘

尾髓

基板

刺突

尾丝

图 2-30　T_4 噬菌体的形态结构

(1) 吸附　吸附是指在病毒表面的蛋白质与宿主细胞的特异接受位点发生特异性结合。大肠杆菌 T 系列噬菌体是通过尾丝末端蛋白质吸附在大肠杆菌的细胞壁上的。不同噬菌体吸附的接受位点不同，如 T_3、T_4、T_7 噬菌体吸附于脂多糖，枯草杆菌噬菌体吸附于磷壁酸，沙门菌 X 噬菌体吸附在鞭毛上，还有的吸附在荚膜上。

吸附过程受环境因素的影响。二价和一价阳离子可以促进噬菌体的吸附，三价阳离子可以引起失活；pH 为 7 时呈现出最大的吸附速度，pH 小于 5 或大于 10 时则很少吸附；温度对吸附也有影响。

(2) 侵入　T 系列噬菌体吸附到宿主细胞壁上后，尾部的溶菌酶水解宿主细胞壁的肽聚糖，使之形成小孔，然后通过尾鞘收缩，将头部的 DNA 注入菌体内，而蛋白质外壳则留在菌体细胞外。

(3) 生物合成　生物合成包括核酸的复制、转录与蛋白质的合成。噬菌体的核酸进入宿主细胞后，操纵宿主细胞的代谢机能，使之大量复制噬菌体的核酸和合成所需的蛋白质。

(4) 装配　将分别合成的核酸和蛋白质组装成完整的有感染性的病毒粒子。

(5) 释放　噬菌体粒子完成装配后，宿主细胞裂解，释放出子代噬菌体粒子。1 个宿主细胞可释放 10～10000 个（平均 300 个）噬菌体粒子。T_4 噬菌体从吸附到释放全过程，在

37℃时只需 22min。这种使宿主细胞裂解的噬菌体称为烈性噬菌体。在平板培养基的菌苔表面若大量的宿主细胞裂解后会产生许多透明圈，这些透明圈称为噬菌斑（图 2-31）。

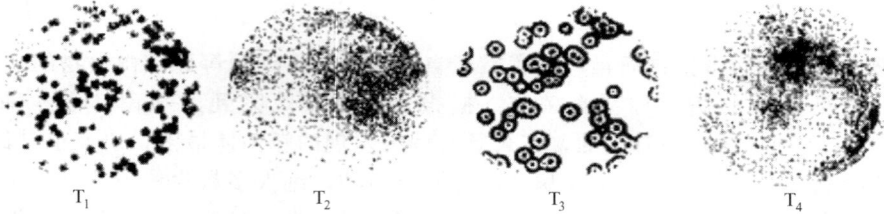

图 2-31　不同大肠杆菌噬菌体的噬菌斑形态

如果在细菌的培养液中，细菌被噬菌体感染，导致细菌裂解，浑浊的菌液就会变成透明的裂解溶液。而有一些噬菌体侵染宿主细胞后，并不立即在侵染的细胞内增殖，而是将侵入的核酸整合到宿主细胞的基因组中，与其一起同步复制，这种不导致宿主细胞裂解并使之能正常分裂的噬菌体称为温和噬菌体或溶源性噬菌体。含有温和噬菌体的宿主细胞称为溶源细胞，而在溶源细胞内的温和噬菌体核酸称为原噬菌体。温和噬菌体侵染细菌后不裂解它们，反而与之共存的特性称为溶源性。

溶源性是遗传的，溶源性细菌的后代也是溶源性的。但在特定条件下，温和噬菌体可能会发生自发突变或诱发突变，从细菌核酸上脱离，恢复复制能力，引起细菌裂解，从而转化成烈性噬菌体（图 2-32）。

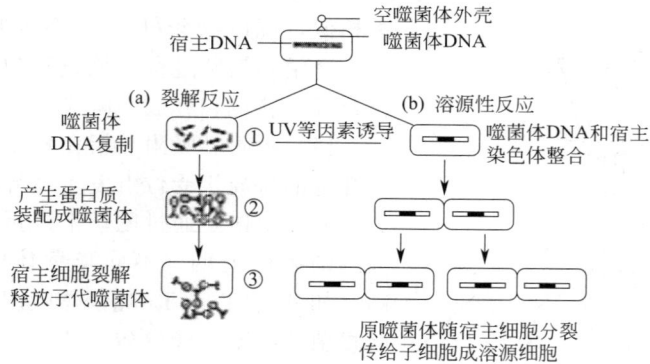

图 2-32　细菌被噬菌体感染后的两种反应

5. 噬菌体的检测

由于噬菌体的宿主细胞通常容易培养，因此噬菌体的检测也相对容易。测定的原理是根据噬菌体反复侵染、裂解宿主细胞后在固体平板上可形成噬菌斑，在液体培养基中可使菌液由浑浊变澄清的特性，对噬菌体进行定性或定量分析。下面介绍两种检测噬菌体的常用方法。

（1）双层平板法　双层平板法是一种能对噬菌体进行精确定量或定性检测的常用方法（图 2-33）。先在无菌平皿内倒入约 10mL 适合宿主细胞生长的琼脂培养基，待凝固成平板后，再将含 1% 琼脂的培养基约 4mL 融化并冷却至 45～48℃ 时加入 0.2mL 对数期的宿主细菌液（每毫升约含 10^8 个细菌）和待测噬菌体的稀释悬液 0.1mL，充分混匀后，立即倒入底层平板上使之铺匀，待凝固后，在 37℃ 下倒置培养 18～24h 后便能在平板上看见噬菌斑。

在长满细菌菌苔的平板上有许多不长细菌的透明小圆，即噬菌斑。一个噬菌斑是由一个噬菌体反复侵染、增殖并裂解菌体细胞后，由无数子噬菌体所构成的。因此，我们可以根据噬菌体的数目计算出原液中噬菌体的数量。另外，噬菌体的形状、大小、边缘和透明度等特征会因噬菌体的种类不同而异。根据此特点还可用此法对噬菌体进行定性分析，此法还是其他病毒（如动物病毒）的检出和定量分析的基础。由于细菌的菌龄会影响噬菌体的吸附和侵入，所以菌苔中菌体的年龄不能太老，对数期的细菌菌体对相应噬菌体最为敏感。

(2) 单层平板法　在双层平板中省略底层，但所用培养基的浓度和所加的量均比双层平板法要高得多。此法虽简便，但其实验效果较差。

6. 噬菌体的危害与防治

(1) 噬菌体的危害　噬菌体在发酵工业和食品工业上的危害是非常严重的，主要表现有：①使发酵周期明显延长，并影响产品的产量和质量；②污染生产菌种，使发酵液变清，不积累发酵产物，严重时，发酵无法继续，发酵液全部废弃甚至使工厂被迫停产。

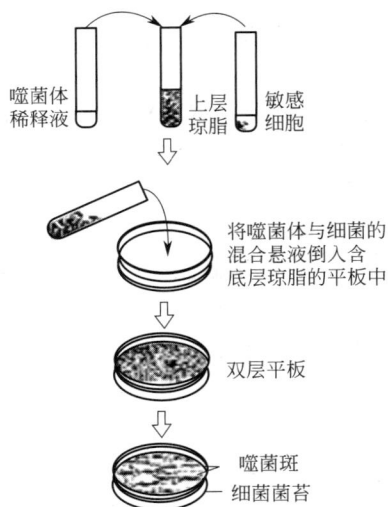

图 2-33　双层平板法

(2) 噬菌体的防治　要防治噬菌体对生产的危害，首先要提高有关人员的思想认识，建立"防重于治"的观念。预防的措施主要如下。

① 绝不可使用可疑菌种。认真检查摇瓶、斜面及种子罐所使用的菌种，坚决废弃可疑菌种。这是因为几乎所有的菌种都可能是溶源性的，都有感染噬菌体的可能性。所以要严防因菌种本身不纯而携带或混有噬菌体的情况。

② 严格保持环境卫生。由于噬菌体广泛分布于自然界，凡有细菌的地方几乎都有噬菌体，因此，保持发酵工厂的内外环境卫生是消除或减少噬菌体和杂菌污染的基本措施之一。

③ 绝不排放或丢弃活菌液。需对活菌液进行严格消毒或灭菌后才能排放。

④ 注意通气质量。空气过滤器要保证质量并经常灭菌，空气压缩机的取风口应设在30～40m高空。

⑤ 加强管道和发酵罐的灭菌。

⑥ 不断筛选抗性菌种，并经常轮换生产菌种。

如果预防不成，一旦发现噬菌体污染，要及时采取以下措施：

① 尽快提取产品。若污染时发酵液中的代谢产物含量较高，应及时提取或补加营养并接种抗噬菌体菌种继续发酵，以减少损失。

② 使用药物抑制。在谷氨酸的发酵中，加入某些金属螯合剂，如加 0.3%～0.5% 草酸盐、柠檬酸铵等可抑制噬菌体的吸附和侵入；加入 1～2μg/mL 金霉素、四环素和氯霉素等抗生素或加入 0.1%～0.2% 的吐温 60、吐温 20 或聚氧乙烯烷基醚等表面活性剂均可抑制噬菌体的增殖或吸附。

③ 及时改用抗噬菌体的生产菌株。

二、亚病毒

亚病毒是一类不具有完整病毒结构的侵染性因子，主要包括卫星病毒、类病毒和朊病毒三类。其中卫星病毒和类病毒只感染植物，朊病毒只存在于脊椎动物中，可导致人和动物的海绵状脑病。

1. 类病毒

类病毒（viroid）是目前所知的最小病原体，呈棒形结构，没有蛋白质衣壳，只有一个裸露的单链环状 RNA 分子，其分子质量小，仅为最小 RNA 病毒相对分子质量的 1/10，严格专性寄生，只有在宿主细胞内才表现出生命特征，可使许多植物致病或死亡。

2. 卫星病毒

卫星病毒（satellite virus）又称拟病毒，是一类包裹在病毒体内的有缺陷的类病毒，1981 年在植物绒毛烟斑驳病毒中发现，其成分是环状或线状的 RNA 分子。卫星病毒所感染的对象不是细胞而是病毒，被卫星病毒感染的病毒称为辅助病毒，卫星病毒的复制必须依赖辅助病毒的协助，而卫星病毒又对辅助病毒的感染和复制起着不可缺少的作用。

卫星病毒大多存在于植物病毒中，近年在动物病毒如丁型、乙型肝炎病毒中也发现有卫星病毒的存在。

3. 朊病毒

朊病毒（virino）又称普立昂（Prion）或蛋白质侵染因子，它是一类能侵染动物并在宿主细胞内自主复制的无免疫性的蛋白质。在电镜下呈杆状颗粒，成丛排列。

朊病毒最初由美国的 Prusiner 于 1982 年发现。这一发现在生物学界引起震惊，因为它与目前公认的"中心法则"即生物遗传信息流的方向——"DNA $\rightleftharpoons$ RNA $\rightarrow$ 蛋白质"的传统观念发生抵触，因而有可能为分子生物学的发展带来革命性的影响，同时还有可能为弄清一系列疑难传染性疾病的病原带来新的希望。现已证明朊病毒是包括人的克雅病、库鲁病、致死性家族失眠症、山羊或绵羊的羊瘙痒病、牛类中的疯牛病的致病源。由于变异后的普立昂能抗 100℃ 高温，抗蛋白酶水解，而且不会引起生物体内的免疫反应，因此患疯牛病的牛的肉被人食用后，病原体很可能完整进入人体，并进入脑组织，导致人患克雅病——传染性海绵状脑病。

本章小结

原核微生物主要有细菌、古细菌、放线菌、蓝细菌、支原体、衣原体、立克次体和螺旋体等。革兰染色法是一种重要的鉴别染色法，它可将几乎所有的原核微生物分成革兰阳性菌和革兰阴性菌两大类。

根据细菌细胞的基本形态可将细菌分成球菌、杆菌和螺旋菌。细菌细胞的基本结构有细胞壁、细胞质膜、细胞质和原核，细菌细胞的特殊结构有荚膜、鞭毛、芽孢等，其中芽孢是抵御不良环境条件的休眠体，耐热性极强。古细菌是极端环境微生物，它们在形态结构、生理和生化特性、生态分布等方面与真细菌有明显差异。放线菌是由许多分枝状菌丝构成的原核微生物，对人类的最大贡献是产生抗生素。根据菌丝的不同生理功能分为营养菌丝、气生菌丝和孢子丝三类。蓝细菌能进行光合作用，产生氧气，菌体一般呈蓝绿色。有的种类营养丰富；有的种类则产生毒素，可通过食物链危害人体健康。

真核微生物是指细胞核有核仁和核膜，能进行有丝分裂，细胞质中存在线粒体和内质网等细胞器的微小生物。真核微生物主要包括：真菌（酵母菌、霉菌和担子菌）、微型藻类和原生动物等。在食品微生物中，最常见的是真菌，如酵母菌和霉菌。

微生物可以通过各种各样的无性或有性的方式进行繁殖，其中细菌主要以二分裂（裂殖）方式繁殖；酵母菌主要以出芽方式繁殖，少数以裂殖或有性孢子方式繁殖；霉菌以无性孢子和有性孢子或菌丝断裂方式进行繁殖。

病毒是一类超显微的无细胞结构的专性活细胞内寄生的微生物。其主要化学成分是核酸（DNA 或 RNA）和蛋白质。病毒的繁殖是以复制方式进行，其繁殖过程包括吸附、侵入、生物合成、装配与释放等阶段。亚病毒是一类不具有完整病毒结构的侵染性因子，主要包括卫星病毒、类病毒和朊病毒三类。

噬菌体有烈性噬菌体和温和噬菌体两种类型。烈性噬菌体侵入宿主细胞后会引起宿主细胞破裂，温和噬菌体侵入宿主细胞后则一般不会引起宿主细胞的裂解。含有温和噬菌体的宿主细胞称为溶源细胞。溶源性是遗传的，但在一定条件下温和噬菌体会发生变异而转化成烈性噬菌体，烈性噬菌体在食品和发酵工业中带来的危害是严重的。

【知识拓展】

微生物安全的守护者：广东省科学院微生物研究所的科研征程

在食品安全的战场上，微生物安全问题如同隐形的敌人，时刻威胁着人们的健康。我国约 60% 的食物中毒是由致病微生物引发的。而在广东省科学院微生物研究所，科研人员们正以严谨的科学态度和不懈的努力，守护着食品微生物安全的防线。

20 世纪 90 年代，瓶装饮用水引入国内，众多厂商面临着生产过程中的微生物污染问题。细菌繁殖速度极快，每 20～30min 分裂一次，哪怕只有一个细菌进入包装，产品的整体质量也会受到严重威胁。中国工程院院士吴清平带领团队深入饮用水企业，从水源、设备到工艺逐项溯源，成功切断污染链，推动食源性致病微生物检测全覆盖。

自 2007 年起，吴清平院士带领团队展开系统性科研攻关，至今已有超过 300 人参与研究。他们秉持着奉献精神，多年来采集了一手微生物样本 4.5 万余份，足迹遍布全国。随后的菌种分离鉴定工作量巨大，但凭借一批批研究者的接续努力，研究所建立起菌种保有量达 12 万株、单库体量国际最大的食品微生物安全与健康菌种资源库。

资源库的建立为微生物研究与产业应用奠定了坚实基础。团队研发了食源性致病菌和病毒的高通量快速检测技术及检测芯片，推动相关产业实现检测全覆盖。该项目还实现了我国多个"首次"。首次建成我国最大、具有国际影响力的食品微生物安全科学大数据库；首次建成具有代表性及组学信息特征的标准菌种资源库，打破了发达国家对核心菌种的垄断。

在 2022 年的全国人大会议上，吴清平提出了设立"中国微生物组与精准应用"重大创新专项的建议，继续大力推动我国微生物科研与产业化应用的发展。获奖的"中国食品微生物安全科学大数据库构建及其创新应用"项目，成果已推广至全国 6000 余家食品企业。在广东，有 10 多家应用该成果的单位新增销售额超百亿元，新增利润超十亿元。

该项目创制出不同食品行业微生物安全靶向高效防控关键技术与体系，全面提升了我国食品产业微生物安全保障水平。相关成果明确了我国食品安全防控的关键，实现产业链中精准溯源。

【复习巩固】

一、填空题

1. 根据有无细胞及细胞结构的不同，可将微生物分为非细胞微生物、_____和真核微生物三大类群。

2. 细菌种类繁多，根据细菌细胞的基本形态可分为_____、_____、螺旋菌，其中_____最为常见。

3. 革兰染色是一种重要的鉴别染色法，细菌经革兰染色呈紫色的是_____，呈红色的是_____。

4. 细菌细胞的特殊结构包括_____、_____、鞭毛、菌毛等。

5. _____具有极强的耐热性、抗逆性和抗化学药物等特性。

6. 荚膜的主要成分为_____，少数含多肽、脂多糖等，含水量在90%以上。

7. 根据形态与功能，放线菌的菌丝可分成_____、_____和孢子丝。

8. 霉菌进行无性繁殖的主要方式是产生无性孢子，主要包括孢囊孢子、_____、节孢子、_____和芽孢子。

9. 病毒的结构极其简单，基本化学组成是_____和_____，其繁殖过程包括_____、侵入、生物合成、_____和释放等阶段。

10. 亚病毒是一类不具有完整病毒结构的侵染性因子，主要包括卫星病毒、_____和朊病毒三类。

二、选择题

1. 下列属于原核微生物的是（　　　）。
A. 细菌　　　　　　　B. 酵母菌　　　　　　C. 霉菌　　　　　　D. 病毒

2. 下列细菌中，属于革兰阳性菌的是（　　　）。
A. 大肠杆菌　　　　　B. 假单胞菌　　　　　C. 枯草芽孢杆菌　　D. 醋酸杆菌

3. 细菌细胞壁的主要功能不包括（　　　）。
A. 维持细胞形状　　B. 进行物质运输　　C. 保护细胞　　　　D. 阻拦有害物质进入

4. 能产生芽孢的细菌是（　　　）。
A. 大肠杆菌　　　　　B. 金黄色葡萄球菌　C. 肉毒梭菌　　　　D. 乳杆菌

5. 细菌最普遍、最主要的繁殖方式是（　　　）。
A. 裂殖　　　　　　　B. 芽殖　　　　　　　C. 无性孢子　　　　D. 有性繁殖

6. 酵母菌的无性繁殖方式主要是（　　　）。
A. 裂殖　　　　　　　B. 芽殖　　　　　　　C. 无性孢子　　　　D. 有性繁殖

7. 霉菌的有性孢子包括（　　　）。
A. 孢囊孢子　　　　　B. 分生孢子　　　　　C. 子囊孢子　　　　D. 节孢子

8. 下列属于单细胞真菌的是（　　　）。
A. 细菌　　　　　　　B. 放线菌　　　　　　C. 霉菌　　　　　　D. 酵母菌

9. 病毒的形态不包括（　　　）。
A. 球形　　　　　　　B. 杆状　　　　　　　C. 螺旋状　　　　　D. 蝌蚪状

10. 噬菌体在固体平板上形成的透明圈称为（　　　）。
A. 菌斑　　　　　　　B. 噬菌斑　　　　　　C. 菌落　　　　　　D. 菌苔

三、名词解释

1. 真核微生物
2. 芽孢
3. 放线菌
4. 温和噬菌体
5. 病毒

四、问答题

1. 简述真核微生物和原核微生物的异同。

2. 简述细菌的基本结构和特殊结构及其功能。

3. 为什么说芽孢是细菌抵抗不良环境的休眠体？

4. 简述革兰染色的操作要点。

5. 根据革兰阳性菌和革兰阴性菌细胞壁的结构和化学组成差异，试述革兰染色的机理。

6. 简述酵母菌的繁殖方式。

7. 霉菌的有性孢子和无性孢子有哪些类型？简述无性孢子的形成过程。

8. 什么是菌落？细菌、放线菌、酵母菌和霉菌的菌落各有何特点？

9. 试述病毒的化学组成与结构。

10. 什么是烈性噬菌体？在食品和发酵工业中有何危害？

11. 简述大肠杆菌、噬菌体的繁殖过程。

12. 在食品和发酵工业中，应如何防治噬菌体？

第三章 微生物的生理

【学习目标】
1. 掌握微生物的营养要素及其功能。
2. 了解微生物营养类型及吸收方式。
3. 掌握培养基的类型及配制原则和方法。
4. 掌握微生物生长的概念，以及个体生长与群体生长的关系。
5. 掌握衡量微生物群体生长的指标，以及微生物生长量的测定方法。
6. 了解微生物的群体生长规律和环境因素对微生物生长的影响。
7. 理解和掌握微生物的能量代谢类型及几种微生物发酵途径。

了解微生物的生理是研究食品微生物学的重要内容之一。微生物的生理包括微生物的营养、呼吸、生长繁殖及新陈代谢过程。我们只有掌握了微生物的这些生理及活动规律，才能有效地控制它们。利用有益微生物为人类制造食品，控制有害微生物，防止食品发生腐败变质。

第一节 微生物的营养

微生物同其他生物一样都是具有生命的，需要从它的生活环境中吸收所需的各种营养物质来合成自身细胞物质和提供机体进行各种生理代谢所需的能量，使机体能进行生长与繁殖。微生物从环境中吸收营养物质并加以利用的过程即称为微生物的营养（nutrition）。营养物质是微生物进行各种生理活动的物质基础。

一、微生物的营养要素

根据对各类微生物细胞物质成分的分析，发现微生物细胞的化学组成和其他生物相比较，没有本质上的差别。微生物细胞平均含水量为80%左右。其余20%左右为干物质，在干物质中有蛋白质、核酸、碳水化合物、脂类和矿物质等。这些干物质是由碳、氢、氧、氮、磷、硫、钾、钙、镁、铁等主要化学元素组成，其中碳、氢、氧、氮是组成有机物质的四大元素，大约占干物质的90%～97%，其余的3%～10%是矿物质元素（表3-1）。除上述磷、硫、钾、钙、镁、铁外，还有一些含量极微的钼、锌、锰、硼、钴、碘、镍、钒等微量元素。这些矿质元素对微生物的生长也起着重要的作用。但微生物细胞的化学组成随种类、培养条件及菌龄的不同在一定范围内发生改变。

组成微生物细胞的化学元素分别来自微生物生存所需要的营养物质，即微生物生长所需的营养物质必须包含组成细胞的各种化学元素。营养物质按照它们在机体中的生理作用不同，可分成碳源、氮源、无机盐、生长因子和水五大类。

表 3-1　微生物细胞中主要化学元素的含量（以干重计）　　　　　　单位:％

微生物种类	元　素			
	C	N	H	O
细菌	50	15	8	20
酵母菌	50	12	7	31
霉菌	48	5	7	40

1. 碳源

凡是可以被微生物用来构成细胞物质或代谢产物中碳素来源的物质通称碳源。碳源通过机体内一系列复杂的化学变化被用来构成细胞物质或提供机体完成整个生理活动所需的能量。因此，碳源通常也是机体生长的能源。能作为微生物生长的碳源的种类极其广泛，既有简单的无机含碳化合物 CO_2 和碳酸盐等，也有复杂的天然有机含碳化合物，它们是糖和糖的衍生物、脂类、醇类、有机酸、烃类、芳香族化合物以及各种含碳的化合物。但是不同的微生物利用这些含碳化合物的能力也不同。

目前在微生物发酵工业中，常根据不同微生物的需要，利用各种农副产品如玉米粉、米糠、麦麸、马铃薯、甘薯以及各种野生植物的淀粉作为微生物生产的廉价碳源。

2. 氮源

微生物细胞中含氮 5％～15％，它是微生物细胞蛋白质和核酸的主要成分。微生物利用它在细胞内合成氨基酸，并进一步合成蛋白质、核酸等细胞成分。因此，氮素对微生物的生长发育有着重要的意义。少数化能自养细菌能利用铵盐、硝酸盐作为机体生长的氮源。某些厌氧细菌在营养物质缺乏的条件下，也可以利用氮源或氨基酸作为生长的能源物质。

对于许多微生物来说，通常可以利用无机含氮化合物作为氮源，也可以利用有机含氮化合物作为氮源。许多腐生型细菌、肠道菌、动植物致病菌一般都能利用铵盐或硝酸盐作为氮源。例如，大肠杆菌、产气杆菌、枯草杆菌、铜绿假单胞菌等都可以利用硫酸铵、硝酸铵作为氮源，放线菌可以利用硝酸钾作为氮源，霉菌可以利用硝酸钠作为氮源等。

在实验室和发酵工业中，常用的有机氮源有牛肉膏、蛋白胨、酵母膏、鱼粉、蚕蛹粉、黄豆饼粉、花生饼粉、玉米浆等。

3. 无机盐

无机盐是微生物生长必不可少的一类营养物质，也是构成微生物细胞结构物质不可缺少的组成成分。许多无机矿物质元素在机体中的生理作用是参与酶的合成或是酶的激活剂，并具有调节细胞渗透压、控制细胞的氧化还原电位和作为有些自养型微生物生长的能源物质等。根据微生物对矿物质元素需要量的不同，将其分为大量元素和微量元素。

大量矿物质元素是磷、硫、钾、钠、钙、镁、铁等。磷和硫需要量最大，磷在微生物生长与繁殖过程中起着重要作用。它既是合成核酸、核蛋白、磷脂与其他含磷化合物的重要元素，也是许多酶与辅酶的重要元素。硫是胱氨酸、半胱氨酸、甲硫氨酸的组成元素之一，因而它也是构成蛋白质的主要元素之一。钠、钙、镁等是细胞中某些酶的激活剂。

微量元素是锌、钼、锰、钴、硼、碘、镍、铜、钒等。这些元素一般是参与酶蛋白的组成，或者能使许多酶活化，它们的存在会大大提高机体的代谢能力，如果微生物在生长过程中缺乏这些元素，会导致机体生理活性降低，或导致生长过程停止。微量元素通常混杂存在于其他营养物质中，如果没有特殊原因，在配制培养基的过程中没有必要另外加入，因为过量的微量元素反而对微生物起到毒害作用。

4. 生长因子

生长因子通常是指那些微生物生长所必需而且需要量很小的，但微生物自身不能合成的，必须在培养基中加入的有机营养物。生长因子是指维生素、氨基酸、嘌呤、嘧啶等。而狭义的生长因子仅指维生素。缺少这些生长因子会影响各种酶的活性，新陈代谢就不能正常进行。

5. 水

水是微生物细胞主要的组成成分，它大约占鲜重的 $70\%\sim90\%$。不同种类微生物细胞含水量不同。同种微生物处于生长的不同时期或不同的环境其水分含量也有差异，幼龄菌含水量较多，衰老和休眠体含水量较少。微生物所含的水分以游离水和结合水两种状态存在，两者的生理作用不同。结合水不具有一般水的特性，不能流动，不易蒸发，不冻结，不能作为溶剂，也不能渗透。游离水则与之相反，具有一般水的特性，能流动，容易从细胞中排出，并能作为溶剂，帮助水溶性物质进出细胞。

微生物细胞中的结合水约束于原生质的胶体系统之中，成为细胞物质的组成成分，是微生物细胞生活的必要条件。游离态的水是细胞吸收营养物质和排出代谢产物的溶剂及生化反应的介质；一定量的水分又是维持细胞渗透压的必要条件。由于水是热的良导体，故能有效地吸收代谢过程中产生的热量，使细胞温度不至于骤然升高，能有效地调节细胞内的温度。微生物如果缺乏水分，则会影响代谢作用的进行。

二、微生物的营养类型

由于各种微生物的生活环境和对不同营养物质的利用能力不同，它们的营养需要和代谢方式也不尽相同。根据微生物所要求的碳源不同（无机碳化合物或有机碳化合物），可以将它们分为自养微生物和异养微生物两大类。自养微生物以 CO_2 为唯一的碳源，能够在完全无机的环境中生长。而异养微生物的生长则至少需要有一种有机物存在，它们不能以 CO_2 作为唯一的碳源。

根据微生物所利用能源的不同，又可将微生物分为两种能量代谢类型，一种是吸收光能来维持其生命活动的，称为光能微生物，另一种是利用吸收的营养物质降解产生化学能，称为化能微生物。将以上两种分类方法结合起来，我们可以把微生物的营养类型归纳为光能自养型、化能自养型、光能异养型和化能异养型四种类型。

1. 光能自养型微生物

这类微生物利用光作为生长所需要的能源，以 CO_2 作为碳源。光能自养微生物都含有光合色素，能够进行光合作用。但是必须注意，光合细菌的光合作用与高等绿色植物的光合作用有所区别。在高等绿色植物的光合作用中，水是同化 CO_2 时的还原剂，同时释放出氧。而在光合细菌中，则是以 H_2S、$Na_2S_2O_3$ 等无机化合物作为供氢体来还原 CO_2，从而合成细胞有机物。例如绿硫细菌以 H_2S 为供氧体，它们的光合作用可以概括如下。

$$CO_2 + 2H_2S \xrightarrow[\text{细胞叶绿素}]{\text{光能}} [CH_2O] + 2S + H_2O$$

2. 化能自养型微生物

这类微生物的能源来自无机物氧化所产生的化学能。碳源是 CO_2 或碳酸盐。常见的化能自养型微生物有硫化细菌、硝化细菌、氢细菌、铁细菌、一氧化碳细菌和甲烷氧化细菌等。它们分别以硫、还原态硫化物、氨、亚硝酸、氢、二价铁、一氧化碳和甲烷作为能源。

硝化细菌在自然界的氮素循环中起着重要作用，它们使自然界中的氨转化为亚硝酸、硝酸，提高了土壤的肥力。

硫化细菌可用来处理矿石，浸出一些金属矿物。这样的处理方法被叫作湿法冶金。在农业上，硫化细菌则被用来改造碱性土壤。

化能自养型微生物一般需消耗 ATP，促使电子沿电子传递链逆向传递，以取得固定 CO_2 时所必需的 $NADH+H^+$。因此，这类菌的生长较为缓慢。

3. 光能异养型微生物

这类微生物利用光作为能源。不能在完全无机化合物的环境中生长，需利用有机化合物作为供氢体来还原 CO_2，合成细胞有机物质。例如，红螺细菌利用异丙醇作为供氢体，进行光合作用，并积累丙酮酸。

4. 化能异养型微生物

这类微生物所需要的能源来自有机物氧化所产生的化学能，它们只能利用有机化合物。如淀粉、糖类、纤维素、有机酸等。因此有机碳化物对这类微生物来说既是碳源也是能源。它们的氮素营养可以是有机物（如蛋白质），也可以是无机物（如硝酸铵等）。化能异养型微生物又可分为腐生的和寄生的两类。前者是利用无生命的有机物，而后者则是寄生在活的有机体内，从宿主体内获得营养物质，在腐生和寄生之间存在着不同程度的既可腐生又可寄生的中间类型，称为兼性腐生或兼性寄生。

化能异养型微生物的种类和数量很多，包括绝大多数细菌、放线菌和几乎全部真菌。因此，它们与人类的关系异常密切，对它们的研究和应用也最多。

以上四大营养类型的划分在自然界中并不是绝对的，还存在着许多过渡类型，因此，在实践中要全面分析。

三、微生物对营养的吸收方式

外界环境或培养基中的营养物质只有被微生物吸收到细胞内，才能被微生物逐步分解与利用。微生物对营养物质的吸收是借助于细胞膜的半渗透特性及其结构特点，以不同的方式来吸收营养物质和水分。但不同的物质对细胞膜的渗透性不一样，根据对细胞膜结构以及物质传递的研究，目前一般认为营养物质主要以单纯扩散、促进扩散、主动运输和基团转位四种方式透过微生物细胞膜。

1. 单纯扩散

在微生物营养物质的吸收方式中，单纯扩散是通过细胞膜进行内外物质交换最简单的一种方式。微生物通过分子不规则运动，使营养经细胞膜中的小孔进入细胞，其特点是物质由高浓度的细胞外向低浓度的细胞内扩散（浓度梯度），这是一种单纯的物理扩散作用。一旦细胞膜内外的物质浓度达到平衡（即浓度梯度消失），简单扩散也就达到动态平衡。但实际上，进入微生物细胞的物质不断地被生长代谢所利用，浓度不断降低，细胞外的物质不断地进入细胞。这种扩散是非特异性的，没有运载蛋白质（渗透酶）的参与，也不与膜上的分子发生反应，物质本身的分子结构也不发生变化。但膜上的小孔的大小和形状对被扩散的营养物质分子大小有一定的选择性。由于单纯扩散不需要能量，因此，物质不能进行逆浓度交换。

单纯扩散的物质主要是一些小分子物质，如水、某些气体（O_2、CO_2）、某些无机离子及水溶性的小分子物质（甘油、乙醇等）等。

2. 促进扩散

促进扩散也是一种物质运输方式，它与单纯扩散的方式相类似，营养物质在运输过程中不需要能量，物质本身在分子结构上也不会发生变化，不能进行逆浓度运输，运输的速率随着细胞内外该物质浓度差的缩小而降低，直至膜内外的浓度差消失，从而达到动态平衡。所不同的是这种物质运输方式需要借助于细胞膜上的一种称为渗透酶的特异性蛋白（运载营养物质）参与，这样加速了营养物质的透过程度，以满足微生物细胞代谢的需要。而且每种渗透酶只运输相应的物质，即对被运输的物质有高度的专一性。

促进扩散的运输方式多见于真核微生物中，例如酵母菌运输糖类就是通过这种方式，但在原核生物中却少见。在厌氧微生物中，某些物质的吸收和代谢产物的分泌是通过这种方式完成的。

3. 主动运输

如果微生物仅依靠单纯扩散和促进扩散这两种方式对营养物质吸收则只能是从高浓度到低浓度的扩散，这样微生物就不能吸收低于细胞内浓度的外界营养物质，生长代谢就会受到限制。实际上微生物细胞中的有些物质是以高于细胞外的浓度在细胞内积累的。如大肠杆菌在生长期中，细胞中的钾离子浓度比细胞外环境高许多倍。以乳糖为碳源的微生物，细胞内的乳糖浓度比细胞外高 500 倍。可见主动运输的特点是营养物质的运输是由低浓度向高浓度进行，是逆浓度梯度的。因此这种物质运输的过程不仅需要渗透酶，还需要代谢能量（ATP）的参与。目前研究比较深入的是大肠杆菌对乳糖的吸收，其细胞膜的渗透酶为 β-半乳糖苷酶，它可以在细胞内外特异性地与乳糖结合（在膜内结合程度比膜外小），在代谢能（ATP）的作用下，酶蛋白构型发生变化而使乳糖达到膜内，并在膜内降低其对乳糖的亲和力而释放出来，从而实现乳糖由细胞外的低浓度向细胞内的高浓度运输。

4. 基团转位

在微生物对营养物质的吸收过程中，还有一种特殊的运输方式叫基团转位，这种方式除了具有主动运输的特点外，主要是被运输的物质改变了其本身的性质，有些化学基团被转移到被运输的营养物质上。如许多的糖及糖的衍生物在运输中由细菌的磷酸酶系统催化，使其磷酸化，这样磷酸基团被转移到糖分子上，以磷酸糖的形式进入细胞。

基团转位可转运葡萄糖、甘露糖、果糖和 β-半乳糖苷以及嘌呤、嘧啶、乙酸等，但不能运输氨基酸。这个运输系统主要存在于兼性厌氧菌和厌氧菌中。也有研究表明，某些好氧菌，如枯草杆菌和巨大芽孢杆菌也利用磷酸转移酶系统将葡萄糖运输到细胞内。

四、培养基

培养基是经人工配制而成的适合于不同微生物生长繁殖或积累代谢产物的营养基质，是研究微生物的形态构造、生理功能以及生产微生物制品等方面的物质基础。由于各种微生物所需要的营养物质不同，所以培养基的种类很多，但无论何种培养基，都应当具备满足所要培养的微生物生长代谢所必需的营养物质。配制培养基时，不但需要根据不同微生物的营养要求，加入适当种类和数量的营养物质，并要注意一定的碳氮比（C/N），还要调节适宜的酸碱度（pH），保持适当的氧化还原电位和渗透压。

1. 配制培养基的基本原则

（1）根据不同微生物对营养的要求 所有微生物的生长繁殖都需要培养基中含有碳源、氮源、无机盐、生长因子等，但不同的微生物对营养物质的需求是不一样的。因此，在配制培养基时，首先要考虑不同微生物的营养需求，如果是自养型的微生物则主要考虑无机碳源，异养型的微生物则主要提供有机碳源外，还要考虑加入适量的无机矿物质元素，有些微生物在培养时还需加入一定的生长因子，如在培养乳酸细菌时，要求在培养基中加入一些氨基酸和维生素等才能使之很好地生长。

（2）根据营养物质的浓度及配比 只有培养基中营养物质的浓度合适时，微生物才能生长良好。营养物质过低时，不能满足微生物的生长需要，浓度过高时则可能对微生物生长起抑制作用。如培养基中高浓度的糖类、无机盐、生长因子不仅不能促进微生物生长，反而对微生物有杀死作用或抑制其生长。另外，培养基中营养物质的配比也直接影响微生物的生长繁殖及其代谢产物的积累。尤其是碳氮比（C/N）影响最明显。如在利用微生物发酵生产谷氨酸时，C/N 为 4：1 时菌体大量繁殖，积累少量谷氨酸；当 C/N 为 3：1 时，菌体繁殖受到抑制，谷氨酸的产量则明显增加。

不同的微生物菌种要求不同的 C/N。同一菌种，在不同的生长时期也有不同的要求，一般在发酵工业中，在配制发酵培养基时对 C/N 的要求比较严格，因为 C/N 比对发酵产物的积累影响很大。种子培养基营养越丰富对菌体生长越有利，尤其是氮源要丰富。

（3）适当的 pH 培养基的 pH 必须控制在适当范围内才能满足不同微生物的生长繁殖或产生代谢产物。不同类型微生物的生长繁殖或积累代谢产物的最适 pH 条件各不相同。一般来说，大多数细菌的最适 pH 在 7.0～8.0，放线菌要求 pH 在 7.5～8.5，酵母菌要求 pH 在 3.8～6.0，霉菌适宜的 pH 在 4.0～5.8。另外，微生物在生长代谢过程中，由于营养物质被分解和代谢产物的形成与积累，可引起 pH 的变化，对于大多数微生物来说，主要是酸性产物使培养基 pH 下降，这种变化往往影响微生物的生长和繁殖。所以在配制培养基中需加一些缓冲剂来维持培养基 pH 的相对恒定。常用的缓冲剂有磷酸盐类或碳酸钙缓冲剂。

（4）培养基中原料的选择 在配制培养基时，应尽量利用廉价且易获得的原料作为培养基的成分，特别是在发酵工业中，培养基用量大，选择培养基的原料时，除了必须考虑容易被微生物利用以及满足工艺要求外，还应考虑经济价值。尤其是应尽量减少主粮的利用，采用以副产品代用原材料的方法。如微生物单细胞蛋白的生产中主要是以纤维水解物、废糖蜜等代替淀粉、葡萄糖等。大量的农副产品如麸皮、米糠、花生饼、豆饼、酒糟、酵母浸膏等都是常用的发酵工业培养基原料。

2. 培养基的类型及应用

（1）根据营养成分划分

① 天然培养基。天然培养基指利用天然有机物配制而成的培养基。例如牛肉膏、麦芽汁、豆芽汁、麦曲汁、马铃薯、玉米粉、麸皮、花生饼粉等制成的培养基。天然培养基的特点是配制方便、营养全面而丰富、价格低廉，适合于各类异养微生物生长，并适于大规模培养微生物之用。缺点是它们的成分复杂，不同单位生产的或同一单位不同批次所提供的产品成分也不稳定，一般自养型微生物不能在这类培养基上生长。

② 合成培养基。合成培养基是由化学成分完全了解的物质配制而成的培养基，也称化学限定培养基。如高氏一号培养基和查氏培养基就属于此种类型。此类培养基优点是成分精确、重复性较强，一般用于实验室进行营养代谢、分类鉴定和菌种选育等工作。缺点是配制复杂，微生物在此类培养基上生长缓慢，成本较高，不适宜用于大规模的生产。

③ 半合成培养基。用一部分天然的有机物作为碳源、氮源及生长辅助物质等，并适当补充无机盐类，这样配制的培养基称为半合成培养基。如实验室中使用的马铃薯蔗糖培养基就属于半合成培养基。此类培养基用途最广，大多数微生物都在此类培养基上生长。

（2）根据物理状态来划分

① 液体培养基。把各种营养物质溶于水中，混合制成水溶液，调节适当的 pH，成为液体状的培养基质。液体培养基培养微生物时，通过搅拌可以增加培养基的通气量，同时使营养物质分布均匀，有利于微生物的生长和积累代谢产物。常用于大规模工业化生产和实验室

观察微生物生长特征以及应用方面的研究。

② 固体培养基。在液体培养基中加入一定量的凝固剂，如琼脂（1.5%～2.0%）、明胶等煮沸冷却后，使其凝成固体状态。常作为观察、鉴定、活菌计数和分离纯化微生物的培养基。

③ 半固体培养基。加入少量的凝固剂（0.5%～0.8%的琼脂）则成半固体状的培养基。常用来观察微生物的运动特征以及用于分类鉴定及噬菌体效价滴定等。

（3）根据用途划分

① 增殖培养基（加富培养基）。根据某种微生物的生长要求，加入有利于这种微生物生长繁殖而不适合其他微生物生长的营养物质配制而成的培养基，这种培养基称为增殖培养基或加富培养基。常用于菌种分离筛选。

② 鉴别培养基。根据微生物的代谢特点通过指示剂的显色反应以鉴定不同种类的微生物的培养基，称为鉴别培养基。

③ 选择培养基。选择培养基是用来将某种微生物从混杂的微生物群体中分离出来的培养基。根据不同种类微生物的特殊营养要求或对某种化学物质敏感性的不同，在培养基中加入特殊的营养物质或化学物质以抑制不需要的微生物的生长，而促进某种需要菌的生长，这类培养基叫选择培养基。

第二节　微生物的生长

一、微生物的生长与繁殖

微生物在适宜的条件下，不断地从周围环境中吸收营养物质，并按自身的代谢方式进行新陈代谢。新陈代谢包括合成代谢（同化作用）和分解代谢（异化作用）当同化作用的速度超过了异化作用，使个体细胞质量和体积增加，称为生长。如单细胞微生物细菌的生长，往往伴随着细胞数目的增加。当细胞增长到一定程度时就以二分裂的方式形成两个大小相似的子细胞，子细胞又重复上述过程，使细胞数目增加，称为繁殖。单细胞微生物的生长实际上是以群体细胞数目的增加为标志的。霉菌和放线菌等丝状微生物的生长主要表现为菌丝的伸长和分枝，其细胞数目的增加并不伴随着个体数目的增多而增加。因此，其生长通常以菌丝的长度、体积及重量的增加来衡量，只有通过形成无性孢子或有性孢子使其个体数目增加才叫繁殖。生长与繁殖的关系是：

个体生长→个体繁殖→群体生长

群体生长＝个体生长＋个体繁殖

除了特定的目的，在微生物的研究和应用中只有群体的生长才有实际意义，因此，在微生物学中提到的"生长"均指群体生长。这一点与研究高等生物时有所不同。

微生物生长繁殖是内外各种环境因素相互作用下的综合反映，生长繁殖情况可以作为研究各种生理生化和遗传等问题的重要指标；同时，微生物在生产实践上的各种应用或对致病微生物、霉腐微生物、引起食品腐败的微生物的控制，也都与微生物生长繁殖和控制紧密相关。下面对微生物的生长繁殖及其控制的规律做较详细的介绍。

二、微生物生长量的测定方法

研究微生物生长的对象是群体，那么测定微生物生长繁殖的方法既可以选择测定细胞数量，也可以选择测定细胞生物量。

1. 细胞数量的测定

(1) 稀释平板菌落计数法 这是一种最常用的活菌计数法。在大多数的研究和生产活动中，人们往往更需要了解活菌数的消长情况。从理论上讲，在高度稀释条件下每一个活的单细胞均能繁殖成一个菌落，因而可以用培养的方法使每个活细胞生长成一个单独的菌落，并通过长出的菌落数去推算菌悬液中的活菌数，因此菌落数就是待测样品所含的活菌数。此法所得到的数值往往比直接法测定的数值小。

稀释平板计数法可分为两种方法：一种是涂布法，另一种是倾注法。涂布平板法是将一定体积样品菌液稀释后取一定量涂布于平板表面，在最适条件下培养后，从平板上出现的菌落数乘以菌液的稀释度，即可算出原菌液的含菌数。

倾注法是将经过灭菌冷却至 $45\sim50℃$ 的琼脂培养基与稀释后一定量的样品在平皿中混匀，凝固后进行培养，然后进行计数。这种方法在操作时有较高的技术要求。其中最重要的是应使样品充分混匀，并让每支移液管只能接触一个稀释度的菌液。有人认为，对原菌液浓度为 10^9 个/mL 的微生物来说，如果第一次稀释即采用 10^{-4} 级（将 $10\mu L$ 菌液加至 100mL 无菌水中）；第二次采用 10^{-2} 级（吸 1mL 上述稀释液至 100mL 无菌水中），然后再吸此菌液 0.2mL 进行表面涂布和菌落计数，则所得的结果最为精确。其主要原因是一般的吸管壁常因存在油脂而影响计数的精确度（有时误差竟高达 15%）。该法的缺点是程序麻烦，费工费时，操作者需有熟练的技术。而且在混合微生物样品中只能测定占优势并能在供试培养基上生长的类群。

(2) 血细胞计数板法 血细胞计数板是一块特制的载玻片，计数是在计数室内进行的，即将一定稀释度的细胞悬液加到固定体积的计数器小室内，在显微镜下观测小室内细胞的个数，计算出样品中细胞的浓度，稀释浓度以计数室中的小格含有 $4\sim5$ 个细胞为宜。由于计数室的体积是一定（0.1mL）的，这样就可根据计数出来的数字算出单位体积菌液内的菌体总数。但一般情况下，要取一定数量的计数室进行计数，在算出计数室的平均菌数后，再进行计算。这种方法的特点是测定简便、直接、快速，但测定的对象有一定的局限性，只适合于个体较大的微生物种类，如酵母菌、霉菌的孢子等；此外测定结果是微生物个体的总数，其中包括死亡的个体和存活的个体，要想测定活菌的个数，还必须借助其他方法配合。

(3) 液体稀释培养法 对未知菌样作连续 10 倍系列稀释。根据估计数，从最适宜的 3 个连续 10 倍稀释液中各取 5mL 试样，接种到 3 组共 15 支装有培养液的试管中（每管接入 1mL）。经培养后，记录每个稀释度出现生长的试管数，然后查 MPN（most probable number）表，再根据样品的稀释倍数就可以算出其中的活菌量。该法常用于食品中微生物的检测，例如饮用水和牛奶的微生物限量检查。

(4) 比浊法 在细菌培养生长过程中，由于细胞数量的增加，会引起培养物浑浊度的增高，使光线透过量降低。在一定浓度范围内，悬液中细胞的数量与透光量成反比，与光密度成正比。比浊管是用不同浓度的 $BaCl_2$ 与稀 H_2SO_4 配制成的 10 支试管，其中形成的 $BaSO_4$ 有 10 个梯度，分别代表 10 个相对的细菌浓度（预先用相应的细菌测定）。某一未知浓度的菌液只要在透射光下用肉眼与某一比浊管进行比较，如果两者透光度相当，即可目测出该菌液的大致浓度。如果要作精确测定，则可用分光光度计进行。在可见光的 $450\sim650nm$ 波段内均可测定。

随着科学技术的发展，出现了一些快速测定的方法，其形式为小型厚滤纸片或琼脂片（$1\sim10cm^2$ 左右），其原理是在滤纸上有适宜的培养基和活菌指示剂。用吸管吸取一定的样品于滤纸上，置密封包/袋或瓶中，经短期培养，在滤纸片上出现一定密度的有颜色小菌落，计数，即可估算出该样品的含菌量。此外，还有 DNA 指纹技术、PCR 扩增等快速测定方法。

2. 细胞生物量的测定

(1) 称干重法 称干重法即测定单位体积的培养物中细菌的干质量。该法要求培养物中没有除菌体外的固体颗粒，对单细胞及多细胞均适用。可用离心法或过滤法测定，一般菌体干重为湿重的 10%～20%。在离心法中，将待测培养液放入离心管中，用清水离心洗涤 1～5 次后，进行干燥。干燥温度可采用 105℃、100℃ 或红外线烘干，也可在较低的温度（80℃ 或 40℃）下进行真空干燥，然后称干重。以细菌为例，一个细胞一般重约 10^{-13}～10^{-12} g。

另一种方法为过滤法。丝状真菌可用滤纸过滤，而细菌则可用醋酸纤维素膜等滤膜进行过滤。过滤后，细胞可用少量水洗涤，然后在 40℃ 下真空干燥，称干重。以大肠杆菌为例，在液体培养物中，细胞的浓度可达 2×10^9 个/mL。100mL 培养物可得 10～90mg 干重的细胞。这种方法较适合于丝状微生物的生长量的测定，对于细菌来说，一般在实验室或生产实践中较少使用。

(2) 总氮量测定 大多数细菌的含氮量为其干重的 12.5%，酵母菌为 7.5%，霉菌为 6.0%。根据其含氮量再乘以 6.25，即可测得粗蛋白的含量（其中包括杂环氮和氧化型氮），然后再换算成生物量。

(3) DNA 含量测定 DNA 在各种细胞内的含量最为稳定，不会因加入营养物而发生变化。尽管 DNA 测定方法较烦琐，费用也高，但在某些特殊情况下，DNA 测定可发挥其特殊的优势，如固定化载体内的微生物含量一般无法用直接法测定，但可以将载体粉碎后测定 DNA 来估算微生物的细胞数量。

(4) 代谢活动法 从细胞代谢产物来估算，在有氧发酵中，CO_2 是细胞代谢的产物，它与微生物生长密切相关。在全自动发酵罐中大多采用红外线气体分析仪来测定发酵产生的 CO_2 量，进而估算出微生物的生长量。

三、微生物生长规律

1. 微生物群体的生长规律

根据对某些单细胞微生物在封闭式容器中进行分批（纯）培养的研究，发现在适宜条件下，不同微生物的细胞生长繁殖有严格的规律性。单细胞的微生物，如细菌、酵母菌在液体培养基中，可以均匀地分布，每个细胞接触的环境条件相同，都有充分的营养物质，故每个细胞都迅速地生长繁殖。霉菌多数是多细胞微生物，菌体呈丝状，在液体培养基中生长繁殖的情况与单细胞微生物不一样。如果采取摇床培养，则霉菌在液体培养中的生长繁殖情况近似于单细胞微生物，因液体被搅动，菌丝处于分布比较均匀的状态，而且菌丝在生长繁殖过程中不会像在固体培养基上生长那样有分化现象，孢子产生也较少。

(1) 微生物的生长曲线 将少量单细胞微生物纯菌种接种到新鲜的液体培养基中，在最适条件下培养，培养过程中定时测定细胞数量，以细胞数目的对数为纵坐标，时间为横坐标，可以画出一条有规律的曲线，这就是微生物的生长曲线（growth curve）。生长曲线严格说应称为繁殖曲线，因为单细胞微生物，如

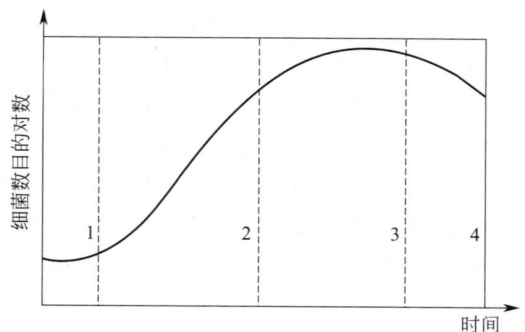

图 3-1 细菌的生长曲线

1—延滞期；2—对数生长期；3—稳定期；4—衰亡期

细菌等都以细菌数增加作为生长指标。这条曲线代表了细菌在新的适宜环境中生长繁殖至衰老死亡的动态变化。根据细菌生长繁殖速度的不同可将其分为四个时期（图 3-1）。

① 延滞期（lag phase）又叫适应期。是指微生物接种到新的培养基中，一般不立即进行繁殖，生长速率常数为零，需要经一段时间自身调整，诱导合成必要的酶、辅酶或合成某些中间代谢产物。此时，细胞质量增加，体积增大，但不分裂繁殖，细胞长轴伸长（如巨大芽孢杆菌的长度由 $3.4\mu m$ 增长到 $9.1\sim19.8\mu m$），细胞质均匀，DNA 含量高。细胞内 RNA 尤其是 rRNA 含量增高，原生质体嗜碱性。对外界不良条件的反应敏感。

在发酵工业中，为提高生产效率，除了选择合适的菌种外，常要采取措施缩短延滞期。其主要方法有：a. 以对数期的种子接种，因对数期的菌种生长代谢旺盛，繁殖力强，则子代培养期的适应期就短。b. 适当增加接种量。生产上接种量的多少是影响延滞期的一个重要因素。接种量大，延滞期短，反之则长。一般采用 $3\%\sim8\%$，根据不同的微生物及生产具体情况而定接种量，一般不超过 1/10 接种量。c. 培养基成分。在发酵生产中，常采用发酵培养基的成分与种子培养基的成分相近。因为微生物生长在营养丰富的天然培养基中要比生长在营养单调的合成培养基中延滞期短。

延滞期出现的原因可能是微生物刚被接种到新鲜培养基中时，一时还缺乏分解或催化有关底物的酶，或是缺乏充足的中间代谢产物，为产生诱导酶或合成有关的中间代谢物，就需要有一适应过程，于是就出现了生长的延滞。

② 对数生长期（logarithmic phase）又称指数生长期。是指在生长曲线中，紧接着延滞期后的一段时期。此时的菌体通过对新的环境适应后，细胞代谢活性最强，生长旺盛，分裂速度按几何级数增加，群体形态与生理特征最一致，抵抗不良环境的能力最强。其生长曲线表现为一条上升的直线。

在对数生长期，每一种微生物的世代时间（细胞每分裂一次所需要的时间）是一定的，这是微生物菌种的一个重要特征。以分裂增殖时间 t 除以分裂增殖代数（n），即可求出每增一代所需的时间（G）。

设对数期开始时的时间为 t_1，活菌数为 x_1，经培养时间 t_2 后，活菌数为 x_2，则

$$x_2=2^n x_1 \tag{3-1}$$

两边取对数得 $\lg x_2=\lg x_1+n\lg2$

$$\lg2=0.3010$$

所以 $$n=\frac{\lg x_2-\lg x_1}{\lg2}=3.32(\lg x_2-\lg x_1)$$

世代时间 $$G=\frac{t_2-t_1}{n} \tag{3-2}$$

则 $$G=\frac{t_2-t_1}{3.32(\lg x_2-\lg x_1)} \tag{3-3}$$

从式(3-3) 可以看出，在一定时间内，菌体细胞分裂次数愈多，世代时间越短，分裂速度越快。不同微生物菌体其对数生长期中的世代时间不同，同一种微生物在不同培养基组分和不同环境条件（如培养温度、培养基 pH、营养物性质等）下，世代时间也不同。但每种微生物在一定条件下，其世代时间是相对稳定的。繁殖最快的世代时间只有 9.8min 左右，最慢的世代时间长达 33h，多数种类世代时间为 20～30min，见表 3-2。

影响微生物对数期世代时间的因素很多，主要有菌种、营养成分、营养物浓度、培养温度等。

③ 稳定期（stationary phase）又称最高生长期。在一定溶剂的培养基中，由于微生物

表 3-2　几种细菌在最适条件下生长的世代时间

细　菌	培养基	温度/℃	世代时间/min
漂浮假单胞菌	肉汤	27	9.8
大肠杆菌	肉汤	37	17
乳酸链球菌	牛乳	37	26
金黄色葡萄球菌	肉汤	37	27~30
枯草芽孢杆菌	肉汤	25	26~32
嗜酸乳杆菌	牛乳	37	66~87
嗜热芽孢杆菌	肉汤	55	18.3
大豆根瘤菌	葡萄糖	25	344~461

经对数生长期的旺盛生长后，某些营养物质被消耗，有害代谢产物积累以及 pH、氧化还原电位、无机离子浓度等变化，限制了菌体继续高速度增殖，初期细菌分裂间隔的时间开始延长，曲线上升逐渐缓慢。随后，部分细胞停止分裂，少数细胞开始死亡，使新增殖的细胞数与老细胞死亡数几乎相等，处于动态平衡，细菌数达到最高水平，接着死亡数超过新增殖数，曲线出现下降趋势。这时，细胞内开始积累储藏物质如肝糖原、异染颗粒、脂肪滴等，大多数芽孢细菌在此时形成芽孢。同时，发酵液中细菌产物的积累逐渐增多，是发酵目的产物生成的重要阶段（如抗生素等）。

稳定期是以生产菌体或与菌体生长相平行的代谢产物为目的。因为稳定期的微生物在数量上达到了最高水平，产物的积累也达到了高峰，所以是发酵生产的最佳收获期，例如以生产单细胞蛋白、乳酸等为目的的一些发酵生产。稳定期也是对某些生长因子（如维生素和氨基酸）进行生物测定的最佳时期。

④ 衰亡期（death phase）。稳定期后，环境变得不适合于细菌的生长，细胞生活力衰退，死亡率增加，以致细胞死亡数大大超过新生数，细菌总数急剧下降，这个时期称为衰亡期。在这个时期，细胞常出现多形态等畸形以及液泡，有许多菌在衰亡期后期常产生自溶现象，使工业生产中后处理过滤困难。产生衰亡期的原因主要是外界环境对细菌的继续生长越来越不利，从而引起细菌细胞内的分解代谢大大超过合成代谢，导致菌体死亡。

生长曲线反映了单细胞微生物在一定环境条件下，于液体培养时所表现出的群体生长规律。中国科学院中国现代化研究中心主任何传启研究员提出人类文明进程的周期表，将人类从诞生到 21 世纪末的文明进程，分为原始文化、农业文明、工业文明和知识文明 4 个发展周期，每个周期又包括起步期、发展期、成熟期和过渡期 4 个发展阶段，与微生物生长曲线中的适应期、对数期、稳定期、衰亡期非常相似。而人类文明每个时期的发展都离不开思想变革。在发展过程中，人类只有珍惜资源、保护环境，才能保证人类能从过渡期顺利进入下一发展周期，推动人类文明实现巨大进步。

(2) 细菌的个体生长与同步生长　在分批培养中，细菌群体以一定速率生长，但所有细胞并非同时进行分裂，即使培养中的细胞处于同一生长阶段，它们的生理状态和代谢活动也不完全一样。要研究每个细胞所发生的变化是很困难的。为了解决这一问题，就必须设法使微生物群体处于同一发育阶段，使群体和个体行为变得一致，所有的细胞都能同时分裂，因而发展了单细胞的同步培养技术。即设法使群体中的所有细胞尽可能都处于同样的细胞生长和分裂周期中，然后分析此群体的各种生物化学特征，从而了解单个细胞所发生的变化。

获得细菌同步培养的方法主要有两类：其一是通过调整环境条件来诱导同步性，如通过变换温度、光线或对处于稳定期的培养物添加新鲜培养基等来诱导同步；其二是选择法（又称机械法），它是利用物理方法从不同步的细菌群体中选择出同步的群体，一般可用过滤分离法或梯度离心法来达到。在这两种方法中，由于诱导法可能导致与正常细胞循环周期不同的周期变化，所以不及选择法好，这在生理学研究中尤其明显。

在选择法中，有代表性的是硝酸纤维素薄膜法。其大致过程为：将菌液通过装有硝酸纤维素滤膜的过滤器，由于细菌与滤膜带有不同的电荷，所以处于不同生长阶段的细菌均附着在膜上；将膜翻转，再用新鲜的培养液滤过培养；附着在膜上的细菌开始分裂，分裂的子细胞不能与薄膜直接接触，由于菌体自身重量，加上它附带的培养液的重量，使菌体下落到收集器内；收集器在短时间内获得的细菌都是处于同一分裂阶段的新细胞，用这些细胞接种培养，于是就获得了同步生长。

值得注意的是，同步生长的细菌在培养过程中会很快丧失其同步性。例如，在第一个细胞分裂周期中，开始细胞数一直不增加，到后来，数目突然增加一倍。在第二个分裂周期时，情况就没有那么明显了，到第三个周期时，几乎完全丧失同步性。其原因是不同个体间，细胞分裂周期一般都有较大的差别。

2. 微生物连续培养法

连续培养又叫开放培养，是相对分批培养或密闭培养而言的。

在分批培养中，培养基是一次性加入，不再补充，随着微生物的生长繁殖活跃，营养物质逐渐消耗，有害代谢产物不断积累，细菌的对数生长期不可能长时间维持。连续培养是在研究生长曲线的基础上，认识到了稳定期到来的原因，采取在培养器中不断补充新鲜营养物质，并搅拌均匀；另外，及时不断地以同样速度排出培养物（包括菌体和代谢产物）。这样，培养物就达到动态平衡，其中的微生物可长期保持在对数期的平衡生长状态和稳定的生长速度上。此法是目前发酵工业的发展方向。

连续培养的方法主要有恒浊连续培养和恒化连续培养两类。

(1) 恒浊连续培养 用浊度计来检测培养液中菌液浓度，使培养液中细菌浓度恒定的培养方法称为恒浊培养。所涉及的培养和控制装置称为恒浊器。当恒浊器中浊度超过预期数值时，可促使培养液流速加快，使浊度下降；浊度低于预期数值时，流速减慢，使浊度增加。这种方法可自动地进行控制，使培养物维持一定的浊度。浊度下降，表明体系中有丰富的营养物质，浊度的改变是培养物中菌体数量改变的标志。

在恒浊器中，通过控制培养液的流速，从而获得密度高、生长速度恒定的微生物细胞的连续培养液。微生物在恒浊器中，始终能以最高生长速度进行生长，并可在允许范围内控制不同的菌体密度。在生产实践上，为了获得大量菌体或与菌体生长相平行的某些代谢产物如乳酸、乙醇时，可以采用恒浊法。

(2) 恒化连续培养 控制恒定的流速，使培养器内营养物质的浓度基本保持恒定，使细菌生长所消耗的物质及时得到补充，从而维持细菌恒定的生长速度的一种连续培养方法称为恒化培养。

当营养物浓度偏高时，并不影响微生物的生长速度，而当营养物浓度较低时，则影响菌体生长速度，而且在一定范围内，生长速度与营养物浓度成正比关系。营养物质浓度的确定往往是将培养基中的一种微生物生长所必需的营养物控制在较低的浓度下，作为限制生长的因子，其他营养物是过量的。通过控制生长因子的浓度，来保持菌体恒定的生长速度。常用的限制性生长因子一般是氮源、碳源、无机盐或其他生长因子等。

恒化法主要用于实验室的科学研究中，特别是用于与生长速度相关的各种理论研究中。

连续培养如用于发酵工业中，就称为连续发酵。连续发酵与分批发酵相比有许多优点：①高效。它简化了装料、灭菌、出料、清洗发酵罐等许多单元操作，从而减少了非生产时间和提高了设备的利用率。②自控。便于利用各种仪表进行自动控制。③产品的质量较稳定。

④节约了大量动力、人力、水和蒸汽，且使水、气、电的负荷均匀合理。

连续培养或连续发酵也有一定的缺点。最主要的缺点是菌种易于退化，处于长期高速繁殖下的微生物，即使其自发突变率极低，也无法避免变异的发生，尤其易发生比原生产菌株生长速度更高、营养要求更低和代谢产物更少的负变类型；其次是易受杂菌污染，在长期运转中，要保持各种设备无渗漏，尤其是通气系统不出任何故障是极其困难的。因此，连续培养是有时间限制的，一般可达数月或一两年。此外，在连续培养中，营养物质的利用率一般也低于分批培养。

3. 影响微生物生长的环境因素

影响微生物生长的环境因素很多，除了营养物质，还有许多物理因素、化学因素。当环境条件的改变保持在一定限度内时，可引起微生物形态、生理、生长、繁殖等特征的改变；当环境条件的变化超过一定极限时，则导致微生物的死亡。研究环境条件与微生物之间的相互关系，有助于了解微生物在自然界的分布与作用，也可指导人们在食品加工过程中能有效地控制微生物的生命活动，保证食品的安全性，延长食品的货架期。

影响微生物生长的环境因素主要是温度、水、pH、氧气等。

(1) 温度 温度是影响微生物生长繁殖最重要的因素之一。在一定温度范围内，机体的代谢活动与生长繁殖随着温度的上升而增加，当温度上升到一定程度，开始对机体产生不利影响，如再继续升高，则细胞功能急剧下降以至死亡。与其他生物一样，任何微生物的生长温度尽管有高有低，但总有最低生长温度、最适生长温度和最高生长温度这三个重要指标，这就是生长温度的三个基本点。

最低生长温度是指微生物能进行繁殖的最低温度界限。处于这种温度条件下的微生物生长速度很低，如果低于此温度则生长完全停止。

最适生长温度是指某微生物分裂的世代时间最短或生长速度最高时的培养温度。但是，同一微生物，不同的生理生化过程有着不同的最适温度，也就是说，最适生长温度并不等于生长量最高时的培养温度，也不等于发酵速度最高时的培养温度或累积代谢产物量最高时的培养温度。因此，生产上要根据微生物不同生理代谢过程所适温度的特点，采用分段式变温培养或发酵。例如，嗜热链球菌的最适生长温度为37℃，最适发酵温度为47℃，累积产物的最适温度为37℃。

最高生长温度是指微生物生长繁殖的最高温度界限。在此温度下，微生物细胞易于衰老和死亡。微生物所能适应的最高生长温度与其细胞内酶的性质有关。例如细胞色素氧化酶以及各种脱氢酶的最低破坏温度常与该菌的最高生长温度有关。

微生物按其生长温度范围可分为低温型微生物、中温型微生物和高温型微生物三类，见表3-3。

表 3-3 不同温型微生物的生长温度范围

微生物类型		生长温度/℃			分布的主要处所
		最低	最适	最高	
低温型	专性嗜冷	−12	5～15	15～20	两极地区
	兼性嗜冷	−5～0	10～20	25～30	海水及冷藏食品上
中温型	室温	10～20	20～35	40～45	腐生环境
	体温	10～20	35～40	40～45	寄生环境
高温型		25～45	50～60	70～95	温泉、堆肥、土壤

① 低温型微生物，又称嗜冷微生物。可在较低的温度下生长。它们常分布在地球两极地区的水域和土壤中，即使在微小的液态水间隙中也有微生物的存在。常见的产碱杆菌属、假单胞菌属、黄杆菌属、微球菌属等常使冷藏食品腐败变质。有些肉类上的霉菌在$-10℃$仍能生长，如芽枝霉；荧光极毛菌可在$-4℃$生长，并造成冷冻食品腐败变质。

低温也能抑制微生物的生长。在$0℃$以下，菌体内的水分冻结，生化反应无法进行而停止生长。有些微生物在冰点下就会死亡，主要原因是细胞内水分变成了冰晶，造成细胞脱水或细胞膜的物理损伤。因此，生产上常用低温保藏食品，各种食品的保藏温度不同，分为寒冷温度、冷藏温度和冻藏温度。

寒冷温度指在室温（$14\sim15℃$）和冷藏温度之间的温度。嗜冷微生物能在这一温度范围内生长，但生长比较缓慢，保藏食品的有效期较短，一般仅适宜于保藏果蔬食品。

冷藏温度指在$0\sim5℃$之间的温度。在这一温度范围内，微生物的生命活动已显著减弱，可用于储存果蔬、鱼肉、禽蛋、乳类等食品。

冻藏温度指低于$0℃$的温度。在$-18℃$以下的温度几乎阻止所有微生物的生长。在冻藏温度下可以较长期地保藏食品。

② 中温型微生物。绝大多数微生物属于这一类。最适生长温度在$20\sim40℃$，最低生长温度$10\sim20℃$，最高生长温度$40\sim45℃$。它们又可分为嗜室温和嗜体温性微生物。嗜体温性微生物多为人及温血动物的病原菌，它们生长的极限温度范围在$10\sim45℃$，最适生长温度与其宿主体温相近，在$35\sim40℃$之间，人体寄生菌为$37℃$左右。引起人和动物疾病的病原微生物、发酵工业应用的微生物菌种以及导致食品原料和成品腐败变质的微生物，都属于这一类群的微生物。因此，它与食品工业的关系最为密切。

③ 高温型微生物。它们适于在$45\sim50℃$以上的温度中生长，在自然界中的分布仅局限于某些地区，如温泉、日照充足的土壤表层、堆肥、发酵饲料等腐烂有机物中，堆肥中温度可达$60\sim70℃$。能在$55\sim70℃$生长的微生物有芽孢杆菌属、梭状芽孢杆菌、嗜热脂肪芽孢杆菌、高温放线菌属、甲烷杆菌属等以及温泉中的细菌；其次是链球菌属和乳杆菌属。有的可在近于$100℃$的高温中生长。这类高温型的微生物，给罐头工业、发酵工业等带来了一定难度。

高温型微生物的耐热机理可能是菌体内的蛋白质和酶比中温型的微生物更能抗热，尤其蛋白质对热更稳定；同时高温型微生物的蛋白质合成机构——核糖体和其他成分对高温抗性也较大；细胞膜中饱和脂肪酸含量高，它比不饱和脂肪酸可以形成更强的疏水键，因此可保持在高温下的稳定性并具正常功能。

(2) 水分活度与渗透压　水是微生物营养物质的溶剂，水分对维持微生物的正常生命活动是必不可少的。前已叙及，水在微生物细胞中有两种存在形式：结合水和游离水。结合水与溶质或其他分子结合在一起，很难加以利用。游离水则可以被微生物利用。

水分活度（activity of the water，A_w）是用来表示微生物在天然环境和人为环境中实际利用游离水的含量，是指在相同条件下，密闭容器内该溶液的蒸气压（p）与纯水蒸气压（p_0）之比，即$A_w=p/p_0$。纯水的$A_w=1$，各种微生物在$A_w=0.63\sim0.99$的培养条件下生长。

微生物必须在较高的A_w环境中生长繁殖，A_w太低时，微生物生长迟缓、代谢停止，甚至死亡。但不同的微生物，其生长的最适A_w不同，即最低的水分活性区域不同。细菌的最低A_w值见表3-4。

表 3-4　一些微生物生长的最低水活度

微生物类群		最低水活度	微生物类群		最低水活度
细菌	大肠杆菌	0.935～0.960	霉菌	黑曲霉	0.88
	沙门菌	0.945		灰绿曲霉	0.78
	枯草芽孢杆菌	0.950	酵母菌	假丝酵母	0.94
	盐杆菌	0.750		裂殖酵母	0.93

细胞内溶质浓度与细胞外溶质浓度（如 0.85%NaCl 溶液）相等时的状态，称为等渗状态；溶液的溶质浓度高于胞内溶质浓度，则称为高渗溶液，能在此环境中生长的微生物，称为耐高渗微生物。当溶质浓度很高时，细胞就会脱水，发生质壁分离，甚至死亡。盐渍（5%～30%食盐）和蜜饯（30%～80%糖）可以抑制或杀死微生物，这是一些常用食品保存法的依据；若溶液的溶质浓度低于胞内容质浓度，则称为低渗溶液，微生物在低渗溶液中，水分向胞内转移，细胞膨胀，甚至胀破。这是低渗破碎细胞法（通常将洗净并离心得到的菌体投入 80 倍预冷的 $MgCl_2$ 溶液中，剧烈搅拌，使细胞内容物释放到溶液中）的原理，该方法对细胞壁较牢固的革兰阳性菌不适用。

干燥环境（A_w<0.60～0.70）条件下，多数微生物代谢停止，处于休眠状态，严重时引起脱水，蛋白质变性，甚至死亡，这是干燥条件能保存食品和物品、防止腐败和霉变的原理，同时，这也是微生物菌体保藏技术的依据之一。不同微生物在不同的生长时期对干燥的抵抗能力不同。酵母菌失去水后可保存数个月；产荚膜的菌比不产荚膜的菌对干燥的抵抗力强；小型、厚壁细胞的微生物比长型、薄壁细胞的微生物抗干燥能力强；芽孢、孢子抗干燥的能力比营养细胞强。

影响微生物对干燥抵抗力的因素较多，干燥时温度升高，微生物容易死亡，微生物在低温下干燥时，抵抗力强，所以，干燥后存活的微生物若处于低温下，可用于保藏菌种；干燥的速度快，微生物抵抗力强，缓慢干燥时，微生物死亡多；微生物在真空干燥时，在加保护剂（血清、血浆、肉汤、蛋白胨、脱脂牛乳）的菌悬液中，分装在安瓿内，低温下可保持长达数年甚至 10 年的生命力。

（3）pH　微生物生长的 pH 范围极广，一般在 pH2～8 之间，有少数种类还可超出这一范围，事实上，绝大多数种类都生长在 pH5～9 之间。

不同的微生物都有其最适生长 pH 和一定的 pH 范围，即最高、最适与最低三个数值，在最适 pH 范围内微生物生长繁殖速度快，在最低或最高 pH 的环境中，微生物虽然能生存和生长，但生长非常缓慢而且容易死亡。一般霉菌能适应的 pH 范围最大，酵母菌适应的范围较小，细菌最小。霉菌和酵母菌生长最适 pH 都在 5.0～6.0，而细菌的生长最适 pH 在 7.0 左右。一些最适生长 pH 偏于碱性范围内的微生物，有的是嗜碱性，称嗜碱性微生物，如硝化菌、尿素分解菌、根瘤菌和放线菌等；有的不一定要在碱性条件下生活，但能耐较碱性的条件，称耐碱微生物，如链霉菌等。生长 pH 偏于酸性范围内的微生物也有两类，一类是嗜酸微生物，如硫杆菌属等，另一类是耐酸微生物，如乳酸杆菌、醋酸菌、许多肠杆菌和假单胞菌等。

微生物在其代谢过程中，细胞内的 pH 相当稳定，一般都接近中性，保护了核酸不被破坏以及酶的活性；但微生物会改变环境的酸碱度，使培养基的原始 pH 发生变化。发生的原因为：糖类和脂肪代谢产酸，蛋白质代谢产碱，以及其他物质代谢产生酸或碱。一般随着培养时间的延长，培养基会变得较酸，碳氮比例高的培养基，如培养真菌的培养基，经培养后其 pH 常会明显下降，而碳氮比例低的培养基，如培养一般细菌的培养基，经培养后，其

pH 常会明显上升。

在发酵工业中，及时地调整发酵液的 pH，有利于积累代谢产物，这是生产中一项重要措施。可作为氮源的物质有尿素、硝酸钠、NH_4OH 或蛋白质，可作为碳源的物质是糖、乳酸、油脂等。pH 调节措施是过酸时加氢氧化钠、碳酸钠等碱中和；过碱时加硫酸、盐酸等酸中和。

强酸和强碱都具有杀菌力。强酸如硫酸、盐酸杀菌力强，但腐蚀性大，因此生产上不宜作消毒剂。食品中应用的酸类防腐剂常常是有机酸或有机酸盐类，要求对人体无毒，并且不影响食品应有的风味，加入的量应严格按国标标准执行；强碱浓度越高杀菌力越强，食品工业中常将石灰水、氢氧化钠、碳酸钠等用于环境、加工设备、冷藏库以及包装材料如啤酒玻璃瓶等的灭菌。

(4) 氧气 氧气对微生物的生命活动有着重要影响。按照微生物与氧气的关系，可把它们分成好氧菌和厌氧菌两大类。好氧菌又分为专性好氧菌、兼性厌氧菌和微好氧菌；厌氧菌分为专性厌氧菌和耐氧菌。

① 专性好氧菌。必须在有分子氧的条件下才能生长，有完整的呼吸链，以分子氧作为最终氢受体，细胞有超氧化物歧化酶（SOD）和过氧化氢酶。绝大多数真菌和许多细菌都是专性好氧菌，如米曲霉、醋酸菌、荧光假单胞菌、枯草芽孢杆菌和蕈状芽孢杆菌等。

② 专性厌氧菌。专性厌氧菌的特征是：分子氧存在对它们有毒，即使是短期接触空气，也会抑制其生长甚至导致其死亡；在空气或含 10% CO_2 的空气中，它们在固体或半固体培养基的表面上不能生长，只能在深层无氧或低氧化还原势的环境下才能生长；其生命活动所需能量是通过发酵、无氧呼吸、循环光合磷酸化等提供；细胞内缺乏 SOD 和细胞色素氧化酶，大多数还缺乏过氧化氢酶。常见的厌氧菌有罐头工业的腐败菌如肉毒梭状芽孢杆菌、嗜热梭状芽孢杆菌、拟杆菌属、双歧杆菌属以及各种光合细菌和产甲烷菌等。

一般绝大多数微生物都是好氧菌或兼性厌氧菌。厌氧菌的种类相对较少，但近年来已发现了越来越多的厌氧菌。关于厌氧菌的氧毒害机理曾有学者提出过，直到 1971 年在提出 SOD 的学说后，才有了进一步的认识。他们认为，厌氧菌缺乏 SOD，因此易被生物体内产生的超氧化物阴离子自由基毒害致死。

③ 耐氧菌。耐氧菌是一类可在分子氧存在时进行厌氧呼吸的厌氧菌，即它们的生长不需要氧，但分子氧存在对它们也无毒害。它们不具有呼吸链，仅依靠专性发酵获得能量。细胞内存在 SOD 和过氧化物酶，但没有过氧化氢酶。一般乳酸菌多数是耐氧菌，如乳链球菌、乳酸乳杆菌、肠膜明串珠菌和粪链球菌等，乳酸菌以外的耐氧菌如雷氏丁酸杆菌。

④ 兼性厌氧菌。在有氧或无氧条件下都能生长，但有氧的情况下生长得更好；有氧时进行好氧呼吸产能，无氧时进行发酵或无氧呼吸产能；细胞含 SOD 和过氧化氢酶。许多酵母菌和许多细菌都是兼性厌氧菌。例如酿酒酵母、大肠杆菌和普通变形杆菌等。

⑤ 微好氧菌。只能在较低的氧分压 $[(0.01 \sim 0.03) \times 101 \mathrm{kPa}$（正常大气压为 $0.2 \times 101 \mathrm{kPa})]$ 下才能正常生长的微生物。也是通过呼吸链以氧为最终氢受体而产能。例如霍乱弧菌、一些氢单胞菌、拟杆菌属和发酵单胞菌属。

第三节　微生物生长的控制

在环境中存在着各种微生物，有一部分对人类是有害的。它们通过多种方式，传播到合适的基质或生物对象上而给人类带来种种危害。例如，食品的霉腐变质，实验室中的微生物、动植物组织或细胞纯培养物的污染，培养基、生化试剂、生物制品或药物的变质，发酵工业中杂菌污染及噬菌体引起的倒罐，人和动植物受病源微生物的感染而患各种传染病等。因此，采取有效措施来杀灭或控制这些有害微生物具有重要的实践意义。

一、几个相关术语

1. 防腐

防腐是一种抑菌措施。利用一些理化因素使物体内外的微生物暂时处于不生长繁殖但又未死亡的状态。

防腐的方法主要有低温和干燥保藏、缺氧保鲜、高渗及加防腐剂抑菌。食品工业中常利用防腐剂防止食品变质，如面包、蛋糕和月饼的防霉剂，酸性食品用苯甲酸钠、山梨酸钾、山梨酸钠防腐，或利用低温、干燥、盐腌和糖渍、高酸度等来防腐。

2. 消毒

消毒是指利用某些理化方法杀死物体表面或内部所有对人体或动植物有害的病原菌，而对被消毒的对象基本无害的措施。例如将物体在 100℃ 煮沸 10min 或 60~70℃ 加热 30min，就可达到杀死病原菌的营养体，但芽孢杀不死。食品加工厂的厂房和加工工具都要进行定期的消毒，严格地讲操作人员的手也要进行消毒。具有消毒作用的物质称为消毒剂。

3. 灭菌

灭菌是指用物理或化学的方法，使存在于物体中的所有生活微生物，永久性地丧失其生活力，包括耐热的细菌芽孢。这是一种彻底的杀菌方法。商业灭菌是从商品角度对某些食品所提出的灭菌方法。就是指食品经过杀菌处理后，按照所规定的微生物检验方法，在所检食品中无活的微生物检出，或者仅能检出极少数的非病原微生物，并且它们在食品保藏过程中是不可能进行生长繁殖的。

在食品工业中，常用"杀菌"这个名词包括上述所称的灭菌和消毒，如牛奶的杀菌是指消毒；罐藏食品的杀菌是指商业灭菌。

4. 化疗

化疗即化学治疗，是指利用具有高度选择毒力的化学物质对生物体内部被微生物感染的组织或病变细胞进行治疗，以杀死组织内的病原微生物或病变细胞，但对机体本身无毒害作用的治疗措施。用于化学治疗目的的化学物质称为化学治疗剂，包括磺胺类等化学合成药物、抗生素、生物药物素和若干中草药中的有效成分等。

由于不同微生物的生物学特性不同，因此，对各种理化因子的敏感性不同。同一因素不同剂量对微生物的效应也不同，或者起灭菌作用，或者起防腐作用。在了解和应用任何一种理化因素对微生物的抑制或致死作用时，还应考虑多种因素的综合效应。

二、物理因素对微生物生长的控制

加热的温度越高，微生物的抗热力越弱，越容易死亡，加热的时间越长，热致死作用越大。在一定高温范围内，温度越高杀死微生物所需时间越短。食品加工过程中常常利用加热进行消毒和灭菌。

视频：无菌
灭菌技术

1. 高温灭菌

食品工业中常用的灭菌方法较多，大的分类为干热灭菌法和湿热灭菌法，湿热灭菌法主

要是通过热蒸汽杀死微生物，由于热蒸汽的穿透力较热空气强，故无论是对芽孢杆菌或无芽孢杆菌在同一温度下效果都比干热法好。

(1) 干热灭菌法

① 火焰灭菌法。特点是灭菌快速、彻底。常用于接种工具和污染物品的灭菌，如微生物接种时使用的接种环，就是用火焰灭菌法灭菌。使用范围受限。

② 干热空气灭菌法。主要在干燥箱中利用热空气进行灭菌。通常 160℃ 处理 2h 即可达到灭菌的目的。适用于玻璃器皿、金属用具等耐热物品的灭菌。

(2) 湿热灭菌法

① 煮沸消毒法。物品在 100℃ 水中煮沸 15min 以上，可杀死细菌的营养细胞和部分芽孢，如在水中加入 1‰ 碳酸钠或 2%～5% 苯酚，则效果更好。这种方法适用于注射器、解剖用具等的消毒。

② 巴氏灭菌。灭菌的温度一般在 60～85℃，处理 15～30min，可以杀死微生物的营养细胞，但不能达到完全灭菌的目的，用于不适于高温灭菌的食品，如牛乳、酱腌菜类、果汁、啤酒、果酒和蜂蜜等，其主要目的是杀死其中无芽孢的病原菌（如牛奶中的结核杆菌或沙门杆菌），而又不影响食品的风味。

③ 超高温瞬时灭菌法。灭菌的温度在 135～137℃，时间 3～5s，可杀死微生物的营养细胞和耐热性强的芽孢细菌，但污染严重的鲜乳需要在 142℃ 以上时才有较好的杀菌效果。超高温瞬时灭菌法现广泛用于各种果汁、牛乳、花生乳、酱油等液态食品的杀菌。

④ 高压蒸汽灭菌法。高压蒸汽灭菌法是实验室和罐头工业中常用的灭菌方法。高压蒸汽灭菌是在高压蒸汽锅内进行的，锅有立式和卧式两种，原理相同，锅内蒸汽压力升高时，温度升高。一般采用 $9.8×10^4Pa$ 的压力，121.1℃ 处理 15～30min，也有采用较低温度（115℃）下维持 30min 左右，均可达到杀菌目的。罐头工业中要根据食品的种类和杀菌的对象、罐装量的多少等决定杀菌方式。实验室常用于培养基、各种缓冲液、玻璃器皿及工作服等的灭菌。

⑤ 间歇灭菌法。间歇灭菌法是用流通蒸汽反复灭菌的方法，常常温度不超过 100℃，每日一次，加热时间为 30min，连续三次灭菌，杀死微生物的营养细胞。每次灭菌后，将灭菌的物品在 28～37℃ 培养，促使芽孢发育成为繁殖体，以便在连续灭菌中将其杀死。

2. 辐射

利用辐射进行灭菌消毒，可以避免高温灭菌或化学药剂消毒的缺点，所以应用越来越广，目前主要应用在以下几个方面。

① 接种室、手术室、食品和药物包装室常应用紫外线杀菌。

② 应用 β 射线为食品表面杀菌，γ 射线用于食品内部杀菌。经辐射后的食品，因大量微生物被杀灭，再用冷冻保藏，可使保存期延长。

3. 过滤

采用机械方法，设计一种滤孔比细菌还小的筛子，做成各种过滤器。通过过滤，只让液体培养基从筛子中流下，而把各种微生物菌体留在筛子上面，从而达到除菌的目的。这种灭菌方法适用于一些对热不稳定的体积小的液体培养基的灭菌以及气体的灭菌。它的最大优点是不破坏培养基中各种物质的化学成分。但是比细菌还小的病毒仍然能留在液体培养基内，有时会给实验带来一定的麻烦。

三、常用控菌的化学方法

一般化学药剂无法杀死所有的微生物，而只能杀死其中的病原微生物，所以是起消毒剂的作用，而不是灭菌剂。

消毒剂是能迅速杀灭病原微生物的药物。防腐剂能抑制或阻止微生物生长繁殖。一种化学药物是杀菌还是抑菌，常不易严格区分。消毒剂在低浓度时也能杀菌（如 1：1000 硫柳汞）。由于消毒防腐剂没有选择性，因此对一切活细胞都有毒性，不仅能杀死或抑制病原微生物，而且对人体组织细胞也有损伤作用，所以只能用于体表、器械、排泄物和周围环境的消毒。常用的化学消毒剂有苯酚、来苏水（甲醛溶液）、氯化汞、碘酒、乙醇等。

第四节 微生物的代谢

代谢（metabolism）是微生物细胞与外界环境不断进行物质交换的过程，即微生物细胞不停地从外界环境中吸收适当的营养物质，在细胞内合成新的细胞物质并储存能量，这是微生物生长繁殖的物质基础，同时它又把衰老的细胞和不能利用的废物排出体外。因而它是细胞内各种生物化学反应的总和。由于代谢活动的正常进行，保证了微生物的生长繁殖，如果代谢作用停止，微生物的生命活动也就停止。因此代谢作用与微生物细胞的生存和发酵产物的形成紧密相关。微生物的代谢包括能量代谢和物质代谢两部分。

一、微生物的能量代谢

微生物进行生命活动时需要能量，如微生物细胞的主动运输、生物合成、细胞分裂、鞭毛运动等都要利用能量。它主要是通过生物氧化而获得能量。所谓生物氧化就是发生在细胞内的一系列产能性的氧化反应总和，即物质在细胞内经过一系列的连续的氧化还原反应，逐步分解并释放能量的过程，这是一个产能代谢过程。

1. 微生物的生物氧化（呼吸）类型

根据底物在进行氧化时脱下的氢和电子受体的不同，微生物的呼吸可分为三个类型，即好氧呼吸、厌氧呼吸和发酵。

（1）好氧呼吸 以分子氧作为最终电子受体的生物氧化过程称为好氧呼吸。它是许多异养型好氧微生物和兼性厌氧微生物在有氧条件下的主要产能方式。微生物通过有氧呼吸可以将有机物基质彻底氧化，产生大量的能量。以葡萄糖为例，葡萄糖通过 EMP 途径和 TCA 循环被彻底氧化成二氧化碳和水，生成 38 个 ATP，化学反应式为：

$$C_6H_{12}O_6+6O_2+38ADP+38Pi \longrightarrow 6CO_2+6H_2O+38ATP$$

（2）厌氧呼吸 以无机氧化物作为最终电子受体的生物氧化过程称为厌氧呼吸。在无氧条件下，一些厌氧和兼性厌氧微生物可以通过无氧呼吸获得生长所需的能量，但最终电子受体是含氧的无机盐类，如硝酸盐、亚硝酸盐、硫酸盐、碳酸盐以及 CO_2 或延胡索酸等有机物，而不是自由的氧分子。

（3）发酵作用 把电子供体和最终电子受体都是有机化合物的生物氧化过程称为发酵作用。在发酵过程中，有机物质既是被氧化的基质，又是最终的电子受体，由于发酵作用不能使基质彻底氧化分解，因此发酵的产能水平很低，大部分能量仍储存在发酵产物中。

2. 生物氧化链

微生物从呼吸底物脱下的氢和电子向最终受氢（电子）体转移的过程中，要经过一系列的中间传递体，这些中间传递体按一定顺序排列成链，最终将电子传递给氧，这称为生物氧化链，也称为呼吸链或电子传递链。它主要由脱氢酶、辅酶 Q 和细胞色素等组成。生物氧化链主要存在于真核微生物的线粒体中，在原核微生物中，则和细胞膜及中间体结合在一起。它的主要功能是传递氢和电子，同时在电子传递过程中释放能量合成 ATP。

3. ATP 的产生

生物氧化为微生物的生命活动获得了能量，而 ATP 的产生就是电子从供体经呼吸链至最终电子受体的结果。ATP 是微生物体内能量的主要传递者。当微生物获得能量后，首先是将它们转换成 ATP。当需要能量时，ATP 分子上的高能键水解，重新释放能量，并可重新储存。因此 ATP 对于微生物的生命活动具有重大的意义。

利用光能合成 ATP 的反应，称为光合磷酸化。利用生物氧化过程中释放的能量合成 ATP 的反应，称为氧化磷酸化。氧化磷酸化作用在生物体内普遍存在，光合磷酸化仅限于光合生物中才有。微生物通过氧化磷酸化生成 ATP 的方式有底物水平磷酸化和电子传递磷酸化两种。

二、微生物的分解代谢

微生物的物质代谢由分解代谢和合成代谢两个过程组成。分解代谢是指细胞将大分子物质分解成简单的小分子物质，并在这个过程中产生能量。合成代谢是指细胞利用简单的小分子物质合成复杂大分子物质，在这个过程中要消耗能量。合成代谢利用的小分子物质来源于分解代谢过程中产生的中间产物或环境中的小分子营养物质。

1. 微生物的分解代谢途径

由于分解代谢能释放出能量供细胞生命活动，因此，微生物只有进行旺盛的分解代谢才能更多地合成微生物细胞物质，并提高其生长繁殖的速率。由此可见，分解作用在物质代谢中是十分重要的。

在自然界中维持微生物生命活动的有机物是纤维素、淀粉等糖类物质，它们也是地球上最丰富的有机物质。人们在利用微生物进行食品加工和工业发酵时，也是以糖类物质为主要的碳源和能源物质。因此，微生物的糖代谢是微生物分解代谢的一个重要方面。

(1) 糖酵解途径（embden meverhef parnus pathway）　糖酵解途径简称 EMP 途径，也叫己糖双磷酸降解途径。这个途径的特点是当葡萄糖转化成 1,6-二磷酸果糖后，在果糖二磷酸缩醛酶的作用下，裂解为 3-磷酸甘油醛和磷酸二羟丙酮，再由此转化为 2 分子丙酮酸。EMP 途径由连续的 4 个阶段组成。

第一阶段：磷酸己糖的生成。这一阶段包括以下四步反应。

① 葡萄糖在己糖激酶的催化下，生成 1-磷酸葡萄糖，同时消耗 1 分子的 ATP。

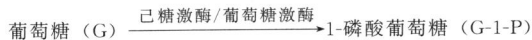

$$葡萄糖（G）\xrightarrow{\text{己糖激酶/葡萄糖激酶}} 1\text{-磷酸葡萄糖（G-1-P）}$$

由葡萄糖催化生成 1-磷酸葡萄糖的反应是一步耗能的不可逆反应，为糖酵解的第一个限速反应。己糖激酶（葡萄糖激酶）是糖酵解反应的第一个关键酶。葡萄糖进入细胞首先进行磷酸化，可使葡萄糖不能自由通过细胞膜而逸出细胞，为葡萄糖在细胞内的代谢做好了物质准备。

② 1-磷酸葡萄糖在磷酸葡萄糖变位酶的催化下，生成 6-磷酸葡萄糖。

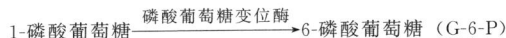

$$1\text{-磷酸葡萄糖}\xrightarrow{\text{磷酸葡萄糖变位酶}} 6\text{-磷酸葡萄糖（G-6-P）}$$

③ 6-磷酸葡萄糖在己糖异构酶的催化下生成 6-磷酸果糖。

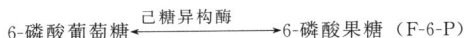

$$6\text{-磷酸葡萄糖}\xleftarrow{\text{己糖异构酶}} 6\text{-磷酸果糖（F-6-P）}$$

④ 6-磷酸果糖在磷酸果糖激酶的催化下生成 1,6-二磷酸果糖，同时消耗 1 分子 ATP。

$$6\text{-磷酸果糖} \xrightarrow[\text{ATP} \quad \text{ADP}]{\text{磷酸果糖激酶}} 1,6\text{-二磷酸果糖}$$

这是糖酵解过程的第二个限速反应，磷酸果糖激酶是糖酵解的第二个关键酶。

糖酵解的第一阶段是耗能的反应过程。从葡萄糖开始，每分子的葡萄糖生成 1 分子的 1,6-二磷酸果糖，需消耗 2 分子的 ATP。

第二阶段：1,6-二磷酸果糖降解为 3-磷酸甘油醛。这一阶段包括以下两步反应。

① 1,6-二磷酸果糖在缩醛酶的催化下，裂解为磷酸二羟丙酮和 3-磷酸甘油醛。此步反应是可逆的。

$$1,6\text{-二磷酸果糖} \xleftarrow{\text{缩醛酶}} \text{磷酸二羟丙酮} + 3\text{-磷酸甘油醛}$$

② 3-磷酸甘油醛和磷酸二羟丙酮是同分异构体，在磷酸丙糖异构酶催化下可互相转变。

$$3\text{-磷酸甘油醛} \xleftarrow{\text{磷酸丙糖异构酶}} \text{磷酸二羟丙酮}$$

第三阶段：由 3-磷酸甘油醛生成 2-磷酸甘油酸。这一阶段包括以下三步反应。

① 在 3-磷酸甘油醛脱氢酶的催化下，将 3-磷酸甘油醛的醛基氧化成羧基，同时也将羧基中的羟基磷酸化。

$$3\text{-磷酸甘油醛} \xleftarrow[\text{NAD}^+ + \text{Pi} \quad \text{NADH}_2]{\text{3-磷酸甘油醛脱氢酶}} 1,3\text{-二磷酸甘油酸}$$

② 1,3-二磷酸甘油酸在磷酸甘油激酶的催化下，将其高能磷酸键从羧基上转移到 ADP 上，形成 ATP 和 3-磷酸甘油酸。

$$1,3\text{-二磷酸甘油酸} \xrightarrow[\text{ADP} \quad \text{ATP}]{\text{磷酸甘油激酶}} 3\text{-磷酸甘油酸}$$

此反应是糖酵解途径中第一个产生 ATP 的反应。该反应属于底物水平磷酸化。

③ 3-磷酸甘油酸在磷酸甘油酸变位酶的催化下，将磷酸基从它的 C3 位转移到 C2 位，形成 2-磷酸甘油酸。在催化反应中 Mg^{2+} 参加是必需的，该反应是可逆的。

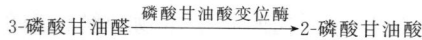

$$3\text{-磷酸甘油酸} \xrightarrow{\text{磷酸甘油酸变位酶}} 2\text{-磷酸甘油酸}$$

第四阶段：2-磷酸甘油酸转变为丙酮酸。这一阶段包括以下两步反应。

① 2-磷酸甘油酸在烯醇化酶的催化下生成磷酸烯醇式丙酮酸。反应中脱去水的同时也引起了分子内部能量的重新分配，形成一个高能磷酸键，为下一步反应做准备。

② 磷酸烯醇式丙酮酸在丙酮酸激酶的催化下，转变为丙酮酸。

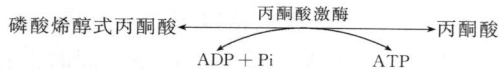

$$\text{磷酸烯醇式丙酮酸} \xrightarrow[\text{ADP} + \text{Pi} \quad \text{ATP}]{\text{丙酮酸激酶}} \text{丙酮酸}$$

反应中磷酸烯醇式丙酮酸将高能磷酸键转移给 ADP 生成 ATP，这是糖酵解途径中的第二次底物水平磷酸化。

此步反应是糖酵解途径中的第三个限速反应，丙酮酸激酶是糖酵解途径中的第三个关键酶。

糖酵解途径的全部反应见图 3-2。

总的反应式为：

$$C_6H_{12}O_6 + 2NAD + 2(ADP+Pi) \longrightarrow 2CH_3COCOOH + 2ATP + 2NADH_2$$

糖酵解途径是微生物的一条重要的糖代谢通路。糖酵解途径中生成的丙酮酸是糖的无氧酵解和有氧分解的交叉点。在缺氧的情况下，丙酮酸被还原为乳酸；在有氧的情况下，进入 TCA 循环，丙酮酸被彻底氧化为二氧化碳和水，并生成 ATP。

(2) 三羧酸循环（tricarboxylic acid cycle） 三羧酸循环简称 TCA 循环。TCA 循环是

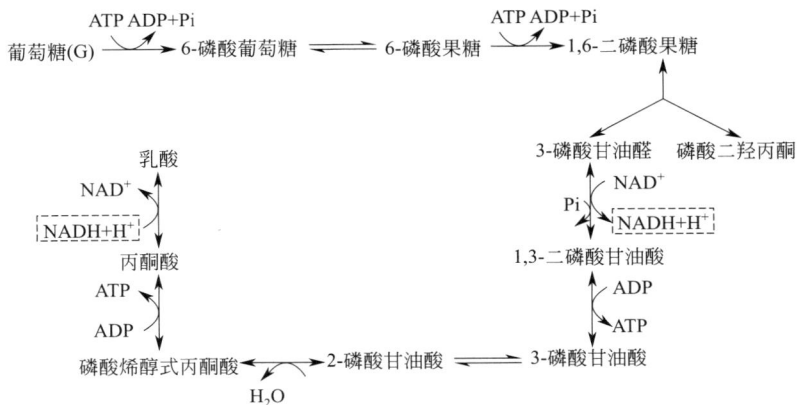

图 3-2 糖酵解途径

在细胞的线粒体中进行的，它由一连串的反应组成。TCA 循环的反应如下。

① 乙酰辅酶 A 与草酰乙酸缩合形成柠檬酸。

$$乙酰辅酶 A + 草酰乙酸 \xrightarrow{柠檬酸合成酶} 柠檬酸$$

在柠檬酸合成酶的催化下，乙酰辅酶 A 中的乙酰基与草酰乙酸发生缩合反应，生成三羧酸循环中的第一个三羧酸——柠檬酸。该步反应为不可逆反应，是三羧酸循环中的第一个限速步骤，柠檬酸合成酶为三羧酸循环中的第一个关键酶。

② 柠檬酸异构化生成异柠檬酸。

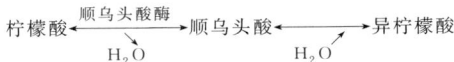

$$柠檬酸 \xrightarrow[H_2O]{顺乌头酸酶} 顺乌头酸 \xrightarrow[H_2O]{} 异柠檬酸$$

柠檬酸在顺乌头酸酶的催化下，经过脱水形成第二个三羧酸——顺乌头酸，后者再经加水形成第三个三羧酸——异柠檬酸。

③ 异柠檬酸氧化脱羧生成 α-酮戊二酸。

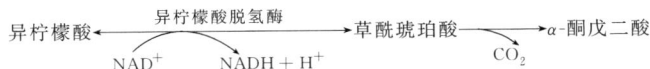

$$异柠檬酸 \xrightarrow[NAD^+ \quad NADH + H^+]{异柠檬酸脱氢酶} 草酰琥珀酸 \xrightarrow[CO_2]{} \alpha\text{-}酮戊二酸$$

异柠檬酸在异柠檬酸脱氢酶的催化下生成草酰琥珀酸，后者迅速脱羧生成 α-酮戊二酸。反应中脱下的氢由 NAD^+ 接受形成 $NADH + H^+$ 进入呼吸链，氧化成 H_2O，释放出 ATP。

此步反应是三羧酸循环中的第一次氧化脱羧反应，也是三羧酸循环中的第二个限速步骤，异柠檬酸脱氢酶是三羧酸循环中的第二个关键酶。

④ α-酮戊二酸在 α-酮戊二酸氧化脱羧酶系的催化下，氧化脱羧生成琥珀酰辅酶 A。

$$\alpha\text{-}酮戊二酸 + CoASH \xrightarrow[NAD^+ \quad NADH + H^+ \quad CO_2]{\alpha\text{-}酮戊二酸氧化脱氢酶系} 琥珀酰辅酶 A$$

此步反应是三羧酸循环中的第二个氧化脱羧反应，也是三羧酸循环中的第三个限速步骤，α-酮戊二酸氧化脱羧酶系是三羧酸循环中的第三个关键酶。

⑤ 琥珀酰辅酶 A 转化成琥珀酸。

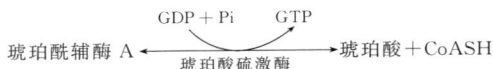

$$琥珀酰辅酶 A \xrightarrow[琥珀酸硫激酶]{GDP + Pi \quad GTP} 琥珀酸 + CoASH$$

琥珀酰辅酶 A 在琥珀酸硫激酶的催化下，高能硫酯键被水解生成琥珀酸，并使二磷酸鸟苷（GDP）磷酸化形成三磷酸鸟苷（GTP）。这是三羧酸循环中唯一的一次底物水平磷酸化。

⑥ 琥珀酸脱氢生成延胡索酸。

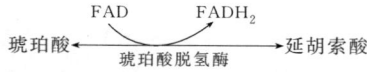

$$琥珀酸 \underset{琥珀酸脱氢酶}{\overset{FAD \quad FADH_2}{\longleftrightarrow}} 延胡索酸$$

琥珀酸在琥珀酸脱氢酶的催化下生成延胡索酸，反应中氢的受体是琥珀酸脱氢酶的辅酶
FAD。这是三羧酸循环中的第三次脱氢反应。

⑦ 延胡索酸在延胡索酸酶的催化下，加水生成苹果酸。此反应为可逆反应。

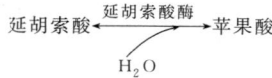

$$延胡索酸 \underset{H_2O}{\overset{延胡索酸酶}{\longleftrightarrow}} 苹果酸$$

⑧ 苹果酸在苹果酸脱氢酶催化下，脱氢生成草酰乙酸。

$$苹果酸 \underset{苹果酸脱氢酶}{\overset{NAD^+ \quad NADH+H^+}{\longleftrightarrow}} 草酰乙酸$$

TCA 循环的总反应式如下：

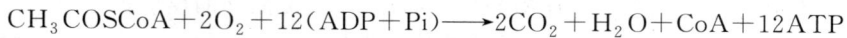

$$CH_3COSCoA + 2O_2 + 12(ADP+Pi) \longrightarrow 2CO_2 + H_2O + CoA + 12ATP$$

TCA 循环产生能量水平很高，每氧化 1 分子的乙酰辅酶 A，可产生 12 分子的 ATP。
TCA 循环的代谢过程见图 3-3。

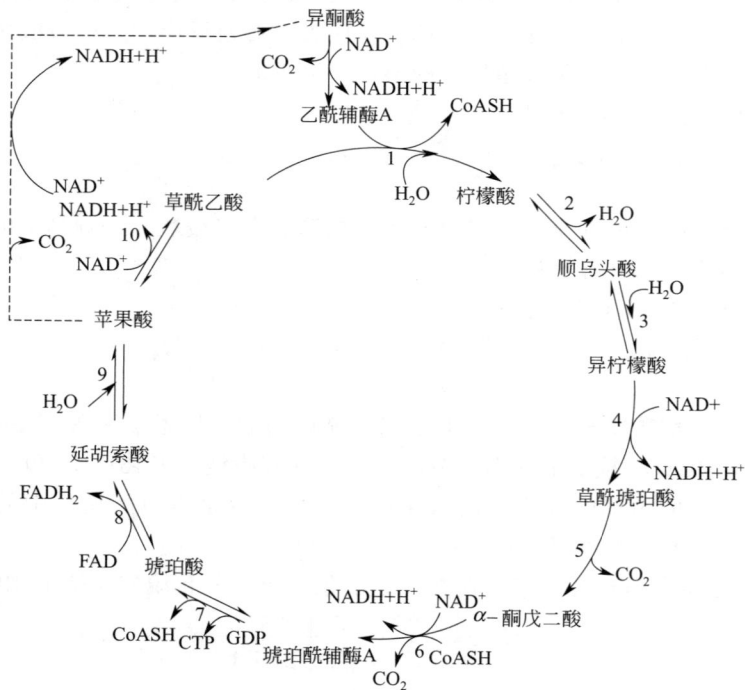

图 3-3　三羧酸循环

综上所述，葡萄糖经 EMP 途径和 TCA 循环彻底氧化成 CO_2 和 H_2O 的全部过程如
下述。

① $C_6H_{12}O_6 + 2NAD + 2(ADP+Pi) \longrightarrow 2CH_3COCOOH + 2ATP + 2NADH_2$

$\qquad 2NADH_2 + O_2 + 6(ADP+Pi) \longrightarrow 2NAD + 2H_2O + 6ATP$

② $2CH_3COCOOH + 2NAD + 2CoA \longrightarrow 2CH_3COSCoA + 2NADH_2$

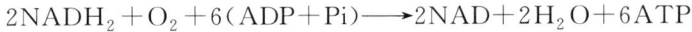

$$2NADH_2 + O_2 + 6(ADP + Pi) \longrightarrow 2NAD + 2H_2O + 6ATP$$

③ $2CH_3COSCoA + 4O_2 + 24(ADP + Pi) \longrightarrow 4CO_2 + 2H_2O + 2CoA + 24ATP$

总反应式为：

$$C_6H_{12}O_6 + 6O_2 + 38(ADP + Pi) \longrightarrow 6CO_2 + 6H_2O + 38ATP$$

由此可知，1mol 葡萄糖彻底氧化为 CO_2 和 H_2O，净生成 38mol 的 ATP，其中 24mol 是在三羧酸循环中产生的。

(3) 磷酸戊糖途径（pentose phosphate pathway）　葡萄糖经磷酸化脱氢生成 6-磷酸葡萄糖后，在 6-磷酸葡萄糖脱氢酶的作用下，再次脱氢降解为 CO_2 和磷酸戊糖。磷酸戊糖进一步代谢生成磷酸己糖和磷酸丙糖，磷酸丙糖再经 EMP 循环转为丙酮酸。也就是说，葡萄糖是在单磷酸己糖的基础上降解的，因此，常称为磷酸己糖旁路途径。又因所生成的磷酸戊糖可以重新组成磷酸己糖形成循环反应，所以又常被称为磷酸戊糖循环。

2. 多糖的分解

(1) 淀粉的分解　淀粉是被多种微生物用作碳源的原料。它是葡萄糖的多聚物。一些真菌常以淀粉的形式储存多糖，而一些细菌能以糖原的形式储存多糖，但它们必须被相应的胞内消化酶降解后，才能作为营养物质被利用。微生物对淀粉的分解是由其分泌的淀粉酶催化进行的。许多微生物都能分泌胞外淀粉酶，将其生活环境中的淀粉水解成麦芽糖或葡萄糖后加以吸收和利用。微生物所分泌的淀粉酶有多种类型，它们作用于淀粉的方式也有所不同。

(2) 纤维素分解　纤维素也是由 D-葡萄糖构成的多糖，但多糖间通过 β-1,4-糖苷键相连接，形成线状的长链结构，是不具分支的大分子化合物。纤维素广泛存在于自然界，并具有高度的不溶性和很强的结构稳定性。自然界中只有为数不多的生物能分解利用纤维素，并且主要是微生物，如木霉、青霉、曲霉、根霉等真菌以及某些放线菌和细菌。其主要原因是它们能产生纤维素酶，而人和动物均不能消化纤维素。

纤维素酶是一类纤维素水解酶的总称，它包括 C_1 酶、C_x 酶和纤维二糖酶。纤维素经这些酶作用后，再经 β-葡萄糖苷酶作用，最终水解为葡萄糖。

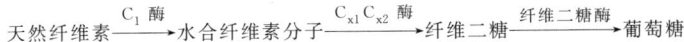

$$天然纤维素 \xrightarrow{C_1\text{酶}} 水合纤维素分子 \xrightarrow{C_{x1}C_{x2}\text{酶}} 纤维二糖 \xrightarrow{纤维二糖酶} 葡萄糖$$

生产纤维素酶的微生物主要有绿色木霉、木素木霉以及某些放线菌和细菌。纤维素酶的开发和应用，对开辟食品和发酵工业原料的新来源，提高饲料的营养价值及综合利用农副产品等方面具有重要的经济意义。

3. 蛋白质的分解

蛋白质是由氨基酸组成的结构复杂的大分子化合物。它们不能直接进入细胞。微生物利用蛋白质，首先是在胞外分泌蛋白酶，将其分解为大小不等的多肽或氨基酸等小分子化合物再进入细胞。

许多霉菌都具有较强的蛋白质分解能力。例如，某些毛霉、根霉、曲霉、青霉、镰刀菌等都能分泌胞外蛋白酶，将基质中的天然蛋白质分解利用。食品工业中生产酱油、豆腐、腐乳等调味品时，就是利用一些霉菌分解蛋白质的能力。

产生蛋白酶的微生物有细菌、放线菌、霉菌等。不同的菌种可以产生不同的蛋白酶，如黑曲霉产生酸性蛋白酶、短小芽孢杆菌产生碱性蛋白酶。不同的微生物也可能产生相同的蛋白酶，同一种微生物也可产生多种性质不同的蛋白酶。

蛋白质被分解成氨基酸并被微生物吸收后，可直接作为蛋白质合成的原料；也可被微生物进一步分解后，通过各种代谢途径加以利用。氨基酸的分解方式主要有脱氨作用和脱羧作用。

三、微生物的合成代谢

微生物利用能量代谢所产生的能量、中间产物以及从外界吸收的小分子物质合成复杂的细胞物质的过程称为合成代谢。但微生物在进行合成代谢时，必须具备代谢能量、小分子前体物质和还原基三个基本条件，合成代谢才能正常进行。自养型微生物的合成代谢能力很强，它们利用无机物能够合成完全的自身物质。在食品工业中，涉及最多的是异养型微生物，这些微生物所需要的代谢能量、小分子前体物质及还原基都是从复杂的有机物中获得的，这同时也是微生物对营养物质的降解过程。

四、分解代谢与合成代谢的关系

分解代谢和合成代谢既有明显的差别，又紧密相关。分解代谢为合成代谢提供能量及原料，合成代谢又是分解代谢的基础，它们在生物体内是相互对立而又统一的，同时决定生命的存在与发展。图 3-4 说明了分解代谢与合成代谢之间的关系。

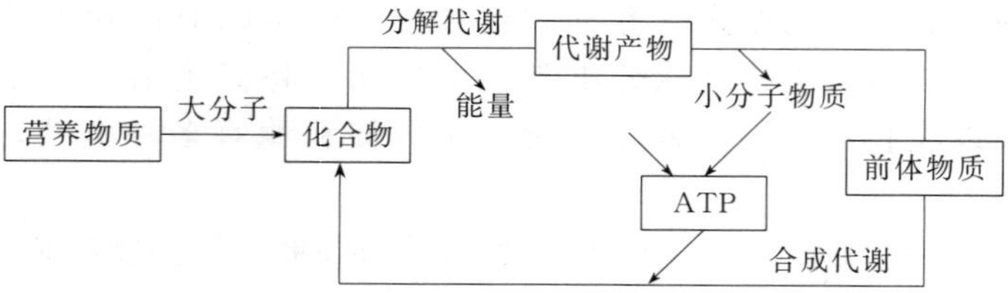

图 3-4 分解代谢与合成代谢之间的关系

五、微生物的初级代谢和次级代谢

1. 微生物初级代谢

初级代谢是指微生物从外界吸收各种营养物质，通过分解代谢和合成代谢，生成维持生命活动所需要的物质和能量的过程。这一过程的产物，如糖、氨基酸、脂肪酸、核苷酸以及由这些化合物聚合而成的高分子化合物，如多糖、蛋白质、酯类和核酸等，即为初级代谢产物。

由于初级代谢产物是微生物营养性生长所必需的，因此，在微生物活细胞中初级代谢途径是普遍存在的。

2. 微生物次级代谢

次级代谢是指微生物生长到一定时期，以初级代谢产物为前体物质，合成一些对微生物的生命活动无明显功能的物质的过程，这一过程的产物即次级代谢产物。次级代谢产物大多是一类分子结构较为复杂的含有苯环的化合物，如抗生素、激素、毒素、色素等。

六、食品工业中微生物发酵代谢途径

1. 细菌的乙酸发酵

以淀粉质或糖质等原料生产食醋或乙酸时，在微生物作用下先生成乙醇，然后醋酸菌在有氧条件下将乙醇氧化成乙酸。其过程分为两步，首先乙醇在乙醇脱氢酶或乙醇氧化酶的作用下，转化为中间产物乙醛，乙醛在乙醛脱氢酶的作用下转化为乙酸。

第一步：

$$CH_3CH_2OH \xrightarrow{\text{乙醇脱氢酶或乙醇氧化酶}} CH_3CHO$$

（乙醇）　　　　　　　　　　　　　　　（乙醛）

第二步：

$$CH_3CHO \xrightarrow{\text{乙醛脱氢酶}} CH_3COOH$$
$$\text{（乙醛）} \qquad\qquad \text{（乙酸）}$$

厌氧性的醋酸菌进行的是厌氧性的乙酸发酵，如热醋酸梭菌能通过 EMP 途径发酵葡萄糖，产生乙酸。厌氧性的乙酸发酵是我国酿造食醋的主要途径，好氧性的乙酸发酵不仅能生成乙酸，还可以经过提纯制成一种重要的化工原料——冰醋酸。

2. 霉菌的柠檬酸发酵

经微生物作用由葡萄糖合成柠檬酸的发酵途径是葡萄糖经 EMP 途径形成丙酮酸，再由两分子丙酮酸之间发生羧基转移，形成草酰乙酸和乙酰辅酶 A，这两种物质再缩合成柠檬酸。

柠檬酸是微生物好氧代谢途径的中间产物，正常情况下并不积累。为了积累柠檬酸，柠檬酸合成酶、磷酸烯醇式丙酮酸羧化酶和丙酮酸羧化酶的活性要强，乌头酸水合酶、异柠檬酸脱氢酶、异柠檬酸裂解酶、草酰乙酸水解酶等与柠檬酸和其底物草酰乙酸分解有关的酶的活性要弱。乌头酸水合酶失活是阻断 TCA 循环积累柠檬酸的必要条件之一。

能积累柠檬酸的霉菌以曲霉属、青霉属和橘霉属为主，其中黑曲霉、米曲霉、灰绿青霉、光橘霉、淡黄青霉等产酸量最高。柠檬酸发酵广泛用于制造柠檬酸盐、香精、饮料、糖果等，在食品工业中有非常重要的作用。

黑曲霉等霉菌通过深层液体发酵，可将薯干、玉米等廉价农产品中的淀粉转化为柠檬酸，其背后的关键机制在于霉菌代谢途径的调控：通过限制 Fe^{2+} 浓度、调节 pH 等工艺控制，阻断三羧酸循环，进而促使柠檬酸大量积累。我国是全球柠檬酸生产第一大国，年产量超 120 万吨，在国际市场上的占比超过 70%。

山东某生物科技公司利用基因编辑技术对黑曲霉菌株进行改造，成功将柠檬酸的产率提升了 15%，同时将发酵废渣（菌丝体）加工成蛋白饲料，实现"零废弃"生产。该技术入选国家《绿色技术推广目录》，每年减少废水排放 20 万吨，相当于保护了 3.5 万个家庭的年用水量。

我国科学家历时 10 年努力，成功攻克了高产菌株定向驯化技术，打破国外菌种垄断，使柠檬酸生产成本降低 40%。这一成果实现了"用微生物小细胞撬动产业大变革"的科技报国志向，有力地诠释了"核心技术自主可控"的战略意义，为我国相关产业的发展提供了坚实的技术支撑。

3. 酵母菌的乙醇发酵

乙醇发酵是酵母菌把可发酵性糖，经过细胞内酒化酶（从葡萄糖到乙醇的一系列生化反应中各种酶和辅酶的总称，属酵母的胞内酶）的作用，生成乙醇与 CO_2，然后通过细胞膜将这些产物排出体外的过程。由于乙醇酵母不含 α-淀粉酶和 β-淀粉酶等淀粉酶，所以它不能直接利用淀粉进行乙醇发酵。因此，在利用淀粉质为原料生产乙醇时，必须先把淀粉转化成可发酵性糖，才能被酵母菌利用。

乙醇发酵一般是不需要氧气的过程。酵母菌在无氧条件下，经 EMP 途径将葡萄糖分解成丙酮酸。丙酮酸在丙酮酸脱羧酶作用下脱羧生成乙醛和二氧化碳，乙醛在乙醇脱氢酶作用下还原生成乙醇。

$$CH_3COCOOH \xrightarrow{\text{脱羧酶}} CH_3CHO + CO_2$$

在乙醇脱氢酶的作用下，乙醛作为氢和电子受体被还原成乙醇。

$$CH_3CHO + NADH_2 \xrightarrow{\text{乙醇脱氢酶}} CH_3CH_2OH + NAD$$

至此，由葡萄糖开始进行的发酵总反应式为：

$$C_6H_{12}O_6 + 2ADP + 2Pi \longrightarrow 2CH_3CH_2OH + 2ATP + 2CO_2 + H_2O$$

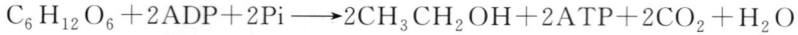

以上反应通常被称为酵母菌的第一型发酵，即乙醇发酵，其产物为乙醇和 CO_2，它是以碳水化合物为原料生产啤酒、葡萄酒和白酒，以及面团发酵生产面包的基础。

在亚硫酸氢钠存在时，由于亚硫酸氢钠能与乙醛起加成作用，生成难溶的结晶状亚硫酸钠加成物——磺化羟乙醛，使乙醛不能作为氢的受体，此时磷酸二羟丙酮作为氢受体生成 α-磷酸甘油，α-磷酸甘油在磷酸酯酶催化下被水解而生成甘油，这一过程被称为酵母菌的第二型发酵。

由此可知，酵母菌在不同条件下发酵结果是不相同的。这样我们可以通过控制环境条件来利用微生物的代谢活动有目的地生产所需产品。

4. 细菌的乳酸发酵

乳酸是细菌发酵常见的最终产物。在乳酸发酵过程中，发酵产物只有乳酸的称同型乳酸发酵；发酵产物中除乳酸外，还有乙醇、乙酸及 CO_2 等产物的称异型乳酸发酵。

(1) 同型乳酸发酵 乳酸菌在厌氧条件下将葡萄糖经 EMP 途径降解为丙酮酸，丙酮酸在乳酸脱氢酶的作用下，直接被还原成乳酸。

总反应式为：

$$C_6H_{12}O_6 + 2ADP + 2H_3PO_4 \longrightarrow 2CH_3CHOHCOOH + 2ATP$$

能进行同型乳酸发酵的细菌有乳酸链球菌、酪乳杆菌、保加利亚乳杆菌、德氏乳酸杆菌等。此外，丙酸细菌可以利用同型乳酸发酵的终产品——乳酸作为底物进行丙酸发酵，产物为丙酸和 CO_2。

(2) 异型乳酸发酵 乳酸菌经过磷酸戊糖途径将葡萄糖发酵产生 1 分子乳酸、1 分子乙醇和 1 分子 CO_2。图 3-5 为异型乳酸发酵机理。

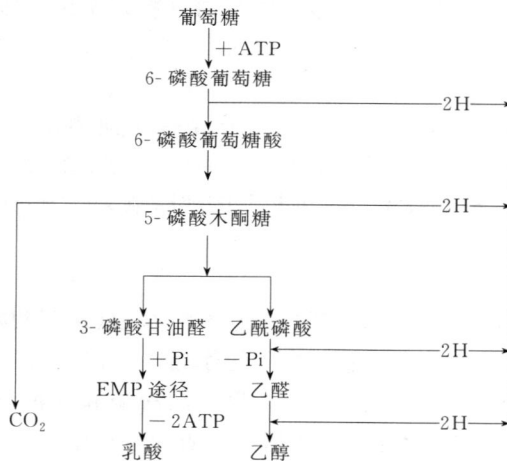

图 3-5 异型乳酸发酵机理

异型乳酸发酵的总反应式为：

$$C_6H_{12}O_6 + ADP + Pi \longrightarrow CH_3CHOHCOOH + CH_3CH_2OH + CO_2 + ATP$$

能进行异型乳酸发酵的细菌有肠膜明串球菌、葡萄糖明串球菌、短乳杆菌、番茄乳酸杆菌等。

由于每分子葡萄糖经异型乳酸发酵后只能产生 1 分子 ATP，因此其产能水平低于同型乳酸发酵。但也有例外，如双叉乳酸杆菌、两歧双歧乳酸菌等通过磷酸戊糖途径可将 2 分子葡萄糖发酵为 2 分子乳酸和 3 分子乙酸，并且产生 5 分子 ATP。

本章小结

微生物在自然界和人类活动中发挥作用的关键在于其通过生长繁殖而获得巨大的数量。而微生物营养物质是其生长繁殖数量与质量的根本保证；微生物的代谢作用是微生物生长繁殖的物质基础。

微生物细胞的化学组成同其他生物细胞一样，也是由各种复杂的化合物构成的，都含有碳、氢、氧、氮和各种矿物质元素，也都含有水分、碳水化合物、蛋白质、核酸、脂质、维生素、无机盐等物质，这些也是微生物生长繁殖所需的营养要素。

根据微生物所需的营养源，可将其分为自养微生物和异养微生物。根据微生物所利用的能源，可将微生物分为光能微生物和化能微生物。因而，可以把微生物的营养类型归纳为光能自养型、化能自养型、光能异养型和化能异养型四大类。

培养基是人工配制的适合于不同微生物生长繁殖或积累代谢产物的营养物质。它是研究微生物的形态构造、生理功能以及生产微生物制品等方面的物质基础。外界环境或培养基中的营养物质只有被微生物吸收到细胞内，才能被微生物逐步分解与利用。营养物质主要以单纯扩散、促进扩散、主动运输和基团转位四种方式透过微生物细胞膜。

微生物的个体生长是细胞物质按比例不可逆地增加，使细胞体积增大的生物学过程；繁殖是生长到一定阶段后，通过特定方式产生新的生命个体，使机体数量增加的生物学过程。测定微生物生长繁殖的方法有细胞数量的测定和细胞生物量的测定两种，其中细胞数量计数法包括直接计数法、比浊法、稀释平板计数法、液体稀释培养计数法和浓缩法；生长量法包括细胞干重法、总氮测定法、DNA含量测定法和代谢活性法。

微生物生长曲线是指单细胞微生物在密闭液体培养基中的群体生长规律，一般可分为停滞期（延滞期）、对数期、稳定期和衰亡期4个生长期。每种微生物的生长都有各自最适条件，营养物质的种类和浓度、水活性、温度、pH、氧气等环境因子高于或低于最适要求都会对微生物生长产生影响。

微生物的代谢是微生物细胞与外界环境不断进行物质交换的过程，即微生物细胞不停地从外界环境中吸收适当的营养物质，在细胞内合成新的细胞物质并储存能量，这是微生物生长繁殖的物质基础，同时它又把衰老的细胞和不能利用的废物排出体外。微生物的代谢分为物质代谢与能量代谢。在食品工业中利用微生物发酵代谢生产制品是非常普遍的。其中乙醇发酵机理、乙酸发酵机理、乳酸发酵机理和柠檬酸发酵机理是最典型的。

【知识拓展】

开水烫一下餐具能杀菌吗？

在日常生活中，人们常常用开水烫餐具，认为这样可以消毒杀菌，吃得更放心。然而，这种做法真的科学吗？实际上，仅靠开水烫餐具，并不能达到理想的杀菌效果。

病原微生物种类繁多，包括细菌、病毒、真菌和寄生虫等，它们对温度的耐受性各不相同。一般细菌在70～80℃水温下30min可全部死亡，100℃时，1～2min即可杀死致病菌或某些病毒。但细菌芽孢的耐热性更强，例如破伤风杆菌的芽孢可耐受180min，肉毒梭菌的芽孢可耐受330min。一些病毒的耐热性也很强，如乙型肝炎病毒煮沸10min才失去传染性，煮沸20min才能被杀死。

就餐时所使用的"开水"温度往往较低，可能达不到100℃。即使水温较高，很多人冲烫餐具的时间多在数秒到数十秒之间，达不到足够时长。研究表明，如果用 100℃ 的水烫餐具并且持续 30s 以上，对去除餐具上的细菌效果较为明显；但如果用 60℃ 以下的水冲烫餐具，作用就很微弱。因此，就餐前用"开水"烫餐具，并不能达到有效杀灭致病性微生物的效果。如何才能有效消毒餐具呢？常见的餐具消毒方法有物理消毒和化学消毒。物理消毒包括热水或沸水消毒、蒸汽消毒等。化学消毒则主要利用化学药品进行灭菌，如高锰酸钾、漂白粉等。

在外就餐时，选择正规餐厅是一个重要的保障。正规餐厅的卫生情况更有保障，餐具卫生合格率较高。此外，还可以通过观察消毒餐具的包装来辨别其是否合格。包装应干净、完整，且标注有厂家地址、联系电话、保质期等信息。如果餐具表面有附着物、杂质、油渍、泡沫或异味，则说明其卫生状况不佳。

除了外出就餐，家庭餐具的卫生同样重要。首先，餐具要定期消毒，可以采用煮沸消毒的方法，将餐具放入沸水中加热 15～20min，一般微生物可被杀死。还可以使用消毒柜进行消毒，按照说明书使用，一般应开启消毒柜 10min 以上。其次，筷子要定期更换，尤其是竹筷或木筷，使用时间过长容易滋生细菌，甚至会发霉。此外，刷碗后碗口应朝下放置，以防止残余的洗碗水滋生细菌。砧板的使用也要注意生熟分开，使用后及时悬挂晾干，避免发霉。最后，不要用洗碗布擦餐具，因为洗碗布容易滋生细菌，应使用干净的抹布。

总之，仅靠开水烫餐具并不能有效杀灭病原微生物，正确的餐具消毒方法和良好的卫生习惯才是保障饮食安全的关键。无论是外出就餐还是在家中用餐，我们都应该重视餐具的卫生，采取科学合理的消毒措施，以确保饮食安全。

【复习巩固】

一、填空题

1. 按照在微生物机体中的生理作用，营养物质可分成碳源、_____、_____、生长因子和水五大类。

2. 自养微生物以_____为唯一的碳源，而异养微生物的生长则至少需要有一种_____存在。

3. 微生物对营养物质的吸收主要以单纯扩散、_____、_____和基团转位四种方式透过微生物细胞膜。

4. 培养基按物理状态可分为液体培养基、_____、_____。

5. 培养基按根据营养成分划分天然培养基、_____、_____。

6. 一种最常用的活菌计数法是_____。

7. 微生物生长曲线可分延滞期（适应期）、_____、_____、衰亡期四个时期。

8. 获得细菌同步培养的方法主要有_____和_____两类。

9. 微生物的呼吸可分为_____、厌氧呼吸、发酵三个类型。

10. 糖酵解途径的关键酶有己糖激酶（葡萄糖激酶）、_____、丙酮酸激酶。

二、选择题

1. 下列哪种元素不是微生物细胞的主要组成元素？（　　　）

A. 碳　　　　　　B. 氢　　　　　　C. 钙　　　　　　D. 铁

2. 下列属于生长因子的是（　　　）。

A. 维生素　　　　B. 葡萄糖　　　　C. 蛋白质　　　　D. 水

3. 光能自养型微生物的碳源是 （　　　）。

A. CO_2　　　　　B. 有机物　　　　　C. 碳酸盐　　　　　D. 淀粉

4. 促进扩散与单纯扩散的主要区别是 （　　　）。

A. 物质运输方向　　　　　　　　　B. 是否需要能量

C. 是否需要载体蛋白　　　　　　　D. 物质分子结构是否改变

5. 下列培养基中，属于合成培养基的是 （　　　）。

A. 牛肉膏蛋白胨培养基　　　　　　B. 高氏一号培养基

C. 马铃薯蔗糖培养基　　　　　　　D. 麦芽汁培养基

6. 血细胞计数板法测定微生物数量的缺点是 （　　　）。

A. 操作复杂　　　　　　　　　　　B. 不能区分活菌和死菌

C. 误差大　　　　　　　　　　　　D. 只能测定细菌数量

7. 微生物生长的最适 pH 是指 （　　　）。

A. 生长速度最高时的 pH　　　　　　B. 发酵速度最高时的 pH

C. 累积代谢产物量最高时的 pH　　　D. 细胞内 pH

8. 专性厌氧菌缺乏 （　　　），因此易被生物体内产生的超氧化物阴离子自由基毒害致死。

A. 超氧化物歧化酶（SOD）　　　　B. 过氧化氢酶

C. 细胞色素氧化酶　　　　　　　　D. 以上都是

9. 高压蒸汽灭菌法常用的压力和温度是 （　　　）。

A. $9.8 \times 10^4 Pa$，121.1℃　　　　B. $1.01 \times 10^5 Pa$，100℃

C. $9.8 \times 10^3 Pa$，115℃　　　　D. $1.01 \times 10^4 Pa$，125℃

10. 下列属于次级代谢产物的是 （　　　）。

A. 多糖　　　　B. 蛋白质　　　　C. 抗生素　　　　D. 核苷酸

三、判断题

1. 微生物细胞的化学组成会随种类、培养条件及菌龄的不同而改变。（　　　）

2. 所有微生物都能利用无机含氮化合物作为氮源。（　　　）

3. 水分活度越低，越有利于微生物的生长繁殖。（　　　）

4. 消毒是指杀死物体表面或内部所有微生物的措施。（　　　）

5. 微生物的合成代谢是指细胞将大分子物质分解成简单的小分子物质，并在这个过程中产生能量的过程。（　　　）

四、名词解释

1. 微生物的营养

2. 培养基

3. 生长曲线

4. 连续培养

5. 初级代谢产物

五、问答题

1. 简述微生物的营养要素及其功能。

2. 微生物的营养类型有哪几种？各有何特点？

3. 简述培养基的配制原则有哪些？

4. 简述微生物生长和繁殖的概念，二者的关系是什么？

5. 常用测定微生物生长量的方法有几种？试比较其优缺点。

6. 微生物生长曲线分为哪几个时期？其划分的依据是什么？

7. 适应期的特点是什么？如何缩短适应期？

8. 对数生长期的特点有哪些？处于此期的微生物有何实际应用？

9. 稳定期有何特点？进入稳定期的原因是什么？

10. 什么是微生物的最适生长温度？温度对同一微生物的生长速度、生长量、代谢速度、代谢产物累积量的影响是否相同？研究它有何实践意义？

11. 微生物在生长的过程中，引起 pH 改变的原因有哪些？举例说明微生物最适生长 pH 与最适发酵 pH 是否一致。

12. EMP 途径、TCA 循环、磷酸戊糖途径的含义分别是什么？它们在物质代谢上有何意义？

第四章　微生物遗传与菌种选育

【学习目标】

1. 了解微生物遗传变异的物质基础及存在形式。
2. 掌握微生物基因突变类型、种类和特点及基因突变与育种的关系。
3. 熟悉原核微生物与真核微生物基因重组理论和方式。
4. 掌握微生物菌种选育的方法和步骤。
5. 了解并掌握微生物菌种退化的原因，掌握菌种复壮的方法和防止菌种退化的措施及菌种保藏的原理和方法。

在应用微生物加工制造和发酵生产各种食品的过程中，要想有效地大幅度地提高产品的产量、质量和花色品种，首先必须选育优良的生产菌种才能达到目的，而优良的菌种选育是在微生物遗传变异的基础上进行的。遗传变异是相互关联，同时又是相互独立的两个方向。在一定的条件下，二者是可以相互转换的。认识和掌握微生物的遗传变异的基本原理和规律是搞好菌种选育的关键。不同类群的微生物，它们的遗传物质结构、存在方式和作用机理也有所不同。

第一节　微生物遗传变异

一、遗传与变异的概念

遗传与变异是生物体最基本的特征，也是微生物菌种选育的理论基础。遗传是指亲代传递给子代的一套实现与其相同性状的遗传信息，这种信息只有当子代个体生活在合适的环境下，才能表达出与亲代间相似、连续的性状。变异是指子代个体因生活环境和其他因素发生改变而产生的与亲代间的不连续、差异性的现象。早在1865年，遗传学家孟德尔用豌豆做遗传学试验，就得出了重要的遗传学规律，揭示了遗传的本质：性状是由遗传因子决定的。后来人们把孟德尔所称的遗传因子称为基因。遗传的实质是亲代的遗传基因传递给子代，使子代与亲代具有相同的基因，从而表现为相似的性状。如果遗传基因发生了改变，子代与亲代就有差异。

在DNA双螺旋结构被发现前，DNA结构研究有几个主要竞争者。美国的鲍林和查戈夫各自为战，英国伦敦国王学院的富兰克林和威尔金斯则关系紧张。与他们不同，沃森和克里克合作默契，在天时、地利、人和都齐备的情况下，沃森和克里克在解开DNA结构之谜的学术竞赛中脱颖而出。许多人认为，沃森和克里克的成功似乎包含太多"偶然"因素。但他们对DNA结构的执着精神、敏锐的信息捕捉能力和深邃的科学洞察力，最终把一系列的"偶然"变成了必然。虽然沃森和克里克在实验方面或许存在一定短板，但其模型构建能力和严谨科学的逻辑推理能力，成为他们在这场学术角逐中最大的优势。

二、遗传变异的物质基础——核酸

生物体的遗传物质究竟是细胞内的什么物质？直到 20 世纪 40 至 50 年代，先后有三个著名的实验证实，人们才普遍认识核酸（DNA 或 RNA）是真正的遗传物质。

1. 三个经典的实验

（1）肺炎双球菌转化实验　1928 年，英国科学家 Griffith 在进行肺炎双球菌的研究中发现：一种肺炎双球菌的野生型有毒力、产荚膜、菌落光滑，称为 S 型菌落。其突变型无毒、不产荚膜、菌落粗糙，称为 R 型菌落。Griffith 以 R 型和 S 型菌株进行遗传物质的实验。他将活的、无毒的 R 型肺炎双球菌和加热杀死的有毒 S 型肺炎双球菌注入小白鼠体内，结果小白鼠安然无恙；将活的、有毒的 S 型肺炎双球菌和加热致死的有毒 S 型肺炎双球菌以及无毒、活的 R 型肺炎双球菌混合后分别注射到小白鼠体内，结果小白鼠患病死亡。Griffith 称这一现象为转化作用（图 4-1）。进而对小白鼠进行心血分离细胞培养，其结果为：加热致死 S 菌不生长；活的 R 菌长出 R 菌；热死 S 菌和活的 R 菌长出大量的活 R 型菌和少量的 S 型菌。实验表明，加热致死的 S 型菌细胞内可能有一种转化物质，它能通过某种方式进入 R 型细胞并转化产生 S 型菌，同时使 R 型细胞获得稳定的遗传性状，这种转化的物质（转化因子）是什么，Griffith 对此并未做出回答。

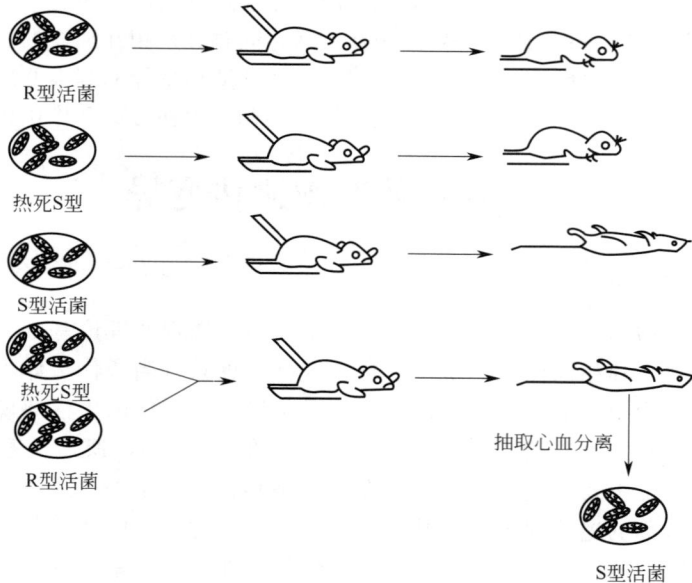

图 4-1　肺炎双球菌动物转化试验

1944 年，Avery 等人在 Griffith 工作的基础上，从加热致死的 S 型肺炎双球菌中提取了荚膜多糖、蛋白质、RNA 和 DNA，分别将它们和 R 型活菌混合，在动物体外进行培养，观察哪种物质变化能引起转化作用。结果发现只有 DNA 能起这种作用，而经 DNA 酶处理后，转化现象消失（图 4-2）。

实验表明，只有 S 型细菌的 DNA 才能将肺炎双球菌的 R 型转化为 S 型。纯度越高，转化效率也越高。这说明 S 型菌株转移给 R 型菌株的是遗传因子，即 DNA 才是转化因子。决定微生物遗传的物质也只有 DNA。

活 R 菌＋ S 菌的 DNA——————————长出 S 菌

活 R 菌＋ S 菌的 DNA 和 DNA 酶以外的酶——————长出 S 菌

活 R 菌＋ S 菌的 DNA 和 DNA 酶——————长出 R 菌

活 R 菌＋ S 菌的 RNA——————长出 R 菌

活 R 菌＋ S 菌的荚膜多糖——————长出 R 菌

活 R 菌＋ S 菌的蛋白质——————长出 R 菌

图 4-2 肺炎双球菌动物体外转化试验

(2) 噬菌体感染实验 1952 年，Hershey 和 Chase 利用同位素对大肠杆菌的吸附、增殖和释放进行了实验研究。因 T_2 噬菌体是由含硫元素的蛋白质外壳和含磷元素的 DNA 核心组成，所以可以用 ^{32}P 或 ^{35}S 标记 T_2 噬菌体，分别得到 ^{32}P 的 T_2 噬菌体和 ^{35}S 的 T_2 噬菌体。将这些标记的噬菌体与大肠杆菌混合，经短时间保温后，T_2 噬菌体完成吸附和侵入过程，经组织捣碎器捣碎、离心沉淀，分别测定沉淀物和上清液中的同位素标记。结果发现，几乎所有的 ^{32}P 都和细菌一起出现在沉淀物中，而所有的 ^{35}S 都在上清液中（图 4-3）。这也就意味着，大肠杆菌噬菌体侵染大肠杆菌时，噬菌体的蛋白质外壳完全留在菌体外，而只有 DNA 进入细胞内，同时使整个 T_2 噬菌体复制完成。最后从细胞中释放出上百个具有与亲代相同的蛋白质外壳的完整的子代噬菌体。从而进一步证实了 DNA 才是全部遗传物质的本质。

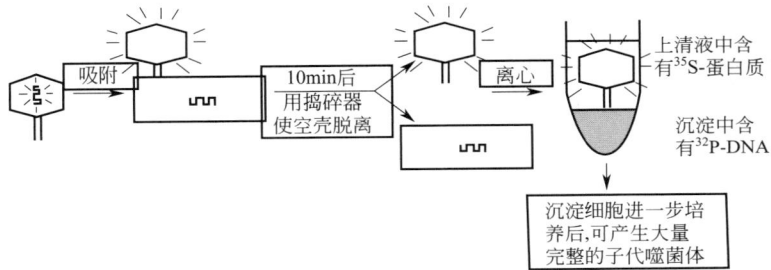

图 4-3 ^{32}P 和 ^{35}S 标记噬菌体感染大肠杆菌实验

(3) 植物病毒重建实验 1956 年，Fraenkel-Corat 用烟草花叶病毒（tobacco mosaic virus，TMV）进行实验。TMV 病毒由筒状的蛋白质外壳包裹着一条单链 RNA 分子组成。把 TMV 在水和苯酚溶液中振荡，使蛋白质和 RNA 分开，纯化后分别感染烟草，结果只有 RNA 能感染烟草，表现出病害症状，而蛋白质部分却不能感染烟草。

TMV 具有许多不同的株系，由于蛋白质的氨基酸组成不同，因而引起的病状不同。它们的 RNA 和蛋白质都可以人为地分开，又可重新组建新的具有感染性的病毒。从图 4-4 可以看出，当用 TMV 的 RNA 与 HRV（霍氏车前花叶病毒）的蛋白质外壳重建后的杂合病毒去感染烟草时，烟叶上出现的是典型的 TMV 病斑，由此分离的蛋白质与 TMV 相似，分离出来的新病毒也是典型的 TMV 病毒。反之，用 HRV 的 RNA 与 TMV 的蛋白质外壳进行重建时，也可获得 HRV 新病毒。这就充分说明，核酸（这里为 RNA）是病毒的遗传物质。

因此，我们可以得出结论，只有核酸才是真正的遗传物质。

2. 遗传物质存在方式

(1) 细胞水平 从细胞水平看，无论是原核微生物还是真核微生物，遗传物质全部或大部分 DNA 都集中在细胞核或核区中。不同的微生物细胞或是同种微生物的不同类型细胞中，细胞核的数目是不同的。在细菌和酵母菌中，尽管在高速生长阶段出现多核现象，但最

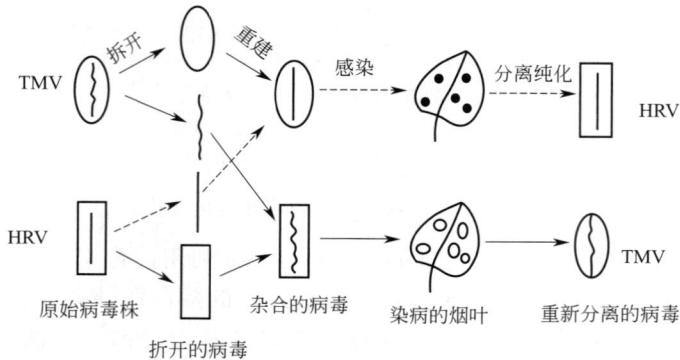

图 4-4　TMV 重建实验示意图

终一个细胞只有一个核，部分霉菌和放线菌的菌丝细胞往往是多核的。

在真核微生物的细胞核中，DNA 与蛋白质结合在一起形成染色体，外包裹一层核膜，从而构成在光学显微镜下清晰可见的完整细胞核。如霉菌、酵母菌、藻类和原生动物等。而原核微生物的细胞核无核膜，DNA 在细胞内以核质体的形式存在。如细菌、放线菌和蓝细菌等，也有人把没有细胞结构的病毒称为原核微生物。

真核微生物的每个细胞核中的染色体数目较多，且其数目随着种类的不同而不同；而原核微生物中，核区只有一个由裸露的 DNA 构成的、光学显微镜下无法看到的、一般呈环状的染色体。除此之外，染色体的套数也有不同。如果在一个细胞中只有一套相同功能的染色体，它就是一个单倍体。在自然界中发现的微生物，多数都是单倍体，高等动植物的性细胞都是单倍体；反之，包含着两套相同功能染色体的细胞，就称二倍体。如高等动植物的体细胞，少数微生物（如啤酒酵母）的营养细胞及由两个单倍体的性细胞接合或体细胞结合后所形成的合子等都是二倍体。

（2）分子水平　在细胞核中，微生物的遗传物质是核酸，除部分病毒（大多数为植物病毒）的遗传物质是 RNA 外，大多数微生物的遗传物质是 DNA，即在 DNA 大分子上存在着决定某些遗传性状的特定区段——基因，它的物质基础是一个具有特定核苷酸顺序的核酸区段。一个基因是由若干个核苷酸碱基组成的三联密码子所构成的。

生物体内的无数蛋白质是生物体各种生理功能的执行者，但是蛋白质并不能自我复制，它是由 DNA 分子上的遗传信息来合成的。其过程是首先通过转录作用将 DNA 上的遗传信息转录到 mRNA 上去，形成一条与 DNA 碱基互补的 mRNA 链，然后再通过转译作用由 mRNA 上的三联密码子顺序决定蛋白质上的氨基酸的排列顺序。这一过程就是转录与翻译。DNA 上的特定核苷酸排列如同遗传密码，负载了所有的遗传信息。

基因实际上是一个具有遗传功能的核酸片段，密码子则是遗传信息的信息单位，而构成核酸的基本单位则是核苷酸。在绝大多数生物的 DNA 中，都只有四种核苷酸，它们之间唯一的区别就是具有四种不同的碱基。

三、微生物基因突变

基因突变指生物体内的遗传物质发生了稳定的可遗传的变化。它包括基因突变和染色体畸变。在微生物中，基因突变是最常见、最重要的。

1. 基因突变类型

（1）营养缺陷型　指微生物经基因突变引起代谢障碍而必须添加某种营养物质才能正常

生长的突变型。这种突变型在科研和生产中具有重要的应用价值。

(2) 条件致死突变型 指微生物经基因突变后，在某一条件下呈现致死效应，而在另一种条件下却不表现致死效应的突变型。如温度敏感突变型。

(3) 形态突变型 指由于突变而引起的细胞形态变化或菌落形态改变的非选择性变异。如孢子有无、孢子颜色、鞭毛有无、荚膜有无、菌落的大小、外形的光滑或粗糙等。

(4) 抗性突变型 指由于基因突变而使原始菌株产生了对某种化学药物或致死物理因子的抗性的变异类型。根据其抵抗的对象又分抗药性、抗紫外线、抗噬菌体等突变类型。这些突变类型在遗传学研究中非常有价值，常被用作选择性标记菌种。

(5) 产量突变型 通过基因突变而获得有用的代谢产物在产量上高于原始菌株的突变株，也称高产突变株，这在发酵食品生产及抗生素生产中十分重要。但由于产量性状是由许多遗传因子决定的，因此产量突变型的突变机制是很复杂的，产量的提高也是逐步积累的。产量突变型实际上有两种类型：一类是某代谢产物比原始菌株有明显提高的，可称为"正突变"；另一类是产量比其亲本有所降低，即称为"负突变"。

(6) 其他突变型 如毒力、糖发酵能力、代谢产物的种类和数量以及对某种药物的依赖等的突变型。

2. 基因突变的特点

(1) 自发性和不对应性 自发性是指微生物各种性状的突变都可以在没有任何人为的诱变因素的作用下自发产生。不对应性是指基因突变的性状与引起突变的因素之间无直接的对应关系。任何诱变因素或自发突变都可以获得任何性状的突变株。如在紫外线诱变下可以出现抗紫外线的菌株，但是通过其他诱变因素或自发突变也可能获得同样的抗紫外线的菌株。同样，用其他方法引起的突变也可能是任何性状的突变。

(2) 自发突变概率低 虽然自发突变随时都可以发生，但是突变的概率是很低的，自发突变率一般在 $10^{-9} \sim 10^{-6}$ 之间。尽管基因突变的概率很低，但是微生物的数量巨大，微生物的自发突变是存在的。

(3) 独立性 突变对每个细胞是随机的，对每个基因也是随机的。每个基因的突变是独立的，既不受其他基因突变的影响，也不会影响其他基因的突变。

(4) 稳定性 由于基因突变使遗传物质发生了变化，所以突变产生的新的变异性状是稳定的，也是可遗传的。

(5) 诱变性 通过人为的诱变剂作用，可将突变率提高 $10 \sim 10^6$ 倍。由于诱变剂仅仅是提高突变率，所以自发突变和诱发突变所获得的突变菌株并没有本质区别。

(6) 可逆性 任何突变产生的性状在以后的遗传中仍可能由于突变回复到原先的性状，实验证明，回复突变的概率与突变概率基本相同。

3. 基因突变的种类

(1) 诱发突变 是指人为地用物理、化学、生物的方法处理微生物，使其遗传物质发生变异，从而达到改变其性状的目的。凡是能够显著提高突变频率的理化因素，都可称为诱变剂。诱变剂的种类很多，作用方式多种多样，即使是同一种诱变剂作用方式也不同。诱变机制主要有碱基对的置换、移码突变和染色体畸变。

(2) 自发突变 是指微生物在没有人工参与的自然条件下所发生的突变。这种突变的原因可能是由于自然环境中宇宙间的短波辐射、宇宙射线和紫外线辐射等，它们对微生物的辐射作用量虽然不大，但还是存在的，任何微弱的辐射均有诱变效应。同时多因素低剂量长期诱变的综合效应也会引起微生物的自发突变。另外，微生物细胞的代谢活动会产生一些诱变物质，如过氧化氢、咖啡因等，它们是引起自发突变的内源性诱变剂。

四、微生物基因重组

将两个不同性状的个体细胞内的遗传基因转移在一起，经过遗传分子间的重新组合，形成新的遗传型个体的过程，称为基因重组或遗传重组。在基因重组时，不发生任何碱基对结构上的变化。重组后生物体新的遗传性状的出现完全是基因重组的结果。

基因重组是分子水平上的概念，可以理解成是遗传物质分子水平上的杂交，而杂交则是细胞水平的概念。杂交必然包含重组，而重组则不仅限于杂交一种形式。它可以在人为设计的条件下发生，使之服务于人类育种的目的。

1. 原核微生物的基因重组

原核微生物的基因重组方式主要有转化、转导、接合和溶源转变等四种。

(1) 转化（transformation） 是指一个受体细胞吸收来自另一供体细胞的遗传物质（DNA 片段），通过交换组合把它整合到自己的基因组中去，从而获得后者某些遗传性状的现象。转化后的受体菌称为转化子，供体菌的 DNA 片段称为转化因子。呈质粒状态的转化因子，转化效率最高。

受体细胞只有在感受态的情况下才能吸收转化因子。感受态是指细胞能从环境中接受转化因子的这一生理状态。处于感受态的细菌，其吸收 DNA 的能力比一般细菌大 1000 倍。感受态可以产生，也可以消失。感受态的出现受该菌株的遗传特性、生理状态（如菌龄等）、培养环境等的影响。例如肺炎双球菌的感受态出现在对数生长期的中后期，枯草芽孢杆菌等细菌则出现在对数期末和稳定初期。转化时在培养基中加入环腺苷酸（cAMP）可以使感受态水平提高近万倍。

具体转化过程如下：先从供体菌提取 DNA 片段，接着 DNA 片段与感受态受体菌的细胞表面特定位点结合，在结合位点上，DNA 片段中的一条单链逐步降解为核苷酸和无机磷酸而解体，另一条链逐步进入受体细胞，这是一个消耗能量的过程。进入受体细胞的 DNA 单链与受体菌染色体组上同源区段配对，而受体菌染色体组的相应单链片段被切除，并被进入受体细胞的单链 DNA 所取代，随后修复合成，连接成部分杂合双链。然后受体菌染色体进行复制，其中杂合区段被分离成两个，一个类似供体菌，一个类似受体菌。当细胞分裂时，此染色体发生分离，形成一个转化子。

影响转化效率的因素：受体细胞的感受态，它决定转化因子能否被吸收进入受体细胞；受体细胞的限制酶系统和其他核酸酶，它们决定转化因子在整合前是否被分解；受体和供体染色体的同源性，它决定转化因子的整合。

在原核微生物中，转化是一种比较普遍的现象，除肺炎双球菌外，目前还在嗜血杆菌属、芽孢杆菌属、奈氏杆菌属、葡萄球菌属、假单胞杆菌属、黄单胞杆菌属等以及若干放线菌和蓝细菌中发现具有转化现象。另外，在真核微生物如酵母、粗糙链孢霉和黑曲霉中也发现了转化现象。

(2) 转导（transduction） 转导是以噬菌体为媒介，把一个菌株的遗传物质导入另一个菌株，并使这个菌株获得另一个菌株的遗传性状。转导又分为普遍性转导和特异性转导。

普遍性转导（generalized transduction）是指转导型噬菌体能传递供体菌株任何基因。如大肠杆菌 P_1 噬菌体、伤寒沙门菌的 P_{22} 噬菌体等都能进行普遍性转导。它的转导频率为 $10^{-8} \sim 10^{-5}$。能进行普遍转导的噬菌体，含有一个使供体菌株染色体断裂的酶。当噬菌体 DNA 被噬菌体蛋白外壳包裹时，正常情况下，是将噬菌体本身的 DNA 包裹进蛋白衣壳内，但也有异常情况出现，即供体染色体 DNA（通常和噬菌体 DNA 长度相似）偶然错误地被包进噬菌体外壳，而噬菌体本身的 DNA 却没有完全包进去，装有供体染色体片段的噬菌体称为转导颗粒。转导颗粒可以感染受体菌株，并把供体 DNA 注入受体细胞内，与受体细胞的 DNA 进行基因重组，形成部分二倍体。通过重组，供体基因整合到受体细胞的染色体上，从而使受体细胞获得供体菌的遗传性状，产生变异，形成稳定的转导子。

特异性转导（specialized transduction）是指由温和噬菌体侵染而形成的某一溶源细菌群被诱导裂解时，其中极少数个体的 DNA 可能与噬菌体的 DNA 发生若干特定基因转换，从而被整合到噬菌体的基因组上，当该噬菌体再次感染受体细胞时，就使受体细胞获得了这一特定遗传现象。它的转导频率为 10^{-6}。特异性转导是在大肠杆菌 K_{12} 的温和型噬菌体中被首次发现的。

(3) 接合（conjugation）　接合是通过供体菌和受体菌的直接接触传递遗传物质。接合有时也称杂交。

在细菌中，接合现象研究最清楚的是大肠杆菌。大肠杆菌的接合与其细菌表面的性纤毛有关，大肠杆菌有雄性和雌性之分，而决定它们性别的是 F 因子的有无。F 因子又称致育因子，能促使两个细胞之间的接合，是一种质粒。F 因子约由 6×10^4 对核苷酸组成，相对分子质量为 5×10^7，约占大肠杆菌总 DNA 含量的 2%。F 因子具有自主地与细菌染色体进行同步复制和转移到其他细胞中去的能力。它既可以脱离染色体在细胞内独立存在，也可以整合到染色体基因组上；它既可以通过接合而获得，也可以通过理化因素的处理而从细胞中消除。雌性细菌不含 F 因子，称为 F⁻ 菌株，雄性含有 F 因子，并且根据 F 因子在细胞中存在情况的不同而有不同名称，例如，一种雄性细胞含有游离在细胞染色体之外的 F 因子，这样的细菌称为 F⁺ 菌株；另一种雄性细胞的 F 因子被整合在细菌染色体上，成为细菌染色体的一部分，不呈游离状态，这种细菌称为 Hfr 菌株（high frequency recombination），即高频重组菌株；还有一种是 F 因子能被整合到细胞核 DNA 上，也能从上面脱落下来，呈游离存在，但在脱落时，F 因子有时能带一小段细胞核 DNA，这种含有游离存在的但又带有一小段细胞核 DNA 的 F 因子的细菌称为 F′菌株。上述三种雄性菌株与雌性菌株接合时，将产生三种不同的结果。

① F⁺ 菌株与 F⁻ 菌株接合的结果是产生两个 F⁺，其接合过程为：F⁺ 菌株的 F 因子的一条 DNA 单链在特定的位置上发生断裂，断裂的单链逐渐解开，同时留下另一条环状单链为模板，通过模板的旋转，一方面解开的一条单链通过性纤毛而推入 F⁻ 菌株中，另一方面，又在供体细胞内，重新组合成一条新的环状单链，以取代解开的单链，此即为滚环模型。在 F⁻ 菌株细胞中，外来的供体 DNA 单链上也合成一条互补的新 DNA 链，并随之恢复成一条环状的双链 F 因子，这样，F⁻ 菌株就变成了 F⁺ 菌株。

② F′菌株与 F⁻ 菌株接合产生两个 F′菌株。

$$F' + F^- \longrightarrow F' + F'$$

③ Hfr 菌株与 F⁻ 菌株接合的情况较为复杂，接合结果也不完全一样。在大多数情况下，受体细菌仍是 F⁻ 菌株，只有在极少数情况下，由于遗传物质转移的完整，受体细胞才能成为 Hfr 菌株。其原因如下：当 Hfr 菌株与 F⁻ 菌株发生接合时，Hfr 染色体在 F 因子处发生断裂，由环状变成线状。紧接着，由于 F 因子位于线状染色体之后，处于末端，所以必然要等 Hfr 的整条染色体全部转移完后，F 因子才能进入到 F⁻ 细胞。而由于一些因素的影响，在转移过程中，Hfr 染色体常常发生断裂，因此 Hfr 菌株的许多基因可以进入 F⁻ 菌株，越是前端的基因，进入的机会越多，在 F⁻ 菌株中出现重组子的时间就越早，频率也越高。而对于 F 因子，其进入 F⁻ 菌株的机会很少，引起性别变化的可能性也非常小。这样

Hfr 菌株与 F⁻ 菌株接合的结果是重组频率虽高，但却很少出现 F⁺ 菌株。总之，通过 Hfr 菌株与 F⁻ 菌株接合，在大多数情况下，受体细菌仍然是 F⁻ 菌株，只有在极少数情况下，由于遗传物质转移完整，受体细胞才能成为 Hfr 菌株。

$$Hfr + F^- \rightarrow Hfr + F^-$$
$$Hfr + F^- \rightarrow Hfr + Hfr$$

（4）溶源性转变　这是一种与转导相似，但又有本质不同的现象。首先是它的温和型噬菌体不携带任何供体菌的基因，其次是这种噬菌体是正常的完整的，而不是异常情况下产生的缺陷型噬菌体。溶源性转变的典型例子是不产毒素的白喉棒状杆菌，菌株被噬菌体侵染而发生溶源化时，会变成产毒素的致病菌株。其他如沙门菌、红曲霉、链霉菌等也具有溶源转变的能力。

2. 真核微生物的基因重组

真核微生物的基因重组方式有有性杂交和准性生殖。

（1）有性杂交　是指在微生物的有性繁殖过程中，两个性细胞相互接合，通过质配、核配后形成二倍体的合子，随之合子进行减数分裂，部分染色体可能发生交换而进行随机分配，由此而产生重组染色体及新的遗传型，并把遗传性状按一定的规律遗传给后代的过程。凡是能产生有性孢子的酵母菌和霉菌，都能进行有性杂交。

有性杂交在生产实践中被广泛用于优良品种的培育。例如，用于乙醇发酵的酵母菌和用于面包发酵的酵母菌是同属一种啤酒酵母的两个不同菌株，面包酵母的特点是对麦芽糖及葡萄糖的发酵能力强，产生 CO_2 多，生长快，而乙醇酵母的特点是产酒率高，但对麦芽糖及葡萄糖的发酵能力弱。由于各自的特点，它们不能互用。而通过两者的杂交，就可得到既能生产乙醇又可以用作面包厂和家用发酵酵母的优良菌种。

（2）准性生殖　是一种类似于有性生殖但又比它更原始的生殖方式。它可使同一种生物的两个不同来源的体细胞经融合后，不经过减数分裂和接合的交替，不产生有性孢子和特殊的囊器，仅导致低频率的基因重组，重组体细胞和一般的营养体细胞没有什么不同。准性生殖多见于一般不具典型有性生殖的酵母和霉菌。

第二节　微生物的菌种选育

菌种选育，就是利用微生物遗传物质变异的特性，采用各种手段，改变菌种的遗传性状，经筛选获得新的适合生产的菌株，以稳定和提高产品质量或得到新的产品。

良好的菌种是微生物发酵工业的基础。在应用微生物生产各类食品时，首先是挑选符合生产要求的菌种，其次是根据菌种的遗传特点，改良菌株的生产性能，使产品产量、质量不断提高。如发现菌种的性能下降时，还要设法使它复壮。最后还要有合适的工艺条件和合理先进的设备与之配合，这样菌种的优良性能才能充分发挥。

一、从自然界中分离菌种的步骤

生产上使用的微生物菌种，最初都是从自然界中筛选出来的。自然界的微生物种类多、分布广，它们在自然界大多是以混杂的形式群居于一起的。而现代发酵工业是以纯种培养为基础，故首先必须把我们所需要的菌从许许多多的杂菌中分离出来，然后采用各种不同的筛选手段，挑选出性能良好、符合生产需要的纯种，这是工业育种的关键一步。自然界工业菌种分离筛选的主要步骤是采样、增殖培养、培养分离和筛选。如果产物与食品制造有关，还需对菌种进行毒性鉴定。

1. 采样

以采集土壤为主，也可以从植物腐败物及某些水域中采样。从何处采样，这要根据选菌的目的、微生物的分布状况及菌种的特征与外界环境关系等，进行综合的、具体的分析来决定。

由于土壤是微生物生活的"大本营"，其中包括各种各样的微生物，但微生物的数量和种类常随土质的不同而不同。一般在有机质较多的肥沃土壤中，微生物的数量最多，中性偏碱的土壤以细菌和放线菌为主，酸性红土壤及森林土壤中霉菌较多，果园、菜园和野果生长区等富含碳水化合物的土壤和沼泽地中，酵母和霉菌较多，浅层土比深层土中的微生物多，一般离表层 5～15cm 深处的微生物数量最多。

采样应充分考虑采样的季节性和时间因素，以温度适中、雨量不多的秋初为好。采样方式是在选好适当地点后，用无菌刮铲、土样采集器等，采集有代表性的样品盛入清洁的聚乙烯袋、牛皮纸袋或玻璃瓶中，扎好袋口并标上样本的种类及采集日期、地点以及采集地点的地理、生态参数等。

如果我们知道所需菌种的明显特征，则可直接采样。例如分离能利用糖质原料、耐高渗的酵母菌可以采集加工蜜饯、糖果、蜂蜜的环境土壤样本；分离利用石蜡、烷烃、芳香烃的微生物可以从油田中采样；分离啤酒酵母可以直接从酒厂的酒糟中采样等。

2. 增殖培养

一般情况下，采来的样品可以直接进行分离，但是如果样品中我们所需要的菌类含量并不很多，就要设法增加所要菌种的数量，以增加分离的概率。用来增加该菌种的数量的人为的方法称为增殖培养法（又叫富集培养法）。

进行增殖培养时，要根据所分离菌种的培养条件、生理特性来确定特定的增殖条件，其手段是通过选择性培养基控制营养条件、生长条件或加入一定的抑制剂等，其目的是使其他微生物尽量处于抑制状态，要分离的微生物（目的微生物）能正常生长，经过多次增殖后成为优势菌群。

3. 纯种分离

通过增殖培养，虽然目的微生物大量存在，但它不是唯一的，仍有其他微生物与其混杂生长，因此还必须分离和纯化。常用的纯种分离方法有稀释分离法、划线分离法和组织分离法。

（1）稀释分离法 将样品进行适当稀释，然后将稀释液涂布于培养基平板上进行培养，待长出独立的单个菌落，进行挑选分离。

（2）划线分离法 首先倒培养基平板，然后用接种针（接种环）挑取样品，在平板上划线。划线方法可用分步划线法或一次划线法，无论用哪种方法，基本原则是确保培养出单个菌落。

（3）组织分离法 主要用于食用菌菌种分离。分离时，首先用 10% 漂白粉或 75% 乙醇对子实体进行表面消毒，用无菌水洗涤数次后，移植到培养皿中的培养基上，于适宜温度培养数天后，可见组织块周围长出菌丝，并向外扩展生长。

4. 纯种培养

经过分离培养，在平板上出现很多单个菌落，通过菌落形态观察，选出所需菌落，然后取菌落的一半进行菌种鉴定，对于符合目的菌特性的菌落，可将之转移到试管斜面纯培养。

5. 生产性能测定

从自然界中分离得到的纯种称为野生型菌株，它只是筛选的第一步，所得菌种是否具有生产上的实用价值，能否作为生产菌株，还必须采用与生产相近的培养基和培养条件，通过锥形瓶进行小型发酵试验，以求得适合于工业生产的菌种。

如果此野生型菌株产量偏低，达不到工业生产的要求，可以留之作为菌种选育的出发菌株。

二、基因工程育种

在生物进化过程中，微生物形成了愈来愈完善的代谢调节机制，使细胞内复杂的生物化学反应能高度有序地进行，以及对外界环境条件的改变迅速作出反应。因此，处于平衡生长、进行正常代谢的微生物不会有代谢产物的积累。而微生物育种的目的就是要人为地使某种代谢产物过量积累，把生物合成的代谢途径朝人们所希望的方向加以引导，或者促使细胞内发生基因的重新组合，优化遗传性状，实现人为控制微生物，获得我们所需要的高产、优质和低耗的菌种。为了实现这一目的，必须设法解除或突破微生物的代谢调节控制，进行优良性状的组合，或者是利用基因工程的方法人为地改造或构建我们所需要的菌株。

1. 诱变育种

诱变育种是指利用各种诱变剂处理微生物细胞，提高基因的随机突变频率，进而通过一定的筛选方法（或特定的筛子）获得所需要的高产优质菌株。

诱变育种的主要手段是以合适的诱变剂处理大量而分散的微生物细胞，在引起大部分细胞死亡的同时，使存活细胞的突变率迅速提高，再设计既简便、快速又高效的筛选方法，进而淘汰负突变菌株并把正突变中效果最好的优良菌株挑选出来。

诱变育种是国内外提高菌种产量和性能的主要手段。诱变育种具有极其重要的意义，当今发酵工业所使用的高产菌株，几乎都是通过诱变育种而大大提高了生产性能。其中最突出的例子是青霉素的生产菌种，通过诱变育种，从最初的几百发酵单位提高到目前的几万发酵单位。

浙江某生物企业历时 8 年艰苦攻关，采用"航天诱变＋高通量筛选"技术，成功培育出耐高温酵母菌株 XZ-203。该菌株在 45℃仍能高效发酵乙醇，突破传统酵母 35℃的活性极限，成功将燃料乙醇的生产效率提高了 18%，每年可为国家节约玉米原料 50 万吨。凭借这项技术，该企业荣获 2022 年国家科技进步奖二等奖。

诱变育种不仅能提高菌种的生产性能，而且能改进产品的质量、扩大品种和简化生产工序等。从方法上讲，它具有方法简便、工作速度快和效果显著等优点。因此，虽然目前在育种方法上，如杂交、转化、转导以及基因工程、原生质体融合等方面的研究都在快速发展，但诱变育种仍是目前主要且广泛使用的育种手段。

（1）诱变育种的步骤

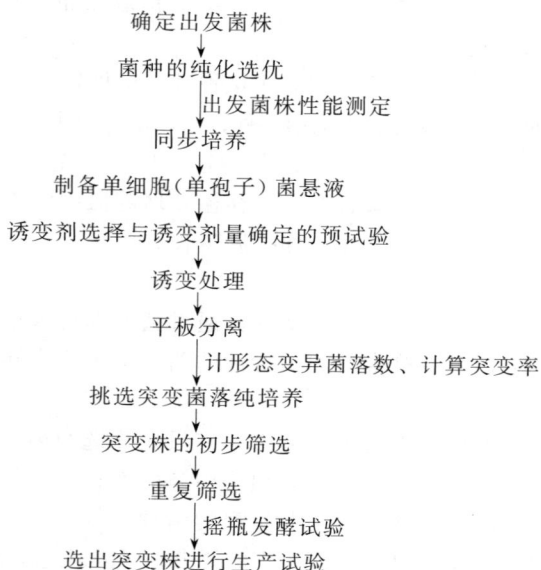

确定出发菌株
↓
菌种的纯化选优
↓出发菌株性能测定
同步培养
↓
制备单细胞(单孢子)菌悬液
↓
诱变剂选择与诱变剂量确定的预试验
↓
诱变处理
↓
平板分离
↓计形态变异菌落数、计算突变率
挑选突变菌落纯培养
↓
突变株的初步筛选
↓
重复筛选
↓摇瓶发酵试验
选出突变株进行生产试验

① 出发菌株的选择。在诱变育种中，出发菌株的选择会直接影响最后的诱变效果。具体方法是选取自然界新分离的野生型菌株，它们对诱变因素敏感，容易发生变异；或选取生产中由于自发突变而经筛选得到的菌株，与野生型菌株相似，容易达到较好的诱变效果，这也是诱变育种常用的方法；选取每次诱变处理都有一定提高的菌株，往往多次诱变可能效果叠加，积累更多的提高。

② 同步培养。在诱变育种中，处理材料一般采用生理状态一致的单孢子或单细胞，即菌悬液的细胞应尽可能达到同步生长状态，这称为同步培养。

③ 单细胞或单孢子菌悬液的制备。在诱变育种中要求待处理的菌悬液呈分散的单细胞或单孢子状态，这样一方面可以均匀地接触诱变剂，另一方面又可避免长出不纯的菌落。

菌悬液一般可用生理盐水或缓冲溶液配制，如果是用化学诱变剂处理，因处理时 pH 会变化，必须要用缓冲溶液。除此之外，还应注意分散度，方法是先用玻璃珠振荡分散，再用脱脂棉或滤纸过滤，经处理，分散度可达 90% 以上，供诱变处理较为合适。

④ 诱变剂选择与诱变剂量确定。首先选择合适的诱变剂，然后确定其使用剂量。常用诱变剂有两大类：物理诱变剂和化学诱变剂。常用的物理诱变剂有紫外线、X 射线、γ 射线、等离子、快中子、α 射线、β 射线、超声波等。常用的化学诱变剂有碱基类似物、烷化剂、羟胺、吖啶类化合物等。

物理诱变剂中最常用的是紫外线，由于紫外线不需要特殊贵重设备，只要普通的灭菌紫外灯管即能做到，而且诱变效果也很显著，因此被广泛应用于发酵工业育种。

化学诱变剂的种类很多，根据它们对 DNA 的作用机制，可以分为三大类：第一类是烷化剂，例如硫酸二乙酯、亚硝酸、甲基磺酸乙酯、N-甲基-N′-亚硝基胍、亚硝基甲基脲等。第二类是一些碱基类似物，例如 5-溴尿嘧啶、5-氨基尿嘧啶、2-氨基嘌呤、8-氮鸟嘌呤等。第三类是吖啶类化合物。决定化学诱变剂剂量的因素主要有诱变剂的浓度、作用温度和作用时间等。

无论是物理诱变还是化学诱变，要确定一个合适的剂量，通常要经过多次试验。就一般微生物而言，诱变频率往往随剂量的增高而增高，但达到一定剂量后，再提高剂量会使诱变频率下降。根据对紫外线、X 射线及乙烯亚胺等诱变剂诱变效应的研究，发现正突变较多地出现在较低的剂量中，而负突变则较多地出现在高剂量中。同时还发现经多次诱变而提高产量的菌株中，高剂量更容易出现负突变。因此，在诱变育种工作中，目前较倾向于采用较低剂量。

⑤ 分离和筛选。人们为了缩短筛选周期，尽量减少不必要的工作量，往往对筛选方法加以简化，以代替大量的摇瓶培养工作，并将初筛和复筛两个阶段结合在一起进行，其目的是利用形态突变直接淘汰低产变异菌株和利用平皿反应直接挑取高产变异菌株。平皿反应是指每个变异菌落产生的代谢产物与培养基内的指示物在培养基平板上作用后表现出一定的生理效应，如变色圈、透明圈、生长圈、抑菌圈等，这些效应的大小表示变异菌株生产活力的高低，以此作为筛选的标志。常用的方法有纸片培养显色法、透明圈法、琼脂块培养法等。

(2) 营养缺陷型突变株的筛选 在诱变育种工作中，营养缺陷型突变体的筛选及应用有着十分重要的意义。营养缺陷型菌株是指通过诱变而产生的缺乏合成某些营养物质（如氨基酸、维生素、嘌呤和嘧啶碱基等）的能力，必须在其基本培养基中加入相应缺陷的营养物质才能正常生长繁殖的变异菌株。其变异前的菌株称为野生菌株。凡是能满足野生菌株正常生长的最低成分的合成培养基，称为基本培养基（MM）；在基本培养基中加入一些富含氨基酸、维生素及含氮碱基之类的天然有机物质，如蛋白质、酵母膏等，能满足各种营养缺陷型菌株生长繁殖的培养基，称为完全培养基（CM）；在基本培养基中只是有针对性地加入某一种或某几种自身不能合成的有机营养成分，以满足相应的营养缺陷型菌株生长的培养基，称为补充培养基（SM）。

营养缺陷型菌株的筛选一般要经过诱变、淘汰野生型菌株、检出缺陷型和确定生长谱四个环节。

2. 杂交育种

杂交育种是指将两个基因型不同的菌株的有性孢子或无性孢子及其细胞互相联结，细胞核融合，随后细胞核进行减数分裂或有丝分裂，遗传性状出现分离和重新组合，产生具有各种新性状的重组体，然后经分离和筛选，获得符合要求的生产菌株。由此可见，微生物的杂交现象包括有性杂交及菌体细胞重组两个方面。

尽管一些优良菌种的选育主要是采用诱变育种的方法，但是某一菌株长期使用诱变剂处理后，其生活能力一般要逐渐下降，如生长周期延长、孢子量减少、代谢减慢、产量增加缓慢等。而杂交育种是选用已知性状的供体菌种和受体菌种作为亲本，因此不论在方向性还是自觉性方面，都比诱变育种前进了一大步，所以它是微生物菌种选育的另一重要途径。但由于杂交育种的方法复杂，工作进度慢，因此还很难像诱变育种那样得到普遍的推广和应用。

(1) 酵母菌的杂交育种 酵母菌的育种在食品工业中占有极其重要的地位。它的杂交育种工作开展得较早，并取得了有益的成果。例如，在面包酵母种间进行杂交，获得了许多生产性能良好的菌株，它们的繁殖能力和发酵能力比亲本菌株强；采用面包酵母和乙醇酵母杂交，其杂交种的乙醇发酵能力没有下降而发酵麦芽糖的能力却比亲本菌株高；在啤酒酿造中，用上面酵母和下面酵母杂交，得出的杂交种可生产出浓度和香味更好的啤酒等。以上这些酵母均具有不同的交配型，因而都是通过有性杂交获得的。对于无典型有性生殖的酵母菌如假丝酵母，可通过准性生殖过程进行杂交。但是酵母菌的杂交育种大多数为有性杂交。

酵母菌通过有性杂交进行杂交育种主要包括子囊孢子的形成、子囊孢子的分离和酵母杂交种的获得三个步骤。

(2) 霉菌的杂交育种 在发酵工业中应用的霉菌大部分属于半知菌，它们不具有典型的有性生殖过程，因此霉菌的杂交育种主要是通过体细胞的核融合和基因重组，即通过准性生殖过程而不是通过性细胞的融合。例如，通过对黑曲霉进行杂交育种，得到了多倍体的新种，其柠檬酸产量比原始菌株高几十倍；酱油曲霉通过体细胞的重组及多倍体化，提高了蛋白酶的活性等。目前霉菌的杂交育种主要是在种内，偶尔有种间的。但亲本菌株的亲缘关系越远，则越不易成功。

霉菌杂交种的步骤是选择直接亲本、异核体的形成、转移单菌落和二倍体的检出。

3. 原生质体融合育种

原生质体融合指通过人为的方法，使遗传性状不同的两个细胞的原生质体融合在一起，进而发生遗传重组，产生同时带有双亲性状的、遗传性能稳定的融合子的过程。原生质体融合是在 20 世纪 70 年代以后才发展起来的一种育种技术，是一种有效的转移遗传物质的方法。

能进行原生质体融合的细胞是极其广泛的，无论是真核微生物还是原核微生物都可以进行原生质体融合，甚至是高等动植物也可以进行。

原生质体融合的优点有：重组率高，遗传物质的传递更加完整，可以实现远亲缘的菌株间的基因重组，还可以进行多细胞间的基因重组。因此，现在正得到越来越广泛的应用。

第三节　微生物菌种保藏及复壮

一、微生物菌种保藏方法

在微生物发酵工业中，具有良好性状的生产菌种的获得十分不容易，如何利用优良的微生物菌种保藏技术，使菌种经长期保藏后不但存活健在，而且保证高产突变株不改变表型和基因型，特别是不改变初级代谢产物和次级代谢产物的高产能力，即很少发生突变，这对于菌种极为重要。

1. 菌种保藏原理

微生物菌种保藏技术很多，但原理基本一致。首先挑选优良纯种，最好是它们的休眠体（如分生孢子、芽孢等）；其次是创造一个有利于休眠的条件，如采用低温、干燥、缺氧、缺乏营养、添加保护剂或酸度中和剂等方法，使微生物生长在代谢不活泼、生长受抑制的环境中。

2. 菌种保藏方法

(1) 低温保藏法 主要是利用低温对微生物的生命活动有抑制作用的原理进行保藏。根据所用的温度高低可分为两类：一类是普通低温保藏法，即将斜面菌种或菌种悬浮液直接放入 $0\sim4\text{℃}$ 冰箱保存，但时间不宜太长，如放线菌每 3 个月移接一次；酵母菌每 $4\sim6$ 个月移接一次；霉菌每 6 个月移接一次。另一类是利用低温进行的冻结保藏法，如用 -20℃ 以下的超低温冰箱、干冰或液氮保藏，为了使保藏的结果更加令人满意，通常在培养物中加入一定的冷冻保护剂；同时还要认真掌握好冷冻速度和解冻速度。冷冻保藏的缺点是培养物运输较困难。液氮保藏菌种的存活率远比其他保藏方法高且回复突变的发生率极低。由于其温度可达到 -195℃，因此液氮保藏法已成为工业微生物菌种保藏的最好方法之一。

(2) 干燥保藏法 此法适用于产孢子或芽孢的微生物的保藏，是将菌种接种于适当的载体上，如河砂、土壤、硅胶、滤纸及麸皮等，在干燥的条件下进行保藏。如果将这些干燥的载体在低温下或是抽气后密封保藏则效果更好。最常用的是砂土保藏法。

(3) 隔绝空气保藏法 这种方法是利用好氧性微生物无氧不生长的原理。此类方法比较简便，有时也能达到良好的效果。先用灭菌的液体石蜡注入菌种斜面，再用固体石蜡封口以隔绝空气，最后放入低温冰箱保藏。也可不用石蜡，在成熟的斜面菌种保藏中采用灭菌的橡皮塞代替棉塞封口。

(4) 真空冷冻干燥法 在这类保藏法中，利用了一切有利于菌种保藏的因素，如低温、缺氧、干燥等，因此是目前最好的综合性保藏方法，保藏期长。但需要一定的设备条件，且操作过程复杂。基本过程为：培养菌种→加菌种保护剂（食品工业菌种多采用牛乳作保护剂）→分装、预冷冻→真空冷冻→真空封口。真空冻干的菌种可在常温下长期保藏。

(5) 宿主保藏法 适用于一些难于用常规方法保藏的动植物病原菌和病毒。

二、微生物菌种的退化和复壮

1. 菌种的退化

随着菌种保藏时间的延长或菌种的多次转接传代，菌种本身所具有的优良的遗传性状可能得到延续，也可能发生变异。变异有正变（自发突变）和负变两种，对产量性状来说，负变即菌株生产性状的劣化或有些遗传标记的丢失，这些变化均称为菌种的退化。但是在生产实践中，必须将由于培养条件的改变导致菌种形态和生理上的变异与菌种退化区别开来。因为优良菌株的生产性能是和发酵工艺条件紧密相关的。如果培养条件发生变化，如培养基中缺乏某些元素，会导致产孢子数量减少，也会引起孢子颜色的改变；温度、pH 的变化也会使发酵产量发生波动等。所有这些，只要条件恢复正常，菌种原有性能就能恢复正常，因此这些原因引起的菌种变化不能称为菌种退化。

常见的菌种退化现象中，最易觉察到的是菌落形态、细胞形态和生理等多方面的改变，如菌落颜色的改变、畸形细胞的出现等。菌株生长变得缓慢，产孢子越来越少直至产孢子能力丧失，例如放线菌、霉菌在斜面上经多次传代后会产生"光秃"现象等，从而造成生产上用孢子接种的困难。还有菌种的代谢活动、代谢产物的生产能力或其对宿主的寄生能力明显下降，例如黑曲霉糖化能力的下降、抗生素发酵单位的减少、枯草杆菌产淀粉酶能力的衰退等。所有这些对发酵生产均不利。

2. 菌种退化的原因

菌种退化的主要原因是基因的负突变。当控制产量的基因发生负突变，就会引起产量下降，当控制孢子生成的基因发生负突变，则使菌种产孢子性能下降。一般而言，菌种的退化是一个从量变到质变的逐步演变过程。开始时，在群体中只有个别细胞发生负突变，这时如不及时发现并采取有效措施而是移种传代，就会造成群体中负突变个体的比例逐渐增高，最后占优势，从而使整个群体表现出严重的退化现象。因此，突变在数量上的表现依赖于传代，即菌株处于一定条件下，群体多次繁殖，可使退化细胞在数量上逐渐占优势，于是退化性状的表现就更加明显，逐渐成为一株退化了的菌体。

3. 防止菌种退化的措施

（1）控制传代次数 微生物存在着自发突变，而突变都是在繁殖过程中发生而表现出来的。菌种的传代次数越多，产生突变的概率就越高，因而菌种发生退化的机会就越多。所以无论在实验室还是在生产实践中，应尽量避免不必要的移种和传代，把必要的传代控制在最低水平，以降低自发突变的概率。

（2）创造良好的培养条件 在生产实践中，创造和发现一个适合原种生长的条件可以防止菌种退化，如选择合适的培养基、温度和营养等。

（3）利用不同类型的细胞进行移种传代 在有些微生物中，如放线菌和霉菌，由于其细胞常含有几个核甚至是异核体，因此用菌丝接种就会出现不纯和衰退，而孢子一般是单核的，用它接种时，就没有这种现象发生。

（4）采用有效的菌种保藏方法 用于食品工业生产的一些微生物菌种，其主要性状都属于数量性状，而这类性状恰是最容易退化的。即使在较好的保藏条件下，还是存在这种情况。因此，有必要研究和制定出更有效的菌种保藏方法以防止菌种退化。

4. 退化的菌种复壮

狭义的复壮是指从退化菌种的群体中找出少数尚未退化的个体，以恢复菌种的原有典型性状；广义的复壮是指在菌种的生产性能尚未退化前就经常而有意识地进行纯种分离和生产性能的测定工作，以达到菌种的生产性能逐步提高。实际上这是一种利用自发突变（正突变）不断地从生产中进行选种的工作。

本章小结

通过三个典型的实验证实，微生物的遗传物质基础是核酸，大多数的微生物遗传物质是 DNA，仅少数病毒的遗传物质是 RNA。遗传物质的存在形式无论是原核微生物还是真核微生物，其全部遗传物质或大部分 DNA 都集中在细胞核或核区中，即在 DNA 大分子上存在着决定某些遗传性状的特定区段——基因，它的物质基础是一个具有特定核苷酸顺序的核酸区段。一个基因是由若干个核苷酸碱基组成的三联密码子所构成。基因实际上是一个具有遗传功能的核酸片段，密码子则是遗传信息的信息单位，而构成核酸的基本单位则是核苷酸。

　　基因突变指生物体内的遗传物质发生了稳定的可遗传的变化。基因突变的主要类型有：营养缺陷型、条件致死突变型、形态突变型、抗性突变型、产量突变型等。基因突变的特点是自发性和不对应性。自发突变概率低，具有独立性、稳定性、诱变性和可逆性。基因突变的种类主要是诱发突变和自发突变。

　　基因重组的概念是将两个不同性状的个体细胞内的遗传基因转移在一起，经过遗传分子间的重新组合，形成新的遗传型个体的过程。原核微生物的基因重组方式主要有转化、转导、接合和溶源转变等四种。真核微生物的基因重组方式有有性杂交和准性生殖。

　　微生物菌种选育的方法：一是从自然界中分离所需的菌种，即从土壤中分离菌种。二是微生物诱变育种，主要手段是以合适的诱变剂处理大量而分散的微生物细胞，在引起大部分细胞死亡的同时，使存活细胞的突变率迅速提高，再设计简便、快速和高效的筛选方法，进而淘汰负突变并把正突变中效果最好的优良菌株挑选出来。它具有方法简便、工作速度快和效果显著等优点。三是杂交育种，是指将两个基因型不同的菌株的有性孢子或无性孢子及其细胞互相联结，细胞核融合，随后细胞核进行减数分裂或有丝分裂，遗传性状出现分离和重新组合的现象。四是原生质体融合，指通过人为的方法，使遗传性状不同的两个细胞的原生质体融合在一起，进而发生遗传重组，产生同时带有双亲性状的、遗传性状稳定的融合子的过程。

　　微生物菌种保藏是创造一个有利于休眠的条件，如采用低温、干燥、缺氧、缺乏营养、添加保护剂或酸度中和剂等方法，使微生物生长在代谢不活泼、生长受抑制的环境中。菌种保藏方法有低温保藏法、干燥保藏法、隔绝空气保藏法、真空冷冻干燥法及宿主保藏法等。

　　菌种退化的主要原因是基因的负突变，从而影响代谢产物的数量与质量。防止菌种退化的措施是控制传代次数；创造良好的培养条件；利用不同类型的细胞进行移种传代和采用有效的菌种保藏方法等。

【知识拓展】

益生菌——从古老智慧到现代科学的健康守护者

　　在微生物王国中，益生菌以其独特的健康益处备受关注。人类与这些有益微生物的渊源悠久，"益生菌"虽是现代术语，但其认知历程跨越了数千年。

一、古老实践与东方智慧

　　数千年前，不同文明便在实践中发现了发酵食品的价值。约公元前 7000 年，中国贾湖先民已制作含益生菌雏形的发酵饮料。古埃及和古希腊人则制作酸奶和奶酪。中国的泡菜、酸菜、豆豉等也蕴含早期益生菌，在保存食物、增添风味的同时，悄然维护着肠道健康。

　　中国古代典籍中，可以找到关于益生菌的记载。中医古籍《黄帝内经》强调"食饮有节"，包含对发酵食品的认识和利用。北魏《齐民要术》记载制曲工艺，称有益微生物为"五色衣""黄衣"。《天工开物》则称治疗痢疾的"丹曲"为"奇药"。这些"霉"和"丹曲"都是益生菌的古代称谓。东晋葛洪在《肘后备急方》记载用健康人粪清救治垂危腹泻患者，这是粪菌移植技术最早的历史起源，其原理与现代益生菌治病理论不谋而合。明代李时珍在《本草纲目》中也记载了用粪菌液治疗肠道疾病的实践。

二、近代科学研究的兴起

　　19 世纪末，微生物学兴起推动了益生菌研究。1878 年，李斯特首次从牛奶中分离出乳酸乳球菌。1899 年，法国科学家蒂赛从健康婴儿粪便中分离出第一株双歧杆菌（原名分叉杆菌），并发现其与婴儿健康相关。俄国科学家梅契尼科夫观察到保加利亚农民因常饮酸奶而长寿健康，提出"酸奶长寿"理论，科学阐释了乳酸菌抑制有害菌、促进健康的作用，并因此荣获 1908 年诺贝尔生理学或医学奖，奠定了现代益生菌科学的基础。

三、益生菌的精准筛选与机制探索

21 世纪，益生菌研究进入黄金期。科学家借助先进技术，从特殊人群（如长寿老人）中精准筛选高效菌株，并深入揭示其作用机制。

扬州大学顾瑞霞团队从江苏如皋百岁老人体内分离出发酵黏液乳杆菌 GRX08，证实其能有效调节血脂、促进胆固醇代谢与排泄，对肝胆健康有显著益处。

该团队从广西巴马长寿人群肠道中筛选出植物乳植杆菌 GRX16 和 GRX03。GRX16 能抑制肠道 α-葡萄糖苷酶活性，减少碳水化合物吸收，有助血糖调控；GRX03 则通过调控嘌呤代谢、尿酸排泄和炎症反应，降低高尿酸血症和痛风风险。

四、益生菌传承与展望

从远古的发酵实践、古籍的智慧记载，到近代的科学奠基与现代的精准研究，人类对益生菌的认知与应用走过了漫长旅程。这些微小的生命体，从朦胧的"奇药""霉衣"，逐渐成为维护健康的有力工具。益生菌的故事是传统智慧与现代科学交融的典范。随着研究的深入，它们必将在食品、医药等领域展现出更广阔前景，持续为人类健康贡献力量。

【复习巩固】

一、填空题

1. 微生物遗传变异的物质基础是_____，大多数微生物的遗传物质是_____，少数病毒的遗传物质是 RNA。

2. 肺炎双球菌转化实验中，能将 R 型菌转化为 S 型菌的转化因子是_____。

3. 基因突变包括_____和染色体畸变，在微生物中，_____是最常见、最重要的。

4. 营养缺陷型是指微生物经基因突变引起代谢障碍而必须添加某种_____才能正常生长的突变型。

5. 原核微生物的基因重组方式主要有_____、_____、接合和溶源转变等四种。

6. 真核微生物的基因重组方式有_____和准性生殖。

7. 从自然界中分离菌种的主要步骤是_____、增殖培养、_____、筛选。

8. 菌种保藏的原理是创造一个有利于_____的条件，如采用低温、干燥、缺氧、缺乏营养、添加保护剂或酸度中和剂等方法。

二、选择题

1. 证明核酸是遗传物质的三个经典实验不包括（　　　　）。

A. 肺炎双球菌转化实验　　　　　　　B. 噬菌体感染实验

C. 植物病毒重建实验　　　　　　　　D. 巴斯德鹅颈瓶实验

2. 下列关于基因突变特点的描述，错误的是（　　　　）。

A. 具有自发性和不对应性　　　　　　B. 突变概率很高

C. 具有独立性和稳定性　　　　　　　D. 具有诱变性和可逆性

3. 以下属于条件致死突变型的是（　　　　）。

A. 营养缺陷型 　　　　　　　　　　　B. 温度敏感突变型

C. 形态突变型 　　　　　　　　　　　D. 抗性突变型

4. 原核微生物中，转化现象发生时，受体细胞处于（　　）状态才能吸收转化因子。

A. 对数生长期 　　　B. 稳定期 　　　　C. 感受态 　　　　　　D. 衰亡期

5. 普遍性转导中，转导型噬菌体能传递供体菌株的（　　）。

A. 特定基因 　　　　B. 任何基因 　　　C. 部分基因 　　　　　D. 大部分基因

6. 能产生有性孢子的酵母菌和霉菌，其基因重组方式主要是（　　）。

A. 准性生殖 　　　　B. 有性杂交 　　　C. 转化 　　　　　　　D. 转导

7. 从自然界分离菌种时，采样以（　　）为好。

A. 温度适中、雨量不多的秋初 　　　　B. 夏季高温多雨时

C. 冬季寒冷干燥时 　　　　　　　　　D. 春季万物复苏时

8. 目前最好的综合性菌种保藏方法是（　　）。

A. 低温保藏法 　　　B. 干燥保藏法 　　　C. 真空冷冻干燥法　D. 隔绝空气保藏法

三、判断题

1. 有性杂交是真核微生物基因重组的方式之一，能产生有性孢子的酵母菌和霉菌都能进行有性杂交。（　　）

2. 从自然界分离的野生型菌株一定能作为生产菌株直接用于工业生产。（　　）

3. 诱变育种具有方法简便、工作速度快和效果显著等优点。（　　）

4. 菌种退化是由于培养条件改变导致的，与基因无关。（　　）

5. 控制传代次数可以防止菌种退化。（　　）

四、名词解释

1. 遗传

2. 转化

3. 转导

4. 诱变育种

5. 菌种退化

五、问答题

1. 微生物变异的实质是什么？

2. 基因突变的类型和特点是什么？

3. 简述菌种退化的原因。

4. 防止菌种退化的措施有哪些？

5. 现有的菌种保藏法有哪些？试比较常用的几种菌种保藏法。

第五章　微生物在食品工业中的应用

【学习目标】
1. 了解不同食品中微生物的生物学特征。
2. 掌握不同的微生物在食品工业中的作用机理。
3. 了解生产单细胞蛋白（SCP）的微生物及其作用。
4. 掌握生产微生物酶制剂的种类及其在食品中的应用。

食品工业包括食品酿造和食品发酵。而酿造和发酵是食品微生物学中常见的两个概念，二者既有相同之处，又有差别。相同之处为：都是通过对环境生态因子的控制，利用有益微生物改变原料的特性，获得所需产品的过程。酿造通常是多菌种混合形成较为复杂的生态系统，共同作用于固体或半固体原料，经长时间作用形成特定产品的过程。发酵则大多数是单一特定微生物在特定容器内，以工业化生产控制，使培养基质转化为特定产品的过程。

微生物应用于食品工业是人类利用微生物的最早、最重要的一个方面，在我国已有数千年的历史。在食品发酵工业中，可利用微生物制造出许多食品，如面包、乳制品、味精、肌苷酸、赖氨酸、酶制剂、甜味素、维生素、食用菌等。在食品酿造工业中，如酒、食用醋、酱油、柠檬酸等各种调味品。不同的微生物生产的食品见表 5-1。

表 5-1　微生物生产的食品

产　　品	生产微生物	主　要　原　料
黄酒	青霉、毛霉、根霉、酵母	糯米、黍米、粳米
葡萄酒	酵母	葡萄
白酒	根霉、曲霉、毛霉、酵母、乳酸菌、醋酸菌	高粱、米、玉米、薯、豆
啤酒	酿酒酵母	大麦、酒花
豆腐乳	毛霉、曲霉、根霉	大豆、冷榨豆粕
酱油	曲霉、酵母、乳酸菌	小麦、蚕豆、薯、米
干酪	乳链球菌、曲霉	干酪素
酸奶	乳酸菌	牛奶、羊奶
食醋	醋酸菌、曲霉、酵母	米、麦、薯等
泡菜	乳酸菌、明串珠菌	蔬菜、瓜果
面包	酿酒酵母	小麦粉
味精	谷氨酸棒杆菌	糖蜜、淀粉、葡萄糖、玉米浆
肌苷酸	短杆菌、谷氨酸棒杆菌	淀粉、豆饼、酵母粉、无机盐
食用真菌	双孢蘑菇	畜粪、秸秆、菜籽饼
	香菇	木材、木屑、甘蔗渣
	木耳	木材、棉籽壳、木屑
	银耳	木材、棉籽壳、木屑
	平菇	棉籽壳、稻草、玉米芯

下面选择几种利用不同的微生物生产的食品作简要介绍。

第一节 微生物与乳制品

一、乳制品中的乳酸细菌类群

乳酸细菌是一类能使可发酵性碳水化合物转化成乳酸的细菌的统称。它不是微生物分类学上的名词，只是由于这类细菌在自然界分布广泛，在工业、农业和医药等与人类生活密切相关的重要领域应用价值高，且有些种、属的细菌给人的健康带来益处，也有些对人畜致病，因而受到人们的极大重视。

随着人们对乳酸菌的研究不断深入，乳酸菌群中出现了许多新的属、种。几乎每年都有乳酸细菌新种（属）的报道。目前发现的乳酸菌，至少分布于 19 个属的微生物中。下面介绍几种在乳制品中常用的乳酸菌属（种）。

1. 乳杆菌属

(1) 形态特征　细胞多呈长或细长杆状、弯曲形短杆状及棒状球杆状，一般呈链状排列。大多数革兰染色阳性，有些菌株革兰染色或甲基蓝染色显示两极体，内部有颗粒物条纹状。通常不运动，有的具有周生鞭毛能够运动。无芽孢。大多不产色素。

(2) 生理生化特点　化能异养型，对营养要求严格，生长繁殖需要多种氨基酸、维生素等。根据对碳水化合物的发酵类型，可将乳杆菌属分为三个类群，第一类是同型发酵群：发酵葡萄糖产生 85% 以上的乳酸，不能发酵戊糖和葡萄糖酸盐；第二类是兼异型发酵群：既能发酵葡萄糖产生 85% 以上的乳酸，也可以发酵某些戊糖和葡萄糖酸盐；第三类是异型发酵群：发酵葡萄糖产生等量物质的乳酸、乙酸、乙醇及 CO_2。

(3) 乳杆菌属的代表种

① 保加利亚乳杆菌。细胞形态长杆状、两端钝圆。固体培养基生长的菌落呈棉花状，极易与其他乳酸菌区别。能利用葡萄糖、果糖、乳糖进行同型乳酸发酵，不能利用蔗糖。它是乳酸菌中产酸能力最强的菌种，其产酸能力与菌体形态有关，菌形越大，产酸能力越强，反之则弱。最适生长温度 37～45℃，温度高于 50℃ 或低于 20℃ 不生长。

② 嗜酸乳杆菌。细胞形态比保加利亚乳杆菌小，呈细长杆状。能利用葡萄糖、果糖、乳糖及蔗糖进行同型乳酸发酵。生长繁殖需一定的维生素等生长因子。生长因子通常是指氨基酸、嘌呤、嘧啶和 B 族维生素中的一种，又叫维生素 H 或辅酶 R。最适生长温度 37℃，低于 20℃ 不生长。耐热性差，耐酸性强，能在其他乳酸菌不能生长的酸性环境中生长繁殖。

嗜酸乳杆菌是人体肠道内有益的微生物菌群之一，其代谢产物乳杆菌素（lactocidin）、嗜酸乳素（acidophilin）、酸菌素（acidolin）可抑制病原菌和腐败菌的生长。此外，该菌在改善乳糖不耐症、治疗便秘和痢疾以及激活人体免疫系统、抗肿瘤等方面都具有一定的功效。

2. 链球菌属

(1) 形态特征　细胞呈球形或卵圆形，成对或成链排列。革兰染色阳性，无芽孢，一般不运动，不产生色素。

(2) 生理生化特点　化能异养型，同型乳酸发酵产生右旋乳酸，兼性厌氧型，厌氧培养生长良好。

(3) 链球菌属的代表种

① 嗜热链球菌。细胞呈长链球状。能利用葡萄糖、果糖、乳糖和蔗糖进行同型乳酸发酵产生 L 型乳酸。可使牛乳凝固。蛋白质分解能力较弱。其特征是：在高温条件下产酸，低于 20℃不产酸。最适生长温度 40～45℃，耐热性强，能耐 65～68℃，常作为发酵乳、干酪的生产菌。

② 乳酸链球菌。细胞呈双球、短链或长链状。同型乳酸发酵。牛乳随便放置时的凝固大部分由该菌所致。产酸能力弱。对温度适应范围广，最适生长温度 30℃。对热抵抗力弱，60℃、30min 全部死亡。常作为干酪、酸奶油及乳酒发酵菌种。

③ 乳脂链球菌。细胞比乳酸链球菌大，长链状，同型乳酸发酵。产酸和耐酸能力都较弱，产酸温度低，约 18～20℃，37℃以上不产酸、不生长。由于该菌耐酸能力差，菌种保藏非常困难，需每周转接菌种一次。此菌常作为干酪、酸奶油的发酵菌种。

3. 双歧杆菌属

(1) 形态特征 细胞呈现多样性：Y 字形、V 字形、弯曲状，典型的形态为分叉杆菌，故取名 bifidum（拉丁文，指分开、裂开之意）。革兰染色阳性，无芽孢和鞭毛，不运动。

(2) 生理生化特点 化能异养型，有特殊的营养要求，生长繁殖需要多种双歧因子（一种能促进双歧杆菌生长，不被人体吸收利用的天然或人工合成的物质），能利用葡萄糖、果糖、乳糖和半乳糖，通过 6-磷酸支路生成乳酸和乙酸及少量的甲酸和琥珀酸，不产生 CO_2。蛋白质分解能力微弱，能利用铵盐作为氮源，不能还原硝酸盐，不液化明胶。专性厌氧，不同的菌种对氧的敏感性有差异，多次传代后，菌株的耐氧性增强，接触酶反应阴性。最适生长温度 37℃。不耐酸，酸性环境（pH≤5.5）对菌体存活不利。

目前已知的双歧杆菌共有 24 种，其中 7 种存在于人体肠道内，它们是两歧双歧杆菌、长双歧杆菌、短双歧杆菌、婴儿双歧杆菌、链状双歧杆菌、假链状双歧杆菌和牙双歧杆菌等。应用于发酵乳制品生产的仅为前面 5 种。

双歧杆菌是人体肠道内的有益菌群，主要产生双歧杆菌素，它对肠道中的致病菌如沙门菌、金黄色葡萄球菌、志贺菌等具有明显的杀灭效果。酸乳中的双歧杆菌还能分解积存于肠胃中的致癌物 N-亚硝胺，防止肠道癌变，并能通过诱导作用产生细胞干扰素和促细胞分裂剂，促进免疫球蛋白的产生、活化巨噬细胞的功能，提高人体的免疫力，增强人体对癌症的抵抗和免疫能力。

二、乳酸菌与发酵乳制品

发酵乳制品是指良好的原料乳经过杀菌作用接种特定的微生物（主要是乳酸菌）进行发酵，产生具有特殊风味的食品。它们通常不仅有良好的风味、较高的营养价值，还具有一定的保健作用，并深受消费者的普遍欢迎。近些年来，由于确认了乳酸菌尤其是双歧杆菌、嗜热乳杆菌等肠道有益菌具有许多重要的生理功能，各种乳酸菌发酵乳制品开始风靡世界，被誉为"21 世纪的功能性食品"。

发酵乳制品是一个综合性的名称，包括酸奶、酸奶酒、酸奶油及干酪等。目前根据发酵乳制品的生产过程、发酵剂的种类、产品的特征及其他特性的不同，大致将发酵乳制品分为四大类：发酵乳、干酪、酸乳菌制剂和酸乳粉。其中发酵乳和干酪生产量最大。有些发酵乳制品如干酪、酸奶油等，除乳酸菌属细菌外，酵母菌、霉菌也参与发酵。这些微生物不仅会引起产品外观和理化特性的改善，而且可以丰富发酵产品的风味。

1. 微生物与发酵乳制品中风味物质的形成

(1) 乳糖的乳酸发酵 这是所有发酵乳制品所共有的最为重要的乳糖代谢方式。由乳酸菌产生的乳酸是乳制品中最基本的风味化合物。一般乳液中含 4.7%～4.9%的乳糖，它是乳液中微生物生长的主要能源和碳源。因此，那些具有乳糖酶的乳链球菌、嗜热链球菌和乳杆菌等才能在乳液中正常生长，并在与其他菌的竞争生长中成为优势菌群。

(2) 柠檬酸转变为双乙酰 乳脂明串珠菌、乳链球菌丁二酮亚种等将发酵牛乳中产生的另一种代谢物质柠檬酸转变为双乙酰，它是乳制品中极其重要的风味物质，它使发酵乳制品具有奶油特征，还有一种类似坚果仁的香味和风味。但乳脂明串珠菌在牛乳中生长很慢，利用乳糖产酸的能力弱，因而在生产上常使用添加葡萄糖和酵母膏的办法促进其生长，这样只有当乳液中有足够的酸时，乳脂明串珠菌才能发酵牛乳中的柠檬酸生成双乙酰。研究还表明，风味细菌的柠檬酸酶只有在 pH 低于 6.0 以下时才有活性，而牛乳的 pH 一般为 6.6～6.7，这就要求它与乳酸菌共同生长。

(3) 乙醛的产生 嗜热链球菌和保加利亚乳杆菌在乳酸的代谢过程中产生的乙醛也是一种重要的风味物质，以增进酸牛乳的美味。但发酵酸性奶油时，乙醛的存在会有害，会带来一种不良的风味，故酸性奶油的生产中禁用这些菌株。

(4) 乙醇的产生 乳脂明串珠菌在异型乳酸发酵中可形成少量的乙醇，它也是发酵乳制品中重要的风味物质之一。乳脂明串珠菌有较强的乙醇脱氢酶活性，能将乙醛转变为乙醇，故也称其为风味菌、香气菌或产香菌。酸奶酒中的乙醇则是由酵母菌产生的，不同乳制成的酸奶酒由不同的酵母菌产生乙醇。如牛奶酒中的乙醇由克菲尔酵母和克菲尔圆酵母产生，而马奶酒中的乙醇则是由乳酸酵母产生。

(5) 甲酸、乙酸和丙酸的产生 乳链球菌丁二酮亚种，利用酪蛋白水解物形成的挥发性脂肪酸中的甲酸、乙酸和丙酸也是构成发酵乳制品风味物质的重要化合物。挥发性脂肪酸对成熟干酪的口味形成是有益的。

(6) 二氧化碳的产生 异型乳酸菌、酵母菌发酵乳糖及乳脂明串珠菌发酵柠檬酸在乳液中产生的二氧化碳使酸乳酪和酸奶酒产品膨胀或起泡。

2. 酸乳

酸乳是新鲜牛乳经过乳酸菌发酵后制成的发酵乳。根据其发酵方式可分为凝固型、搅拌型和饮料型三种。

菌种的选择对发酵剂的质量起着重要作用，应根据不同的生产目的选择适当的菌种，要以产品的主要技术特性，如产香、产酸、产生黏性物质及蛋白水解能力等作为发酵剂菌种的选择依据。通常使用两种或两种以上的菌种混合使用，相互产生共生作用。大量的研究证明，混合使用的效果比单一使用的效果好。

根据生产上使用的菌种不同，酸乳的生产工艺略有差异，但都有共同之处。限于本书篇幅我们只介绍两种不同的工艺。一种是双歧杆菌与嗜热链球菌、保加利亚乳杆菌等共同发酵的生产工艺，称共同发酵法。另一种是将双歧杆菌与兼性厌氧的酵母菌同时在脱脂牛乳中混合培养，利用酵母在生长过程中的呼吸作用，创造一个适合于双歧杆菌生长繁殖、产酸代谢的厌氧环境，称为共生发酵法。

① 共同发酵法生产工艺。共同发酵法双歧杆菌酸奶的生产工艺流程如图 5-1 所示。

双歧杆菌酸奶的工艺要求为：双歧杆菌产酸能力低，凝乳时间长，最终产品的口味和风味欠佳，因而生产上常选择一些对双歧杆菌生长无太大影响但产酸快的乳酸菌，如嗜热链球菌、保加利亚乳杆菌、嗜酸乳杆菌、乳脂明串珠菌等与双歧杆菌共同发酵。这样既可以使制品中含有足够量的双歧杆菌，又可以提高产酸能力，大大缩短凝乳时间，缩短生长周期，并改善制品的口感和风味。

原料乳

标准化

调配←（蔗糖 10% ＋葡萄糖 2%）

均质（15 ～ 20MPa）

杀菌（115℃，8min）

冷却（38 ～ 40℃）

适量维生素 C→接种←[双歧杆菌 6%、嗜热链球菌（保加利亚乳杆菌）3%]

灌装←消毒瓶

发酵（38 ～ 39℃，6h）

冷却（10℃ 左右）

冷藏（1 ～ 5℃）

成品

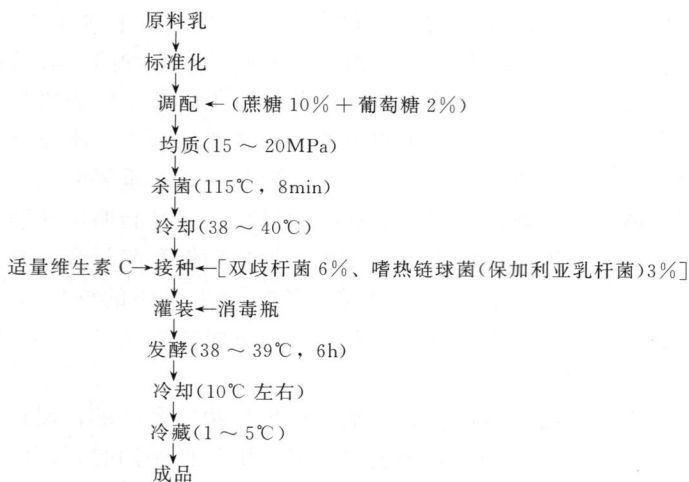

图 5-1　共同发酵法双歧杆菌酸奶的生产工艺流程

② 共生发酵法生产工艺。双歧杆菌、酵母菌共生发酵乳的生产工艺流程如图 5-2 所示。

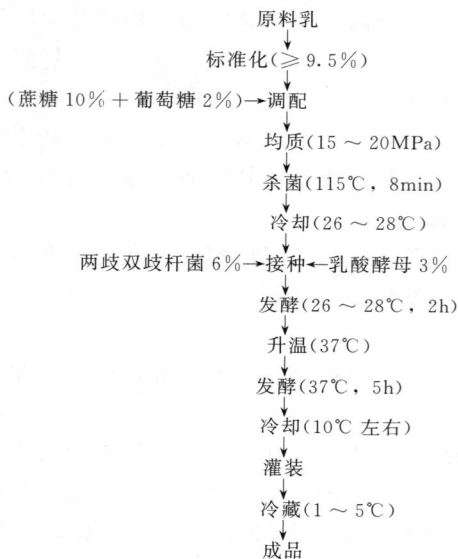

原料乳

标准化（≥9.5%）

（蔗糖 10% ＋葡萄糖 2%）→调配

均质（15 ～ 20MPa）

杀菌（115℃，8min）

冷却（26 ～ 28℃）

两歧双歧杆菌 6%→接种←乳酸酵母 3%

发酵（26 ～ 28℃，2h）

升温（37℃）

发酵（37℃，5h）

冷却（10℃ 左右）

灌装

冷藏（1 ～ 5℃）

成品

图 5-2　双歧杆菌、酵母菌共生发酵乳的生产工艺流程

双歧杆菌、酵母菌共生发酵乳的生产工艺要求为：共生发酵法常用的菌种搭配为双歧杆菌和用于马奶酒制造的乳酸酵母，接种量分别为 6% 和 3%。在调配发酵培养用原料乳时，用适量脱脂乳粉加入到新鲜脱脂乳中，以强化乳中固形物含量（固形物含量≥9.5%），并加入 10% 蔗糖和 2% 的葡萄糖，接种时还可加入适量维生素 C，以利于双歧杆菌生长。酵母菌的最适生长温度为 26～28℃。为了有利于酵母先发酵，为双歧杆菌生长营造一个适宜的厌氧环境，因而接种后，首先在温度 26～28℃下培养，以促进酵母的大量繁殖和基质乳中氧的消耗，然后将温度提高到 30℃左右，以促进双歧杆菌的生长。由于采用了共生混合的发酵方式，双歧杆菌生长迟缓的状况大为改观，总体产酸能力提高，加快了凝乳速度，所得产品酸甜适中，富有纯正的乳酸口味和淡淡的酵母香气。

此工艺生产的酸奶最好在生产 7d 内销售出去，而且在生产与销售之间必须形成冷冻链，因为即使在 5～10℃ 的环境下，存放 7d 后，双歧杆菌活菌的死亡率也高达 96%，20℃ 下存放 7d 后，死亡率达 99%。

3. 干酪

干酪的主要成分是蛋白质和脂肪。它是一种营养丰富、风味独特、较易消化的食品。干酪是在乳中（也可用脱脂奶油或稀奶油）加入适量的乳酸菌发酵剂和凝乳酶，使蛋白质（主要是酪蛋白）凝固后，排出乳清，将凝块压成块状而制成的产品。制成后未经发酵的产品称新鲜干酪，经长时间发酵成熟而制成的产品称为成熟干酪，这两种干酪称为天然干酪。

干酪是一大类发酵乳制品，占世界发酵食品产量的 1/4，是目前消费量仅次于酒类的一种发酵产品。目前全世界的干酪中，用牛乳生产的约占 94%，羊奶及马奶等制品约占 6%。

根据干酪的质地特性和成熟的基本方式，可将干酪分为硬干酪、半硬干酪和软干酪三类。它们可用细菌或霉菌成熟，或不经成熟。

(1) 干酪生产工艺　不同品种的干酪的风味、颜色、质地等特性不同，其生产工艺也不尽相同，但都有共同之处。一般工艺流程如图 5-3 所示。

原料乳检验→净化→标准化调制→杀菌→冷却添加发酵剂→调整酸度→加 CaCl$_2$→加色素→加凝乳酶→静置凝乳→凝块切割→搅拌→加热升温→排乳清→压榨成型→盐渍→生干酪→发酵成熟→上色挂蜡→成熟干酪

图 5-3　干酪生产一般工艺流程

(2) 菌种　用于干酪发酵的菌种大多数为乳酸菌，但有些干酪使用丙酸菌和霉菌。乳酸菌发酵剂大多是多种菌的混合发酵剂，根据最适生长温度不同，可将干酪生产的乳酸菌发酵剂菌种分为两大类：一类是适温型乳酸菌，包括乳酸链球菌、乳脂链球菌、乳脂明串珠菌等，主要作用是将乳糖转化为乳酸和将柠檬酸转化成双乙酰；另一类是具有脂肪分解酶和蛋白质分解酶的嗜热型乳酸菌，包括嗜热链球菌、乳酸乳杆菌、干酪乳杆菌、短杆菌、嗜酸乳杆菌等。

(3) 干酪微生物的次生菌群

① 霉菌。霉菌是成熟干酪的主要菌种，如白地霉和沙门柏干酪青霉，在实际生产过程中，一般是将这两种菌混合使用，使干酪表面形成灰白色的外皮。

② 酵母菌。酵母菌是许多表面成熟干酪的微生物群的重要组成部分，酵母可水解蛋白质，又可水解脂类，产生多种挥发性的风味物质。

③ 细菌。在干酪次生菌群中特别重要的是微球菌、乳杆菌、片球菌、棒状杆菌和丙酸杆菌，它们是干酪表面涂抹菌种的重要组成部分，在干酪成熟过程中发挥着重要的作用。

总之，次生菌群的生长、代谢活动及蛋白质水解酶与脂肪水解酶的分泌可以改变干酪的结构和风味。但由于成熟干酪的次生菌群相当复杂，因此各个单独的菌种的作用机制并未完全了解。

三、乳菌素在食品工业中的应用

乳酸链球菌肽 Nisin，又称乳酸链球菌素，是从乳酸链球菌发酵产物中提取出来的一类多肽化合物，食入胃肠道后易被蛋白酶分解，因而是一种安全的天然食品防腐剂。FAO（联合国粮食及农业组织）和 WHO（世界卫生组织）已于 1969 年给予认可，它是目前唯一允许作为防腐剂在食品中使用的细菌素。

Nisin 是一种仅有 34 个氨基酸残基的短肽，分子质量约为 3500Da，正常情况下以二聚体状态存在，在分子组成中 Nisin 含有羊毛硫氨酸（lanthionine）、β-甲基羊毛硫氨酸（β-methy lanthionine）、脱氢丙氨酸（dehydroalanine）、β-甲基脱氢丙氨酸（β-methy dehydroalanine）四种不常见的氨基酸残基。

Nisin 的抑菌机制是作用于细菌的细胞膜，可以抑制细菌细胞壁中肽聚糖的生物合成，使细胞膜和磷脂化合物的合成受阻，从而导致细胞内物质外泄，甚至引起细胞裂解。也有的学者认为 Nisin 是一个疏水带正电荷的小肽，能与细胞膜结合形成管道结构，使小分子和离子通过管道流失，造成细胞膜渗漏。

Nisin 的作用范围相对较窄，仅对大多数革兰阳性菌（G^+）具有抑制作用，如金黄色葡萄球菌、链球菌、乳酸杆菌、微球菌、单核细胞增生利斯特菌、丁酸梭菌等，且对芽孢杆菌、梭状芽孢杆菌孢子的萌发抑制作用比对营养细胞的作用更大。但 Nisin 对真菌和革兰阴性菌（G^-）没有作用，因而只适用于 G^+ 引起的食品腐败的防腐。最近报道，Nisin 与螯合剂 EDTA 二钠连接可以抑制一些 G^-，如抑制沙门菌、志贺菌和大肠杆菌等细菌生长。

Nisin 在中性或碱性条件下溶解度较小，因此添加 Nisin 作为防腐剂的食品必须是酸性，且在加工和储存的室温条件下其酸性是稳定的。

1. 在罐头食品中的应用

目前 Nisin 已成功地应用于高酸性食品（pH＜4.5）的防腐；对于非酸性罐头食品，添加 Nisin 可降低热处理温度并缩短时间，更好地保持产品的营养和风味。

2. 在肉制品中的应用

Nisin 用于鱼类、肉类制品中，不影响肉的色泽和防腐效果，还可明显降低硝酸盐的使用量，达到有效防止肉毒梭菌毒素形成的目的。

3. 在乙醇饮料生产中的应用

在乙醇饮料中，Nisin 对 G^- 菌和霉菌几乎没有作用，因此在生产啤酒、果酒和烈性乙醇饮料时，加入 $100\mu g/mL$ 的 Nisin 对乳杆菌、片球菌等酸败革兰阳性细菌均有抑制作用。

4. 在乳品工业中的应用

在德国和瑞士的硬干酪或半硬干酪发酵生产中，向原料乳中加入 Nisin 等乳酸菌素，可以有效地防止芽孢杆菌生长过盛而形成"气泡"现象。

未经巴氏杀菌的牛奶加入 Nisin，可以有效地控制鲜乳的质量，而且乳酸链球菌可以正常地生长并产酸，使干酪具有更好的质量与风味。

第二节　微生物与发酵调味品

一、微生物与食醋

食醋是中国劳动人民在长期的生产实践中制造出来的一种酸性调味品。它能增进食欲，帮助消化，在人们饮食生活中不可缺少。在中国的中医药学中醋也有一定的用途。全国各地生产的食醋品种较多。著名的山西陈醋、镇江香醋、四川麸醋、东北白醋、江浙玫瑰米醋、福建红曲醋等是食醋的代表品种。食醋按加工方法可分为合成醋、酿造醋、再制醋三大类。其中产量最大且与我们关系最为密切的是酿造醋，它是用粮食等淀粉质为原料，经微生物制曲、糖化、乙醇发酵、乙酸发酵等阶段酿制而成。其主要成分除乙酸（3%～5%）外，还含有各种氨基酸、有机酸、糖类、维生素、醇和酯等营养成分及风味成分，具有独特的色、香、味。它不仅是调味佳品，长期食用对身体健康也十分有益。

1. 醋酸菌

（1）形态特征　醋酸菌两端钝圆呈杆状，单生或呈链排列，无芽孢，属革兰阴性菌。周生鞭毛或极生鞭毛。在高温或高盐浓度或营养不足等培养条件下，菌体会伸长，变成线形、棒形或管状膨大等。

（2）生理生化特性　醋酸菌为化能异养型，合适的碳源是葡萄糖、果糖、蔗糖和麦芽糖，不能直接利用淀粉等多糖。酒精也是很适宜的碳源，生长繁殖最适温度为 28～33℃。醋酸菌不耐热，在 60℃下经 10min 即死亡。醋酸菌生长最适 pH 为 3.5～6.5。醋酸菌为好氧菌，必须供给充足的氧气才能进行正常发酵。醋酸菌具有相当强的醇脱氢酶、醛脱氢酶等氧化酶系活性，因此，除氧化酒精生成乙酸外，也有氧化其他醇类和糖类的能力，生成相应的酸、酮等物质。醋酸菌还有生成酯的能力，如接入产生芳香酯的醋酸菌种，可以使食醋的香味倍增。

（3）醋酸菌分类

① 醋酸杆菌属。能在比较高的温度下（39～40℃）发育；增殖最适温度高于 30℃；主要作用是将酒精氧化为乙酸，也能氧化葡萄糖生成少量的葡萄糖酸，并可将乙酸进一步氧化成二氧化碳和水。

② 葡萄糖氧化杆菌属。能在比较低的温度下（7～9℃）发育；醋酸菌又分成两类，一类是不产生鞭毛的细菌，另一类是产生极生鞭毛的细菌，它们不能进一步氧化乙酸。增殖最适温度低于 30℃；主要作用是将葡萄糖氧化为葡萄糖酸，将酒精氧化为乙酸的能力较弱，不能将乙酸氧化为 CO_2 和 H_2O。

2. 酿醋工业常用和常见的醋酸菌

（1）许氏醋酸杆菌　是国外的速酿醋菌种，也是目前制醋工业较重要的菌种之一，产酸量可高达 11.5%。最适生长温度为 28～30℃，达到 37℃ 即不再产乙酸。它对乙酸没有进一步的氧化作用。

（2）恶臭醋酸杆菌　是中国醋厂使用的菌种之一。该菌种在液面形成菌膜，并沿容器壁上升，菌膜下液体不浑浊。一般能产酸 6%～8%，有的菌株的副产品为 2% 葡萄糖酸，能把乙酸进一步氧化为 CO_2 和 H_2O。

（3）攀膜醋酸杆菌　它是葡萄酒酿造过程中的有害菌。在醋醅中常能分离出来。最适生长温度为 31℃，最高生长温度 44℃。在液面形成易破碎的膜，菌膜沿容器壁上升很高，菌膜下液体很浑浊。

（4）奥尔兰醋酸杆菌　它是法国奥尔兰地区用葡萄酒生产醋的主要菌株。生长最适温度为 30℃。该菌产生少量的酯，产醋酸的能力弱，能由葡萄糖产 5.3% 的葡萄糖酸，耐酸能力较强。

（5）AS1.41 醋酸菌　它属于恶臭醋酸杆菌，是中国酿醋工业应用较长远的菌株之一。该菌细胞杆状，常呈链状排列。液体培养时形成菌膜。生长最适温度为 28～30℃，生成乙酸的最适温度为 28～33℃，耐酒精浓度为 8%（体积分数）。最高产乙酸 7%～9%，产葡萄糖酸能力弱。能进一步将乙酸氧化为 CO_2 和 H_2O。

（6）胶膜醋酸杆菌　它是一种特殊的醋酸菌，若在酿酒醪液中繁殖，会引起酒酸败，变黏。该菌生成乙酸的能力弱，又会氧化分解乙酸，因此是酿醋的有害菌。在液面会形成一层皮革状类似纤维样的厚膜。

（7）沪酿 1.01 醋酸菌　它是从丹东速酿醋中分离得到的，是中国食醋工厂应用较长远的菌种之一。在含乙醇的培养液中形成淡青色的薄层膜。该菌由乙醇产乙酸的转化率为

$93\%\sim95\%$。

3. 中国传统食醋生产工艺

中国传统食醋生产的工艺如图 5-4 所示。

麸曲　　　酒母　　　　　醋酸菌
↓　　　　↓　　　　　　↓

碎米→浸泡→磨浆→调浆→液化→糖化→乙醇发酵→酒醪→乙酸发酵→醋醪→压滤→配兑→灭菌→陈醋→成品

图 5-4　中国传统食醋生产工艺

中国酿造醋的生产工艺经过了几次重大的变革，以前发酵用的微生物是利用自然界中的野生菌，设备落后，卫生条件差，原料利用率低，成本高。20 世纪 50 年代开始采用人工选育优良菌种，使原料利用率提高，酿造周期缩短；60 年代上海醋厂采用酶法液化自然通风回流制醋，把酿醋机械化程度提高了一大步；进入 70 年代，石家庄、天津、上海等厂试验成功液态深层发酵制醋，这无疑是对传统制醋观念的更新。此后，生料制醋、固定化细胞连续发酵等新工艺成功地运用于生产，使中国制醋工业水平上了一个又一个的新台阶。

传统醋坊有着"夏伏晒、冬捞冰"的独特工艺，其中冬捞冰工序可浓缩醋液、去除杂质。与之相对，现代发酵罐的温控传感器与自动补料系统，体现了科技在生产中的应用。科技革新并非要取代传统，而是怀着敬畏之心，去解读微生物群落中蕴含的智慧。结合《中国传统工艺振兴计划》中"用现代科技赋能非遗传承"的理念，我们要坚持"守正"与"创新"的辩证统一。

4. 食醋酿造用微生物类群及其作用

传统工艺制醋是利用自然界中的野生菌制曲、发酵。因此，涉及的微生物种类多而复杂。在众多的微生物中，有对酿醋有益的菌种，也有对酿醋有害的菌种。新法酿醋，均采用人工选育的菌种，进行制曲、乙醇发酵和乙酸发酵。

(1) 曲霉菌　曲霉菌有丰富的淀粉酶、糖化酶等酶系。因此，常用曲霉菌制糖化曲，其主要作用是将制醋原料中的淀粉水解为糊精及葡萄糖；蛋白质被水解为肽、氨基酸。常用的有黑曲霉和黄曲霉类群。

(2) 酵母菌　在食醋酿造过程中，淀粉质原料经曲的糖化作用产生葡萄糖，酵母菌则通过其酒化酶系将葡萄糖转化为乙醇和二氧化碳，完成酿醋过程中的乙醇发酵阶段。除此之外，酵母菌还有麦芽糖酶、蔗糖酶、乳糖分解酶等。在酵母乙醇发酵中，除生产乙醇外，还有少量的有机酸、杂醇油、酯类等物质，这些对形成醋的风味有一定的作用。因而，有的生产厂家还添加产酯能力强的产酯酵母进行混合发酵。酿制食醋用酵母菌与生产酒类使用的酵母菌相同。

(3) 醋酸菌　醋酸菌可将酵母菌产生的乙醇进一步氧化成乙酸，是食醋生产的关键菌种。酿醋用的醋酸菌最好是氧化乙醇速度快、乙酸产率高、不再分解乙酸、耐酸性强、制品风味好的菌种。在目前发现和使用的醋酸菌种中，有些醋酸菌虽然不会分解乙酸，但产乙酸能力弱；有些醋酸菌乙酸产率高，但具有将乙酸氧化成二氧化碳和水的能力。因而目前国内外有些工厂用混合醋酸菌生产食醋，除能快速完成乙酸发酵，提高乙酸产率外，还能形成其他有机酸和酯类等成分，能增加成品的香气和固形物含量。

国家级非遗"镇江恒顺香醋酿造技艺"传承人乔贵清团队，利用宏基因组技术解析传统醋醅中 172 种微生物的功能图谱，筛选出 3 株高产酯香菌株，并建立了动态接种模型，使风味物质含量提升 28％。该项目成功入选"中华老字号保护与创新发展工程"，助力百年工艺焕发新生。

二、微生物与酱油

酱油是一种常用的咸味调味品，它是以蛋白质原料和淀粉质原料为主经微生物发酵酿制而成。酱油中含有多种调味成分，有酱油的特殊的香味、食盐的咸味、氨基酸钠盐的鲜味、糖及其醇甜物质的甜味、有机酸的酸味等，还有天然的红褐色色素。

中国是世界上最早利用微生物酿造酱油的国家，据记载中国自周朝开始就有酱油的生产，后传到日本等国家，酱油成为世界范围内最受欢迎的调味品之一。在酱油酿造过程中，利用微生物产生的蛋白酶将原料中的蛋白质水解成多肽、氨基酸，成为酱油的营养成分以及鲜味的来源。另外，部分的氨基酸进一步反应，与酱油香气、色素的形成有直接的关系。因此蛋白质原料对酱油的色、香、味和体的形成有重要的关系，是酱油生产的主要原料。一般选用大豆、脱脂大豆作为蛋白质的原料，也选用其他代用原料，如蚕豆、绿豆、花生饼等。

1. 酱油酿造中的微生物

酱油酿造是半开放式的生产过程，环境和原料中的微生物都可以参与到酱油的酿造中来。但在酿造酱油的特定工艺条件下，只有人工接种或适合酱油生态环境的微生物才能生长繁殖，并发挥其作用。主要有米曲霉、酵母菌、乳酸菌和其他细菌。

(1) 米曲霉　米曲霉是曲霉属的一个种，它的变种很多，由于它与黄曲霉十分相似，所以同属于黄曲霉群。但米曲霉不产黄曲霉毒素。成熟后的米曲霉菌丛呈黄褐色或绿褐色，分生孢子呈放射状，为球形或近球形。

米曲霉是好氧微生物，最适合生长的培养基水分为 45%，pH 为 6.5~6.8。但是米曲霉的最适生长条件与酶的产生和积累条件往往不一致。

米曲霉能分泌复杂的酶系，可分泌胞外酶（如蛋白酶、α-淀粉酶、糖化酶、谷氨酰胺酶、果胶酶、纤维素酶等）和胞内酶（如氧化还原酶等）。这些酶类中与酱油品质和原料利用率关系最密切的是蛋白酶、淀粉酶和谷氨酰胺酶。

米曲霉可以利用的碳源有：单糖、双糖、淀粉、有机酸等。可利用的氮源有：铵盐、硝酸盐、蛋白质和酰胺等。米曲霉生长需要磷、钾、硫、钙等。因为米曲霉分泌的蛋白酶和淀粉酶是诱导酶，在制酱油曲时要求原料中有较高的蛋白质和淀粉含量，而大豆或脱脂大豆富含蛋白质，小麦含有淀粉，这些农副产品具有较丰富的维生素、无机盐等营养物质，将它们以适当的比例混合作制曲原料，能满足米曲霉生长的需要。

酿造酱油对米曲霉的要求为：不产黄曲霉毒素、蛋白酶和淀粉酶活力高、有谷氨酰胺酶活力、生长快速、培养条件粗放、抗杂菌能力强、不产异味、酿造酱油香气好。

(2) 酱油曲霉　酱油曲霉是日本学者从酱油中分离出来的，并用于酱油的生产。酱油曲霉分生孢子表面有小突起，孢子柄表面平滑，与米曲霉相比，其碱性蛋白酶活力较强。目前日本制曲的菌株比例为米曲霉 79%，酱油曲霉 21%。

(3) 酵母菌　从酱醪中分离出来的酵母菌有 7 个属 23 个种，其中对酱油风味和香气的形成起重要作用的是鲁氏酵母和球拟酵母。

鲁氏酵母是酱油酿造中的主要酵母菌。最适生长温度为 28~30℃，在 38~40℃生长缓慢，42℃不生长，最适 pH 4~5。生长在酱醪这一特殊环境中的鲁氏酵母是一种耐盐性强的酵母，抗高渗透压，在含食盐 5%~8% 的培养基中生长良好，在 18% 食盐浓度下仍能生长，维生素、泛酸、肌醇等能促进它在高食盐浓度下生长。

(4) 乳酸菌　酱油乳酸菌也是生长在酱醪这一特定环境中的耐盐乳酸菌，其代表菌有嗜盐片球菌、酱油微球菌等。这些乳酸菌耐乳酸能力弱，因此不会因产过量的乳酸使酱醪中的

pH 过低而造成酱醅质量变坏。适量的乳酸是构成酱油风味的因素之一。

(5)其他微生物 在酱油酿造中除上述优势微生物外，从酱油曲和酱醅中还分离出其他一些微生物。如毛霉、青霉、产膜酵母、枯草芽孢杆菌、小球菌等。当制曲条件控制不当或种曲质量差时，这些菌会过量生长，不仅消耗曲料的营养成分，原料利用率下降，而且使成曲酶活力降低，产生异臭，造成酱油浑浊，风味不好。

2. 酱油生产工艺

在酱油酿造过程中，除了利用物理因素来处理原料外，主要是利用多种微生物的酶的作用，把原料中的复杂有机物质分解为简单的物质。同时经复杂的生物化学作用，形成独特的色、香、味、体。

固态低盐发酵法生产工艺流程如图 5-5 所示。

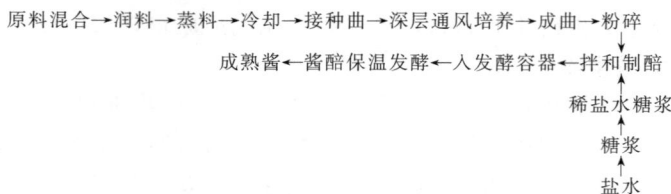

原料混合→润料→蒸料→冷却→接种曲→深层通风培养→成曲→粉碎

成熟酱←酱醅保温发酵←入发酵容器←拌和制醅

稀盐水糖浆

糖浆

盐水

图 5-5 固态低盐发酵法生产工艺流程

工艺要求为：制曲过程通常是采用人工接种米曲霉或混合霉菌的方法来获得高品质的酱曲。米曲霉生长的最适温度为 32～35℃，低于 28℃和高于 40℃生长缓慢，42℃以上停止生长。酶的积累和培养温度和培养时间有关。在一定温度下，随着米曲霉培养时间的延长，酶活力提高，到某一时间达到高峰，随后活力下降。当温度高于 28℃时，温度越高，蛋白酶生成越少，淀粉酶生成越多。所以，制曲时应控制前期温度 32～35℃，有利于菌体生长；后期温度控制在 28～30℃，有利于蛋白酶的生成。

米曲霉是好氧微生物，当氧气不足时，生长受到抑制。菌体呼吸作用产生的二氧化碳如过多积聚于曲料中，对米曲霉的生长和产酶都不利。

米曲霉生长需要一定的水分。当曲料中水分少于 40%时会影响菌丝的生长，而曲料水分过高时杂菌容易繁殖。一般在曲霉生长期水分控制在 48%左右为宜，在曲霉产酶期，水分可适当降低，有利于提高蛋白酶的活力。

酱醅的发酵阶段，由于食盐的加入和氧气量的减少，米曲霉生长几乎完全停止，而耐盐的乳酸菌和耐盐酵母菌等大量生长而成为优势菌群。在发酵初始阶段，乳酸细菌大量繁殖，菌体浓度增高，酱醅 pH 开始下降，同时发酵产生乳酸，乳酸是形成酱油芳香和风味物质的重要成分之一。当 pH 下降到 4.9 左右，耐盐鲁氏酵母菌生长旺盛，酱醅中的乙醇含量达到 2.0%以上，同时生成少量的甘油等，这也是酱油风味物质重要的来源。在发酵后期，随着糖浓度的降低和酱醅的 pH 下降，鲁氏酵母自溶，而球拟酵母繁殖和发酵活跃。并且球拟酵母是酯香型酵母，能生成酱油芳香物质。但在采用人工培养酵母工艺时，球拟酵母添加过量，会使酱醅香味恶化，这是因球拟酵母生成过量的乙酸、烷基苯酚等刺激性强的香味物质引起的。

三、微生物与其他发酵食品

1. 泡菜

泡菜咸酸适度，味美嫩脆，具有增进食欲、助消化的作用，是中国民间的大众食品。泡菜是鲜蔬菜经微生物发酵，产生乳酸及其他风味物质的食品。

(1)工艺流程 如图 5-6 所示。

菜卤(盐水、黄酒、花椒、生姜等)

鲜菜洗净(控干水分)──→ 入缸 ──→ 封缸(隔绝空气)

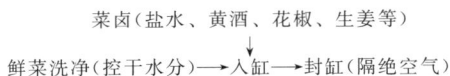

图 5-6 泡菜生产工艺流程

(2) 在腌制泡菜的过程中，微生物类群的变化

① 微酸阶段。蔬菜入缸后，其表面的乳酸细菌和其他腐败微生物同时发育，在缺氧条件下乳酸菌活动占优势，尤其肠膜明串珠菌利用菜卤中的可溶性养分大量增殖，并进行乳酸发酵，产生乳酸和二氧化碳，使 pH 迅速下降，从而抑制了其他腐败菌的生长。同时二氧化碳取代了菜卤中的空气，提供了乳酸菌良好的厌氧环境。该阶段的优势菌除肠膜明串珠菌外，还有链球菌、假单胞菌、产气肠杆菌、芽孢杆菌等。

② 酸化成熟阶段。因腐败微生物的活动受到抑制，更有利于乳酸细菌的大量繁殖和乳酸发酵进行，乳酸浓度越来越高，达到酸化成熟阶段。这一阶段的优势菌有肠膜明串珠菌、植物乳杆菌、发酵乳杆菌和短乳杆菌等。

③ 过酸阶段。乳酸浓度继续增高，乳酸细菌的活动也受到抑制，此时的微生物活动几乎全部停止，蔬菜得以长期保存不变坏。这一阶段的优势菌有植物乳杆菌和短乳杆菌。

判断泡菜质量的好坏与发酵初期微酸阶段的乳酸积累有关。如乳酸积累快，可以尽早地抑制各种有害杂菌的活动，从而保证乳酸发酵正常进行。反之，若乳酸积累速度慢，微酸阶段过长，各种杂菌生长旺盛，在腐败菌的作用下，导致泡菜发臭。

2. 榨菜

榨菜是一种工艺简单、成本低、风味独特的大众化食品，它属于发酵腌制品，是利用盐腌制与微生物发酵的共同作用而制成的。它属于酱腌食品。在中国，酱腌菜的制作已有2000 多年的历史，榨菜是其中的品种之一。

盐腌不仅能杀死植物细胞，还将水分和可溶性物质抽出，使蔬菜组织变紧，食之有脆的感觉，而且可以起到防腐作用。腌菜的发酵以乳酸发酵为主，是乳酸细菌厌氧发酵（装坛后）过程。发酵初期，以肠膜明串珠菌异型乳酸发酵产生乳酸、乙酸、乙醇和少量的葡聚糖等口感和风味物质为主。之后同型乳酸发酵的乳酸菌类发酵产生大量的乳酸增进腌制品的风味和增加保藏性。

也有微生物带来的有害发酵，如榨菜或卤水表面出现一层由产膜酵母产生的灰白色有皱纹的膜。产膜酵母是氧化型酵母，它和霉菌一样只在有氧的情况下才能利用盐水中的有机酸。增殖的结果是使 pH 增高，有利于其他腐败菌生长。此外，丁酸菌利用蔬菜中的糖、淀粉、果胶等进行丁酸发酵，生成一种非常强烈的令人不愉快的臭味。

3. 豆腐乳

豆腐乳是中国传统的发酵调味品之一，迄今已有 1000 多年的生产历史。它风味独特、滋味鲜美，是一种富含营养的蛋白质发酵食品，不仅备受国内外广大消费者的喜爱，而且在国外也有很大的消费市场。腐乳在世界发酵食品中独树一帜，西方人称之为"东方的植物奶酪"。

腐乳是以大豆为原料，将大豆洗净、浸泡、磨浆、煮沸、加入适量凝固剂，除去水分制成豆腐，将豆腐切成小方块，接种微生物进行发酵，然后经过腌制，配料装坛后发酵即成。

豆腐乳不仅保留了大豆的营养成分，而且除去了大豆对人体极不利的溶血素和胰蛋白酶抑制物质。另外，通过微生物发酵，水溶性蛋白质及氨基酸含量增多，提高人体对大豆蛋白的利用率。此外，由于微生物作用，产生了大量的核黄素和维生素 B_{12}。因此，腐乳不仅是一种很好的调味品，而且是人体营养物质的来源。

（1）酿造腐乳的微生物　目前的豆腐乳生产大多采用纯菌种接种在豆腐坯上，然后置于敞口的自然条件下培养。在培养过程中不可避免地有外界微生物的入侵，而且发酵的配料可能带入其他菌类，因而豆腐乳发酵过程中的微生物种类十分复杂。

中国酿造腐乳的微生物大多为丝状真菌，如毛霉属、根霉属等，其中以毛霉菌酿造的腐乳占多数。

① 五通桥毛霉。目前该菌种为中国推广应用的优良菌株之一。菌丝白色，老后稍黄，孢子梗不分枝，孢子囊呈圆形，色淡，厚垣孢子很多。最适生长温度 10～25℃，低于 4℃下勉强能生长，高于 37℃不能生长。

② 腐乳毛霉。该菌种的菌丝初期为白色，后期为灰黄色；孢子囊呈球形，灰黄色；孢子轴为圆形；孢子椭圆形，表面光滑。它的最适生长温度为 29℃。

③ 总状毛霉。该菌种菌丝初期为白色，后期为黄褐色；孢子梗不分枝；孢子囊为球形，褐色；孢子较短，为卵形。厚垣孢子数量很多，大小均匀，为无色或黄色。该菌种的最适生长温度为 23℃，在低于 4℃和高于 37℃环境下都不能生长。

④ 根霉。根霉生长温度比毛霉高，在夏季高温情况下也能生长，而且生长速度快。因此利用根霉酿造腐乳，不仅打破了季节对生产的限制，而且缩短了发酵周期。

⑤ 细菌和酵母菌。它们都具有产蛋白酶的能力，某些代谢产物在豆腐乳的特色风味的形成过程中起作用。

⑥ 米曲霉。米曲霉能分泌产生淀粉酶、蛋白酶、脂肪酶、氧化酶、转化酶及果胶酶等，不仅能使原料中的淀粉转化为糖以及蛋白质分解为氨基酸，还可形成具有芳香气味的酯类。最适培养温度 37℃。

⑦ 羊肚菌。该菌是世界著名的食药两用真菌，它的营养丰富，菌丝体内有 17 种氨基酸，其中有 8 种是人体必需氨基酸，另外还有特殊风味的氨基酸，因此用该菌酿制的腐乳香味独特。

（2）毛霉型腐乳生产工艺流程　如图 5-7 所示。

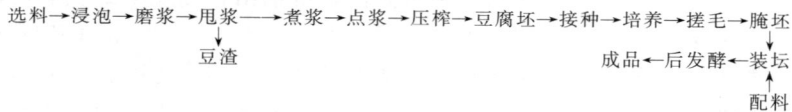

选料→浸泡→磨浆→甩浆——→煮浆→点浆→压榨→豆腐坯→接种→培养→搓毛→腌坯
　　　　　　　　豆渣　　　　　　　　　　　　　　　　　　　成品←后发酵←装坛
　　　　　　　　　　　　　　　　　　　　　　　　　　　　　　　　　　　配料

图 5-7　毛霉型腐乳生产工艺流程

腐乳的酿造是利用毛霉或根霉在豆腐上培养以及腌制过程中由外界侵入并繁殖的微生物，配料中红曲含有的红曲霉、米曲霉，酒类中的酵母菌等所分泌的酶系，在发酵期间引起复杂的生物化学变化，促使蛋白质水解成氨基酸，并使淀粉糖化后发酵生成乙醇及形成有机酸；同时通过辅料中的酒类以及添加的各种香辛料的共同作用下，合成复杂的酯类，最后形成腐乳特有的色、香、味和体等。

第三节　微生物与酿造酒

一、微生物酿造蒸馏酒

蒸馏酒是用高粱、小麦、玉米、薯类等淀粉质原料经蒸煮、糖化、发酵和蒸馏而制成。中国蒸馏白酒酿造历史悠久，技术精湛，种类繁多，风格独特。如享誉国内外的茅台酒、汾酒、五粮液等。根据发酵剂与工艺的不同，一般按曲种可将蒸馏酒分为大曲酒、小曲酒和麸曲白酒。

1. 大曲

大曲作为酿制大曲酒的糖化剂、发酵剂，在制造过程中依靠自然界带入的各种野生菌

（包括细菌、霉菌和酵母菌），在以大麦为主的淀粉质原料上生长繁殖，保证了各种酿酒用的有益微生物，再经风干、贮藏即为成品大曲。大曲有高温曲（制曲温度 60℃ 以上）和中温曲（制曲温度不超过 50℃）两种类型。目前中国大多数著名的大曲白酒均采用高温制曲生产，如贵州的茅台酒、五粮液酒、山西汾酒等。

（1）高温型大曲制作工艺流程　如图 5-8 所示。

小麦→调料→磨碎→添加曲母和水→拌料→踩曲→堆积培养→成品曲贮藏

图 5-8　高温型大曲制作工艺流程

大曲中含有丰富的微生物，提供了酿酒所需的多种微生物混合菌群。特别是大曲中含有霉菌，这是世界上最早把霉菌应用于酿酒的实例。

微生物在曲块上生长繁殖时，分泌出各种水解酶类，使大曲具有淀粉的液化力、糖化力和蛋白分解能力等。大曲中含有多种酵母菌，具有发酵能力、产酯能力。在制曲中，一些微生物分解原料产生的代谢产物，如氨基酸、乳酸等形成大曲酒中特有的香味的前体物质。

（2）大曲中的微生物类群　霉菌有黑曲霉群、灰绿曲霉群、毛霉、根霉及红曲霉等。细菌中主要以芽孢杆菌类较多，其中包括巨大芽孢杆菌、嗜热芽孢杆菌、枯草芽孢杆菌等。酵母菌类则以乙醇酵母、汉逊酵母和假丝酵母较为常见。生酸细菌以乳球菌和乳酸杆菌为主。

在大曲培菌过程中，微生物数量与温度有关，低温期出现一个高峰，高温期显著低落；微生物的数量变化与通气状况有一定的相关性，在新踩的大曲中，曲皮部分好氧菌和厌氧菌都能生长，而在曲心对好氧菌不利。

从大曲微生物优势类群变化情况来看，低温期以细菌占优势；其次为酵母菌，再次为霉菌；曲皮部分的酵母菌与霉菌数量高于曲心，细菌数量相差不大。

以大曲酿造的蒸馏酒香味浓、口味悠长，风格突出，但缺点是用曲量大，耗粮多，出酒率低，生产周期长。

2. 小曲及微生物类群

小曲酒在中国具有悠久的历史，是中国南方人民乐于饮用的酒类。小曲又名药曲，是以米粉、米糠和中草药接入纯种根霉和酵母菌或二者混合菌种曲，再经制坯、入室培养、干燥等工艺制成。不少厂家已采用纯种根霉代替传统小曲。小曲中加入中草药是为了促进曲中的有益微生物的繁殖和抑制杂菌生长。

小曲中优势微生物种类有：根霉和少量毛霉、酵母菌等，此外，还有乳酸菌类、醋酸菌类及污染的杂菌。

小曲在小曲酿酒中起接种剂的作用，它是把酒醅接入糖化菌种（根霉和毛霉）和发酵菌种（酵母菌），这是小曲酿酒用曲量小的原因，且酿造的酒一般香味淡，出酒率高，属于米香型白酒，如桂林的三花酒、广西全州的湘山酒等。

3. 麸曲及微生物类群

中国麸曲白酒生产是 1949 年以后才发展起来的，麸曲又名糖化曲，是固态发酵法酿造白酒的糖化剂。采用麸曲加酵母替代传统的大曲，所酿制的白酒称麸曲白酒。麸曲是用麸皮、酒糟及谷壳等材料加水制成的曲料，经高压杀菌后，接入纯菌种培养制得，不用粮食，生产周期短，又称快曲。曲中常用的糖化菌种以黑曲霉、米曲霉及甘薯霉等为主。用麸曲酿酒具有节约粮食、出酒率高、机械化程度高、生产周期短等优点。用麸曲也可以生产优质的白酒，如河北的迎春酒、山西的二曲酒、黑龙江的高粱糠白酒等。

在白酒酿造中，除使用麸曲外，还需加入纯种的酒母（酵母）。其作用是将可发酵性糖转化为乙醇和二氧化碳。由于麸曲白酒风味较差，有些厂家与乙醇酵母一起加入一些产酯能力强的生香酵母，以改善麸曲蒸馏白酒的风味。

二、微生物与啤酒

啤酒是以麦芽为主要原料的酿造酒，是各种酒类中乙醇含量最低的饮料酒。适量的饮用对人体的毒害相对较小，加之营养丰富，深受消费者喜爱。啤酒的生产历史悠久，大约起源于 9000 年前的中东和古埃及地区，后跨越地中海，传入欧洲、美洲及亚洲等地。啤酒是世界性饮料，除伊斯兰国家因宗教原因不生产和饮用外，几乎遍及世界各国，也是世界上产量最大的饮料酒。

1. 啤酒工艺

啤酒酿造工艺是以大麦、水为主要原料，以大米或其他未发芽谷物、啤酒花为辅助原料。大麦经过发芽产生多种水解酶类将淀粉及蛋白质等大分子物质分解为可溶性糖、糊精以及氨基酸等制成麦芽汁，麦芽汁通过酵母菌作用生产乙醇和二氧化碳以及多种营养物质，还有未发酵的糖、蛋白质和芳香物质，如酒花、杂醇油等。

酵母是决定啤酒质量最重要的因素之一。它与原料一起决定了啤酒的 pH、香味和最终质量。

冷却麦芽汁接种酵母后，酵母在有氧条件下，以麦芽汁中的氨基酸为氮源，可发酵性糖为碳源，进行有氧呼吸和大量增殖。当醪中的氧耗尽时，酵母菌便在无氧条件下进行乙醇发酵，产生二氧化碳和水。此外，还产生一系列的副产物，如甘油、杂醇油等。

2. 酿造啤酒的微生物

(1) 啤酒酵母 细胞呈圆形、卵圆形或腊肠形，根据细胞的长宽比例不同分为三组类型：第一类细胞长宽比小于 2，主要用于白酒等蒸馏酒的生产。第二类细胞长宽比为 2，细胞出芽长大后不脱落，继续出芽，易形成芽簇，主要用于啤酒和果酒的酿造以及面包发酵。在啤酒酿造中，酵母易浮在泡沫层中，可在液面发酵和收集，所以这类酵母又称上面酵母（top yeast）。第三类细胞长宽比大于 2，此类酵母能够耐高渗透压，用于糖蜜乙醇和朗姆酒的生产。

培养特征为：麦芽汁固体培养，菌落呈白色，不透明，有光泽，表面光滑湿润，边缘略呈锯齿状。随着培养时间延长，菌落颜色变暗，麦芽汁液体培养，表面产生泡沫，液体变浑。培养后期菌体浮在液面上形成酵母泡盖，因此而称上面酵母。

啤酒酵母为化能异养型，能发酵葡萄糖、麦芽糖及蔗糖，不能发酵乳糖和蜜二糖，只能发酵 1/3 棉子糖。

(2) 葡萄汁酵母 也叫卡尔酵母。细胞呈椭圆形或长椭圆形，细胞以出芽方式进行无性繁殖，形成有规则的假菌丝。

培养特征为：葡萄汁固体培养，菌落呈乳黄色，不透明，有光泽，表面光滑湿润，边缘整齐。随着培养时间延长，菌落颜色变暗，液体培养变浊，表面形成泡沫，凝聚性较强。培养后期菌落沉于容器底部，因此而称下面酵母（bottom yeast）。

葡萄汁酵母能发酵葡萄糖、果糖、半乳糖、蔗糖、麦芽糖及全部发酵棉子糖。

(3) 常见的杂菌 最重要的是乳杆菌、啤酒片球菌和某些野生酵母。变形黄杆菌在啤酒中留下邪杂味，产气气杆菌是污染麦芽汁的杂菌。

第四节 微生物与单细胞蛋白

单细胞蛋白（single cell protein，SCP）主要是指酵母、细菌、真菌等微生物蛋白质资源，即用发酵法培养微生物而获得的菌体蛋白，又叫微生物蛋白、菌体蛋白。按产生菌的种类不同，又可以分为细菌蛋白、真菌蛋白等。

用于生产单细胞蛋白的微生物种类很多，包括细菌、放线菌、酵母菌、霉菌以及某些原生生物。这些微生物通常要具备下列条件：所生产的蛋白质等营养物质含量高，对人体无致病作用，味道好并且易消化吸收，对培养条件要求简单，生长繁殖迅速等。单细胞蛋白的生产过程也比较简单：在培养液配制及灭菌完成以后，将它们和菌种投放到发酵罐中，控制好发酵条件，菌种就会迅速繁殖；发酵完毕，用离心、沉淀等方法收集菌体，最后经过干燥处理，就制成单细胞蛋白成品。

单细胞蛋白具有的优点为：第一，生产效率高，比动植物高成千上万倍，这主要是因为微生物的生长繁殖速率快。如 500kg 的酵母在 24h 内可产生 80t 蛋白质（占总生物量的 40%～50%），而一头同样重量的公牛在相同时间内仅产生 400～500g 蛋白质；一只鸡在两个月中只能产生 2kg 肉，却要消耗 8.4kg 植物蛋白，由此可见家畜和家禽合成蛋白质的本领比微生物要小得多。第二，生产原料来源广。一般有以下几类：①农业废物、废水，如秸秆、蔗渣、甜菜渣、木屑等含纤维素的废料以及农林产品的加工废水；②工业废物、废水，如食品、发酵工业中排出的含糖有机废水、亚硫酸纸浆废液等；③石油、天然气及相关产品，如原油、柴油、甲烷、乙醇等；④ H_2、CO_2 等废气。第三，可以工业化生产。它不仅需要的劳动力少，不受地区、季节和气候的限制，而且产量高、质量好。

一、单细胞蛋白的作用

1. 作为食用蛋白质

单细胞蛋白所含的营养物质极为丰富。其中，蛋白质含量高达 40%～80%，比大豆高 10%～20%，比肉、鱼、奶酪高 20% 以上，远远超过了一般动植物食品，而且氨基酸的组成较为齐全，含有人体必需的 8 种氨基酸，尤其是有谷物中含量较少的赖氨酸。一般成年人每天食用 10～15g 干酵母，就能满足对氨基酸的需要量。单细胞蛋白中还含有多种维生素、碳水化合物、脂类、矿物质，以及丰富的酶类。

单细胞蛋白不仅能制成"人造肉"，供人们直接食用，还常作为食品添加剂，用以补充蛋白质或维生素、矿物质等。由于某些单细胞蛋白具有抗氧化能力，食物不容易变质，因而常用于婴儿米粉及汤料、作料中。由于酵母的含热量低，也常作为减肥食品的添加剂。此外，单细胞蛋白还能提高食品的某些物理性能，如意大利烘饼中加入活性酵母，可以提高饼的延薄性能。酵母的浓缩蛋白具有显著的鲜味，已广泛用作食品的增鲜剂。

2. 作为畜禽饲料添加剂

中国是蛋白原料缺乏的国家，随着饲料工业的迅速发展和生产的高度集约化，对优质饲料蛋白原料的需求日趋增大，目前饲料优质蛋白原料的主要来源是鱼粉，而作为一种亚稀缺资源，鱼粉已经在各主要产地如秘鲁等国受到严格限产保护。需求的膨胀和来源的快速减少，正是目前饲料优质蛋白原料面临的尴尬处境。一些西方发达国家先行一步，将解决优质饲料蛋白来源的目光投向了生物技术产品——单细胞蛋白。

20 世纪 80 年代中期，全世界的单细胞蛋白年产量已达 2.0×10^6 t，并广泛用于食品加工和饲料中。在畜禽的饲料中，只要添加 3%～10% 的单细胞蛋白，便能大大提高饲料的营养价值和利用率。用来喂猪可提高瘦肉率；用来养鸡能多产蛋；用来饲养奶牛还可提高产奶量。

二、生产单细胞蛋白的微生物

在工业生产中，作为蛋白质资源的微生物菌体，特别是酵母菌和细菌，它们都能利用糖类原料生产菌体蛋白，究竟采用酵母菌和细菌哪种更好呢？这在很大程度上取决于生产单细胞蛋白（SCP）的原料。在 20 世纪 60 年代末和 70 年代初期，开发了多种由烷烃类物质产生 SCP 的工艺，能够利用烷烃的微生物主要有细菌和放线菌，如产碱杆菌、假单胞菌、节杆菌、短杆菌等，其次为酵母菌。

一般来说，细菌的生长速度快，蛋白质含量高，除了能以碳源作原料外还能利用烃类作原料，这方面比酵母菌更优越。但因细菌菌体比酵母菌小，分离较困难，菌体成分除蛋白质外还有其他多种物质，并且有些可能含有毒性物质，细菌蛋白也不如酵母蛋白容易消化，故目前生产上普遍采用酵母菌。以碳源为原料的酵母菌有热带假丝酵母、产朊假丝酵母和啤酒酵母等。

三、生产单细胞蛋白对菌种的要求

单细胞蛋白（SCP）的生产工艺依原料和菌种特性的不同而异。以淀粉质为原料生产 SCP，需先将淀粉质原料水解成酵母菌能直接利用的葡萄糖和麦芽糖，如产朊假丝酵母在这种底物上进行液体深层发酵，蛋白产量高，而且菌体生长繁殖速度较快。目前以淀粉质为原料生产 SCP 的最佳方法是酵母菌混合培养法，即采用对淀粉分解活力高的酵母（或霉菌）与快速生长的酵母混合培养。而糖蜜、单糖只需选用一种 SCP 生产菌即可进行直接发酵，如尖孢镰刀霉菌、绿色木霉等可直接利用废糖蜜原料进行液体深层发酵生产 SCP。

纤维质原料发酵前需经合适的预处理，冷却后即可进行酶解。参与酶解的纤维素酶系有羧甲基纤维素酶、纤维二糖酶和葡萄糖苷酶。三种酶的协同作用，将纤维素水解成葡萄糖单体，为生产 SCP 酵母菌提供可发酵性的糖。

随着世界人口的不断增长，粮食和饲料不足的情况日益严重。面对这一严峻现实，开发利用单细胞蛋白已成为许多国家增产粮食的新途径。目前中国已经能利用味精废液、乙醇废液、纸浆废液等原料生产单细胞蛋白，它含有 50% 左右的蛋白质、18 种氨基酸及 B 族维生素。若以蛋白质含量计算，1kg 单细胞蛋白相当于 1～1.5kg 的大豆。建立一座有 5 个 100t 发酵罐的工厂，可以年产 5000t 单细胞蛋白，相当于 5 万亩耕地上种植大豆的产量。因此，SCP 的研究越来越受到人们的重视，将成为生物工程中的热门课题。

我国作为人口大国，保障人民的粮食需求至关重要。如今粮食问题，不再局限于传统的农作物种植和畜牧养殖，微生物也成为"粮食"来源，且有优质的蛋白质。我国的安琪酵母股份有限公司坚持推进酵母蛋白产业化，同时致力于开发可持续和更高效的酵母替代蛋白，助力世界应对下一次全球粮食危机。预计酵母蛋白技术将成为未来保护地球食物供应的主要手段，它提供了一种资源消耗低、效率高、环境友好且综合营养价值高的替代方案。

第五节　食品工业中的微生物酶制剂

酶是一种生物催化剂，具有催化效率高、反应条件温和和专一性强等特点，已经日益受到人们的重视，应用也越来越广泛。生物界中已发现有多种微生物酶，目前国际市场上出售的酶制剂商品有 100 多种，而中国在生产中广泛应用的仅有淀粉酶、蛋白酶、果胶酶、脂肪酶、纤维素酶、葡萄糖异构酶、葡萄糖氧化酶等十几种。利用微生物生产生物酶制剂要比从植物瓜果、植物种子、动物组织中获得更容易。因为动、植物来源有限，且受季节、气候和地域的限制，而微生物不仅不受这些因素的影响，而且种类繁多、生长速度快、加工提纯容易、加工成本相对比较低，这充分显示了微生物生产酶制剂的优越性。现在除少数几种酶仍从动、植物中提取外，绝大部分是用微生物来生产的。

一、主要酶制剂及产酶微生物

1. 淀粉酶

按照水解淀粉方式的不同可将淀粉酶分为：α-淀粉酶、β-淀粉酶、糖化酶和普鲁蓝酶（葡萄糖异构酶）。

(1) α-淀粉酶（α-amylase）　也称液化淀粉酶。它作用于淀粉时可从淀粉分子内部切开 α-1,4-糖苷键生成糊精和还原糖，但不能分解 α-1,6-糖苷键，因其产物的末端葡萄糖残基 C1 原子为 α-构型故称 α-淀粉酶。不同种类的微生物产生的 α-淀粉酶的性质也不同。

工业上大规模生产 α-淀粉酶的主要微生物是细菌和霉菌，特别是枯草杆菌，中国和美国使用的液化酶都属于这一种。由微生物制备的酶制剂产酶量高，易于分离和精制，适于大量生产。从动植物中提取的 α-淀粉酶，可以满足特殊需要，但由于成本高、产量低，目前还不能实现工业化生产。现在具有实用价值的 α-淀粉酶生产菌有：枯草杆菌 JD-32、枯草杆菌 BF7658、淀粉液化芽孢杆菌、嗜热脂肪芽孢杆菌、马铃薯芽孢杆菌、嗜热糖化芽孢杆菌、多黏芽孢杆菌等。

霉菌 α-淀粉酶大多采用固体曲法生产，细菌 α-淀粉酶则以液体深层发酵为主。中国目前产量最大、用途最广的液化型 α-淀粉酶——枯草杆菌 BF7658，其最适 pH6.5 左右，pH 小于 6 或大于 10 时，酶活力显著降低，最适温度为 65℃ 左右，60℃ 以下稳定。在淀粉浆中酶的最适温度为 80～85℃，90℃ 保温 15min，保留酶活性 87%。

(2) β-淀粉酶（β-amylase）　早年是从麦芽、大麦、甘薯和大豆等高等植物中提取，近些年来发现不少的微生物能产 β-淀粉酶，且其对淀粉的作用与高等植物的 β-淀粉酶是相同的，而在耐热性等方面优于高等植物 β-淀粉酶，更适合于工业化应用。

β-淀粉酶由淀粉的非还原端开始作用，逐次分解直链淀粉为麦芽糖，但分支部分及内侧部分则不被分解而残留下来，即 β-极限糊精。生成的麦芽糖在光学上属于 β-型。

目前研究最多的是多黏芽孢杆菌、巨大芽孢杆菌、蜡样芽孢杆菌、环状芽孢杆菌和链霉菌等。由于葡萄糖异构酶和 β-淀粉酶可以相互配合使用，所以可以筛选同时具有这两种酶的菌种。

(3) 糖化酶（glucoamylase）　也称葡萄糖苷酶。其作用方式与 β-淀粉酶相似，也由淀粉非还原端开始，逐次分解淀粉为葡萄糖，它也能水解 α-1,6-糖苷键，所以水解产物除葡萄糖外，还有异麦芽糖，这点与 β-淀粉酶不同。

不同国家的糖化酶生产菌种不同，美国主要有臭曲霉、丹麦和中国用黑曲霉、日本用拟内孢霉和根霉。糖化酶的工业化生产起步较晚，当时的菌种活性较低，发酵单位不高，20 世纪 70 年代中国选育黑曲霉突变株 UV-11，目前已广泛用于糖化酶生产。

(4) 葡萄糖异构酶（glucose isomerase）　也称普鲁蓝酶、淀粉-1,6-葡萄糖苷酶、R-酶等。异构酶可以分解支链淀粉 α-1,6-糖苷键，生成直链淀粉。

可以产生异构酶的微生物有酵母菌、产气杆菌、假单胞菌、放线菌、乳酸杆菌、小球菌等。中国多采用产气气杆菌。

2. 果胶酶

果胶酶（pectinase）是指能分解果胶质的多种酶的总称，不同来源的果胶酶其特点也不同。根据不同的微生物来源将果胶酶分为：聚半乳糖醛酸酶（polygalacturonase，PG）、聚半乳糖醛酸裂解酶（polygalacturomate lyase，PGL）、聚甲基半乳糖醛酸裂合果胶酯酶（pectinesterases enzyme，PE）。

能够产生果胶酶的微生物很多，但在工业生产中多采用真菌。大多数菌种产生的果胶酶都是复合酶，也有的微生物能产生单一果胶酶，如斋藤曲霉，主要产生 PG，而镰刀霉主要产生原果胶酶。

3. 纤维素酶

纤维素酶（cellulase）是降解纤维素生成葡萄糖的一类酶的总称。纤维素酶可分为酸性纤维素酶和碱性纤维素酶。产生纤维素酶的微生物有很多，如真菌、放线菌和细菌等，但作用机理不同。大多数的细菌纤维素酶在细胞内形成紧密的酶复合物，而真菌纤维素酶均可分泌到细胞外。

4. 蛋白酶

蛋白酶（protease）是水解蛋白肽键的一类酶的总称。按其降解多肽的方式分为：内肽酶和端肽酶。内肽酶可将大分子质量的多肽链从中间切断，形成小分子质量的胨或胨，端肽酶可分为羧肽酶和氨肽酶，它们分别从多肽的游离羧基末端或游离氨基末端将肽水解，生成氨基酸。

在微生物的生命活动中，内肽酶的作用是降解大的蛋白质分子，使蛋白质便于进入细胞内，属于胞外酶。端肽酶常存在于细胞内，是胞内酶。目前工业上常用的蛋白酶是胞外酶。按产生菌的最适 pH 为标准，将蛋白酶分为中性蛋白酶、碱性蛋白酶和酸性蛋白酶。

（1）酸性蛋白酶　它在许多地方与动物胃蛋白酶和凝乳蛋白酶相似，除胃蛋白酶外，都是由真菌产生。多数酸性蛋白酶在 pH 2～5 范围内是稳定的，一般在 pH 7、40℃ 条件下，处理 30min 立即可使酸性蛋白酶失活，在 pH2.7、30℃ 条件下可引起大部分酸性蛋白酶失活。酶的失活是由于酶的自溶引起的，溶液中游离氨基酸的增加就是有力的证据，但添加 2mol 的 NaCl 可增加酶的稳定性。

生产酸性蛋白酶的微生物有：黑曲霉、米曲霉、方斋藤曲霉、金黄曲霉、拟青霉、微小毛霉、白假丝酵母、枯草杆菌等。中国生产酸性蛋白酶的菌种为黑曲霉。

（2）中性蛋白酶　大多数微生物产生的蛋白酶是金属酶，是微生物蛋白酶中最不稳定的酶，很容易自溶，即使在低温冷冻干燥下，也会造成分子质量的明显减少。

中性蛋白酶的热稳定性较差，枯草杆菌中性蛋白酶在 pH 7、60℃ 处理 15min，失活 90%，栖土曲霉中性蛋白酶 55℃ 处理 10min，失活 80%，而放线菌中性蛋白酶热稳定性更差，只在 35℃ 以下稳定，45℃ 迅速失活。而有的枯草杆菌中性蛋白酶在 pH7 和温度 65℃ 时，酶活力几乎无损失。此外，钙对中性蛋白酶的热稳定性有保护作用。

生产中性蛋白酶的微生物有：枯草芽孢杆菌、巨大芽孢杆菌、酱油曲霉、米曲霉和灰色链霉菌等。

（3）碱性蛋白酶　碱性蛋白酶是一类作用最适 pH 范围在 9～11 的蛋白酶，由于其活性中心含丝氨酸，所以也叫丝氨酸蛋白酶。碱性蛋白酶作用位置是要求在水解肽键的羧基侧具有芳香族或疏水性氨基酸（如苯丙氨酸、酪氨酸等），它比中性蛋白酶的水解能力更强，能水解酯键、酰胺键并具有转肽的能力。

碱性蛋白酶较耐热，55℃ 下保持 30min 仍能有大部分的活力。因此，主要应用于制造加酶洗涤剂。但是，多数微生物碱性蛋白酶在 60℃ 以上酶失活很快，只有少数链霉菌属菌的碱性蛋白酶 70℃ 处理 30min 后，酶活性仅损失 10% 左右。

碱性蛋白酶是商品蛋白酶中产量最大的一类蛋白酶，占蛋白酶总量的 70% 左右。

生产碱性蛋白酶的微生物主要是芽孢杆菌属的几个种，如地衣芽孢杆菌、短小芽孢杆菌、嗜碱芽孢杆菌和灰色链球菌等。

5. 其他微生物酶类

其他微生物酶类包括：由酵母菌、霉菌产生的脂肪酶；由霉菌产生的半纤维素酶、葡萄糖氧化酶、蔗糖酶、橙皮苷酶、柚柑酶；由细菌、放线菌产生的葡萄糖异构酶等。

一种酶可以由多种微生物产生，而一种微生物也可以产生多种酶，因此可根据不同条件选用不同的微生物来生产酶制剂。

二、微生物产酶条件控制

1. 菌种的选择

我们知道，任何微生物都能在一定的条件下合成某些酶，但并不是所有微生物产生的酶都能用于酶的发酵生产。一般来说，能用于酶发酵生产的微生物必须具备如下几个条件。

(1) 酶的产量高　优良的产酶微生物首先应具有高产的特性，才有较好的开发应用价值。高产菌种可以通过筛选、诱变或采用基因工程、细胞工程等技术而获得。

(2) 菌种容易培养和管理　要求产酶微生物容易生长繁殖，并且适应性较强，易于控制，便于管理。

(3) 菌种产酶稳定性好　在通常的生产条件下，能够稳定地用于生产，不易退化与变异。一旦菌种退化，要经过复壮处理，使其恢复产酶性能。

(4) 利于酶的分离纯化　发酵完成后，需经分离纯化过程才能得到所需的酶，这就要求产酶细胞本身及其他杂质易于与酶分离。

(5) 安全可靠　要使用的微生物及其代谢物安全无毒，不会对生产人员健康和环境带来不良影响，也不会对酶的应用产生其他的负面影响。

2. 发酵条件的控制

选择了优良的产酶微生物后，还必须满足微生物生长、繁殖和发酵产酶的各种工艺条件，并要根据发酵过程的变化进行优化控制，以便达到发酵生产能获得大量所需的酶。

提高微生物酶活性和产率的途径是多方面的，其中控制营养和培养条件是最基本也是最重要的途径。改变培养基成分，常常能提高酶活性；改变培养基的氢离子浓度和通气等条件，可以调节酶系的比例；改变代谢调节或遗传型，可以使产酶的微生物合成发生巨大的变化。但是菌种的生长与产酶未必是同步的，产酶量也并不是完全与微生物生长旺盛程度成正比。为了使菌体最大限度地产酶，除了根据菌种特性或生产条件选择恰当的产酶培养基外，还应当为菌种在各个生理时期创造不同的培养条件。例如，细菌淀粉酶发酵采取"低浓度发酵，高浓度补料"，蛋白酶发酵采取"提高前期培养温度"等不同措施，可提高产酶水平。

三、微生物酶制剂在食品工业中的应用

1. 酶制剂在食品保鲜中的应用

酶法保鲜技术是利用生物酶的高效催化作用，防止或消除外界因素对食品的不良影响，从而保持食品原有优良品质和特性的技术。由于酶具有专一性强、催化效率高、作用条件温和等特点，可广泛地应用于各种食品的保鲜，有效地防止外界因素，特别是氧化和微生物对食品所造成的不良影响。

(1) 葡萄糖氧化酶（glucose oxidase）　是一种氧化还原酶，可将蛋类制品中的少量葡萄糖除去，有效地防止蛋制品的褐变，提高产品的质量；容易发生氧化作用的花生、奶粉、面制品、冰淇淋、油炸食品等富含油脂的食品和易发生褐变的马铃薯、苹果、梨、果酱类食品，利用葡萄糖氧化酶这种理想的除氧保鲜剂，可以有效地防止氧化的发生。

(2) 溶菌酶（lysozyme）　是一种催化细菌细胞壁中肽聚糖水解的水解酶。用溶菌酶处理食品，可以有效地防止和消除细菌对食品的污染，起到防腐保鲜作用，如干酪、水产品、

低度酿造酒、乳制品等食品的保鲜。

2. 酶制剂在淀粉类食品生产中的应用

目前以淀粉为原料生产味精、啤酒、面包酵母、淀粉糖、乙醇等的企业广泛应用淀粉酶进行淀粉的液化和糖化。

(1) 在乙醇生产过程中用酶法液化代替高压蒸煮 乙醇生产以前多是采用高压蒸煮淀粉原料（液化）；经糖化后进行乙醇发酵。酶法液化是利用 α-淀粉酶液化淀粉质原料，从而取代高压蒸煮工艺。

(2) 双酶水解淀粉质粗原料发酵谷氨酸 谷氨酸发酵过去多采用酸水解淀粉为葡萄糖，此工艺不仅要消耗大量的盐酸，而且浪费粮食，大约损失淀粉30%。用酶法水解淀粉，即淀粉粗质原料先经 α-淀粉酶液化，再经糖化酶糖化，糖液压滤进行离子交换除杂质后，接入菌种进行谷氨酸发酵。该法不仅提高了原料的利用率，而且节约粮食，降低了成本。目前此工艺在国内广泛应用。

(3) 啤酒酿造 生产啤酒的原料，先采用 α-淀粉酶液化，再以麦芽糖化，不但可提高原料中的淀粉利用率，缩短糖化时间，而且可以通过增加辅助原料的用量，节约麦芽用量。

(4) 高麦芽糖浆制备 目前生产高麦芽糖浆是利用 β-淀粉酶和支链淀粉酶的共同作用，使淀粉更多地转化为麦芽糖。

3. 酶制剂在蛋白质食品生产中的应用

蛋白质食品是指含大量蛋白质或以蛋白质为主要原料加工而成的食品，如酱油、豆制品、明胶等。

(1) 在酱油酿造中的低盐固态发酵法 生产酱油主要工艺之一是用米曲霉制曲，因是敞口发酵就会不可避免地带入大量的产酸微生物。当酱油开始发酵后，发酵醪 pH 会逐渐降低，使米曲霉产生的中性蛋白酶的作用受到抑制，而且米曲霉产生的酸性蛋白酶活性又低，造成原料中的蛋白质不能充分分解，如将米曲霉和黑曲霉进行多菌种制曲，能弥补因米曲霉系不足而造成的原料中的蛋白质不能充分利用的缺陷，同时又能提高酱醪中酸性蛋白酶的活性。

酱油发酵时加入纤维素酶，可提高成品酱油的氨基酸和糖分含量，且酱油的色泽好，不需另加糖色。

(2) 在豆浆生产中的应用 在豆浆生产中加入一定量的中性蛋白酶，不仅能提高豆浆中的干物质含量，同时能在一定程度上去除豆腥味。

(3) 干酪的生产 可以采用乳酸菌发酵的方法，也可采用凝乳蛋白酶的方法。

(4) 生产明胶 可用蛋白酶法水解生产明胶。明胶是一种热可溶性的蛋白质凝胶，在食品加工中有广泛的用途。

4. 酶在果蔬食品生产中的应用

(1) 果胶酶澄清果汁和蔬菜汁 由于水果、蔬菜中富含果胶质，果蔬汁的过滤操作变得困难，同时也使果蔬汁浑浊。因而在果汁生产过程中，通过使用果胶酶的方法分离果胶，有利于压榨、促进凝聚沉淀物的分离、使果汁澄清、提高出汁率。经酶处理的果汁比较稳定，可防止浑浊。

(2) 在生产果冻、果酱及奶糖等中的应用 果汁经浓缩成为高浓度果汁后，果胶物质和高浓度的糖共存并凝结形成果冻。但糖含量太多不仅影响风味，而且不符合当今人们对健康食品的要求。利用果胶酶处理把果胶物质分解成果胶酸，可以生产低糖果冻，这种低糖果冻或果酱具有天然果实的风味。

(3) 在果蔬制品的脱色方面 葡萄汁、草莓酱、桃子罐头、芹菜汁等必须用花青素酶处理，使花青素水解成为无色的葡萄糖，以保证产品质量。

(4) 纤维素酶在果品、蔬菜和豆制品加工中的应用 纤维素酶能使果品、蔬菜的组织软化，提高营养价值，改善风味。在制造白色的豆酱和纳豆时常用纤维素酶去除大豆的种皮，以提高蒸煮效率和成品的色泽。

5. 酶在果酒生产中的应用

葡萄酒生产主要应用的酶有果胶酶和蛋白酶。目前在葡萄酒的酿制过程中，引起压汁、过滤困难和浑浊的主要原因是果胶的存在。利用果胶酶，可使果胶溶化降解，这不仅可以提高葡萄汁和葡萄酒的产率、有利于过滤和澄清，而且可以提高产品质量。使用果胶酶后，葡萄中单宁的抽出率降低，使酿制的白葡萄酒风味更佳。在红葡萄酒酿制过程中使用果胶酶，可提高色素的抽提率，还有助于酒的老熟，增加酒香。

在葡萄酒酿造中使用蛋白酶，可以使酒中存在的蛋白质水解，防止出现蛋白质浑浊，使酒体澄清透明，以提高产率和产品质量。

本章小结

乳制品中的乳酸菌是指一类能使可发酵性碳水化合物转化成乳酸的细菌的统称。它包括乳杆菌属的保加利亚乳杆菌、嗜酸乳杆菌等，链球菌属的嗜热链球菌、乳酸链球菌、乳脂链球菌等，双歧杆菌属的两歧双歧杆菌、长双歧杆菌、短双歧杆菌、婴儿双歧杆菌、链状双歧杆菌等。双歧杆菌是人体肠道有益菌群，主要产生双歧杆菌素，它对肠道中的致病菌如沙门菌、金黄色葡萄球菌、志贺菌等具有明显的杀灭效果。

发酵乳制品包括酸奶、酸奶酒、酸奶油及干酪等，是指良好的原料乳经过杀菌作用后，接种特定的微生物（主要是乳酸菌）进行发酵，产生具有特殊风味的食品，称为发酵乳制品。

乳酸链球菌肽 Nisin，又称乳酸链球菌素，是从乳酸链球菌发酵产物中提取出来的一类多肽化合物，食入胃肠道后易被蛋白酶分解，因而是一种安全的天然食品防腐剂，可以在罐头食品、乳制品、肉制品及乙醇生产中应用。

在发酵调味品中，食醋的生产主要是由醋酸菌将乙醇发酵生成乙酸，再在其他微生物的参与下形成色、香、体的过程。酱油生产过程中米曲霉、酵母菌、乳酸菌和一些其他细菌起到了作用。

在酿造蒸馏酒（乙醇）的生产过程中，参与发酵的微生物主要有酵母菌及霉菌（糖化作用）。

单细胞蛋白（SCP）是指用发酵法培养微生物而获得的菌体蛋白。SCP 是酵母、细菌、真菌等微生物的蛋白质资源，因而可以分为细菌蛋白和真菌蛋白。SCP 可以作为食用蛋白质和畜禽饲料添加剂。

微生物酶制剂主要有淀粉酶、蛋白酶、果胶酶、脂肪酶、纤维素酶、葡萄糖异构酶、葡萄糖氧化酶等。利用微生物生产酶制剂的优越性在于生产不受季节、气候和地域的限制，而且微生物种类繁多、生长速度快、加工提纯容易、加工成本相对比较低。产酶的微生物主要有细菌和霉菌。酶制剂在食品工业中的用途有：食品保鲜方面的应用、淀粉类食品生产中的应用、蛋白质食品生产中的应用、果蔬食品生产中的应用和果酒生产中的应用等。

【知识拓展】

微生物蛋白：从实验室到餐桌的绿色革命

在解决未来粮食安全和可持续发展挑战的道路上，生物制造展现出巨大潜力。这是一种利用生物体（如微生物）、生物质或二氧化碳等可再生资源，通过其生命活动高效生产人类所需食品、药品、能源等产品的先进方式。其核心优势在于原料可再生、生产过程清洁高效，被视为实现工业可持续发展的关键技术之一。

中国科学院天津工业生物技术研究所的李德茂研究员团队，正致力于将实验室的微生物研究成果转化为餐桌上的实际产品。他们聚焦的核心是"微生物蛋白"。这种蛋白并非直接取自动植物，而是利用微生物（如酵母、细菌）的发酵能力，以葡萄糖、淀粉等为原料，在生物反应器中规模化生产出来的。在这个过程中，微生物如同高效的"微型工厂"，在科学家设计的精准"生物程序"控制下，将原料转化为优质蛋白质。

微生物蛋白的生产效率令人惊叹，其蛋白产出速率可达植物的 500 倍、动物的 2000 倍，并且不依赖耕地和大量水资源，显著降低了环境占用率。经过菌种优化、发酵生产和食品化加工，这些微生物蛋白可以变身为蛋白粉、植物肉（蛋白肉）、能量棒等多种形态的健康食品。

为了加速这一技术的产业化进程，2019 年，科技部支持共建了国家合成生物技术创新中心。在该中心的支持下，李德茂团队与企业的合作成果丰硕，例如与天津瑞普生物技术股份有限公司签订了技术许可，推动建设万吨级生产线。截至 2025 年初，天津工业生物所已与产业界建立了 450 多项深度合作，合同总额超 26 亿元，标志着微生物蛋白技术正加速从实验室"跑"向大规模生产线和百姓餐桌，为解决未来蛋白供给提供了一条创新、高效、可持续的路径。

【复习巩固】

一、填空题

1. 乳酸细菌是一类能使可发酵性碳水化合物转化成_____的细菌的统称。

2. 双歧杆菌是人体肠道内的有益菌群，主要产生_____，它对肠道中的致病菌如沙门菌、金黄色葡萄球菌、志贺菌等具有明显的杀灭效果。

3. 发酵乳制品是指良好的原料乳经过杀菌作用接种特定的微生物（主要是_____）进行发酵，产生具有特殊风味的食品。

4. 干酪是在乳中加入适量的乳酸菌发酵剂和_____，使蛋白质（主要是酪蛋白）凝固后，排除乳清，将凝块压成块状而制成的产品。

5. 乳酸链球菌肽 Nisin，又称乳酸链球菌素，是从乳酸链球菌发酵产物中提取出来的一类_____化合物。

6. 酱油酿造中，米曲霉能分泌复杂的酶系，与酱油品质和原料利用率关系最密切的是蛋白酶、_____和谷氨酰胺酶。

二、选择题

1. 下列属于酿造和发酵相同之处的是（　　）。

A. 都是单一微生物作用

B. 都在特定容器内工业化生产

C. 都是通过对环境生态因子的控制，利用有益微生物改变原料特性获得产品

D. 都只作用于固体原料

2. 以下不属于乳杆菌属代表种的是（　　　）。

A. 保加利亚乳杆菌　B. 嗜酸乳杆菌　　　C. 嗜热链球菌　　　D. 以上都不是

3. 发酵乳制品中，能产生双乙酰，使产品具有奶油特征香味的微生物是（　　　）。

A. 乳脂明串珠菌　　B. 嗜热链球菌　　　C. 保加利亚乳杆菌　D. 双歧杆菌

4. 干酪生产中，用于成熟干酪的主要菌种是（　　　）。

A. 乳酸菌　　　　　　　　　　　　　B. 霉菌（如白地霉和沙门柏干酪青霉）

C. 酵母菌　　　　　　　　　　　　　D. 丙酸菌

5. 下列关于乳酸链球菌肽 Nisin 的说法，错误的是（　　　）。

A. 是一种安全的天然食品防腐剂　　　B. 对大多数革兰阳性菌具有抑制作用

C. 在中性或碱性条件下溶解度较大　　D. 食入胃肠道易被蛋白酶所分解

6. 酱油酿造中，对酱油风味和香气形成起重要作用的酵母菌是（　　　）。

A. 鲁氏酵母和球拟酵母　　　　　　　B. 乙醇酵母和汉逊酵母

C. 假丝酵母和产酯酵母　　　　　　　D. 以上都不对

7. 食品工业中，用于淀粉液化的酶主要是（　　　）。

A. α-淀粉酶　　　　B. β-淀粉酶　　　　C. 糖化酶　　　　D. 葡萄糖异构酶

三、判断题

1. 双歧杆菌只能在人体肠道内生存，不能用于发酵乳制品生产。（　　　）

2. 干酪生产中，所有的干酪都只用乳酸菌进行发酵。（　　　）

3. 食醋酿造中，醋酸细菌都是好氧菌，必须供给充足氧气才能正常发酵。（　　　）

4. 酱油酿造过程中，米曲霉是唯一起作用的微生物。（　　　）

5. 一种微生物只能产生一种酶，不能产生多种酶。（　　　）

四、名词解释

1. 发酵

2. 酶制剂

3. 乳酸链球菌素

五、问答题

1. 简述微生物与乳制品风味物质形成的关系。

2. 酸牛乳的发酵菌种是什么？

3. 生产干酪的菌种及特点是什么？

4. 简述乳酸链球菌素在食品工业中的用途。

5. 食醋酿造中有哪些微生物类群？

6. 酱油酿造中的微生物有哪些？

7. 为什么通常在制作泡菜时要加入一些老卤水？

8. 简述食品工业中的酶制剂种类及产生酶的微生物。

第六章　微生物引起的食品污染与腐败变质

【学习目标】
1. 掌握微生物引起食品腐败变质需要的基本条件，食品腐败变质发生的化学过程，食品腐败变质的初步鉴定方法。
2. 了解各类主要食品的腐败变质现象、原因及目前常用的食品防腐保藏方法和原理。
3. 能够分析一个食品是否可能发生变质、变质的原因，以及如何在生产中采取合理的预防措施。

由于自然界中微生物分布很广，在食品加工或储藏过程中不可避免地会受到不同类型的微生物的污染。而食品不仅供给人们营养，也是大多数微生物的营养基质，当环境条件适宜时，它们就会大量地生长繁殖，引起食品腐败变质。这不仅降低了食品的营养和卫生质量，而且还可能危害人体的健康。

第一节　食品中微生物的来源与控制

一、污染食品的微生物来源与途径

一方面微生物在自然界中分布十分广泛，不同环境中存在的微生物类型和数量不尽相同，另一方面食品在原料方面，在生产、加工、储藏、运输、销售直到烹调等各个环节，常常与环境发生各种方式的接触，进而导致微生物的污染。污染食品的微生物来源可分为土壤、空气、水、操作人员、动植物、加工设备、包装材料等方面。

1. 污染食品的微生物来源

（1）土壤　土壤中含有大量的可被微生物利用的碳源和氮源，还含有大量的硫、磷、钾、钙、镁等无机元素及硼、钼、锌、锰等微量元素，加之土壤具有一定的保水性、通气性及适宜的酸碱度（pH3.5～10.5），土壤温度变化范围通常在 10～30℃ 之间，而且表面土壤的覆盖有保护微生物免遭太阳紫外线危害的作用。可见，土壤为微生物的生长繁殖提供了有利的营养条件和环境条件。因此，土壤素有"微生物的天然培养基"和"微生物大本营"之称。土壤中的微生物数量可达 10^7～10^9 个/g。土壤中的微生物种类十分庞杂，其中细菌所占比例最大，可达 70%～80%，放线菌占 5%～30%，其次是真菌、藻类和原生动物。不同土壤中微生物的种类和数量有很大差异，在地面下 3～25cm 处是微生物最活跃的场所，肥沃的土壤中微生物的数量和种类较多，果园土壤中酵母的数量较多。土壤中的微生物除了自身发展外，分布在空气、水和人及动植物体的微生物也会不断进入土壤中。许多病原微生物就是随着动植物残体以及人和动物的排泄物进入土壤的。因此，土壤中的微生物既有病原菌也有非病原菌。通常无芽孢菌在土壤中生存的时间较短，而有芽孢菌在土壤中生存时间较长。例如，沙门菌只能生存数天至数周，炭疽芽孢杆菌却能生存数年或更长时间。同时土壤中还存在着能够长期生活的土源性病原菌。霉菌及放线菌的孢子在土壤中也能生存较长时间。

（2）空气　空气中不具备微生物生长繁殖所需的营养物质和充足的水分条件，加之室外经常接受来自日光的紫外线照射，所以空气不是微生物生长繁殖的场所。然而空气中也确实含有一定数量的微生物，这些微生物是随风飘扬而悬浮在大气中或附着在飞扬起来的尘埃或液滴上。它们可来自土壤、水、人和动植物体表的脱落物和呼吸道、消化道的排泄物。

空气中的微生物主要为霉菌、放线菌的孢子和细菌的芽孢及酵母菌。不同环境空气中微生物的数量和种类有很大差异。公共场所、街道、畜舍、屠宰场及通气不良处的空气中的微生物数量较高。空气中的尘埃越多，所含微生物的数量也就越多。室内污染严重的空气微生物数量可达 10^6 个/m^3，海洋、高山、乡村、森林等空气清新的地方微生物的数量较少。空气中可能会出现一些病原微生物、它们直接来自人或动物呼吸道、皮肤干燥脱落物及排泄物或间接来自土壤，如结核杆菌、金黄色葡萄球菌、沙门菌、流感嗜血杆菌和病毒等。患病者口腔喷出的飞沫小滴含有 1 万～2 万个细菌。

（3）水　自然界中的江、河、湖、海等各种淡水与咸水水域中都生存着相应的微生物。由于不同水域中的有机物和无机物种类和含量、温度、酸碱度、含盐量、含氧量及不同深度光照度等的差异，因而其中的微生物种类和数量呈明显差异。通常水中微生物的数量主要取决于水中有机物质的含量，有机物质含量越多，其中的微生物数量也就越大。

淡水域中的微生物可分为两大类型：一类是清水型水生微生物，这类微生物习惯于在洁净的湖泊和水库中生活，以自养型微生物为主，可被看作是水体环境中的土居微生物，如硫细菌、铁细菌及含有光合色素的蓝细菌、绿硫细菌和紫细菌等。也有部分腐生性细菌，如色杆菌属、无色杆菌属和微球菌属的一些种就能在低含量营养物的清水中生长。霉菌中也有一些水生性种类，如水霉属和绵霉属的一些种可以生长于腐烂的有机残体上。此外还有单细胞和丝状的藻类以及一些原生动物常在水中生长，通常它们的数量不大。另一类是腐败型水生微生物，它们是随腐败的有机物质进入水域获得营养而大量繁殖的，是造成水体污染、传播疾病的重要原因。其中数量最大的是 G^- 细菌，如变形杆菌属、大肠杆菌、产气肠杆菌和产碱杆菌属等，还有芽孢杆菌属、弧菌属和螺菌属中的一些种。当水体受到土壤和人畜排泄物的污染后，会使肠道菌的数量增加，如大肠杆菌、粪链球菌和魏氏梭菌、沙门菌、产气荚膜芽孢杆菌、炭疽杆菌、破伤风芽孢杆菌。污水中还会有纤毛虫类、鞭毛虫类和根足虫类原生动物。进入水体的动植物致病菌，通常因水体环境条件不能完全满足其生长繁殖的要求，故一般难以长期生存，但也有少数病原菌可以生存达数月之久。

海水中也含有大量的水生微生物，主要是细菌，它们均具有嗜盐性。近海中常见的细菌有假单胞菌、无色杆菌、黄杆菌、微球菌属、芽孢杆菌属和噬纤维菌属，它们能引起海产动植物的腐败，有的是海产鱼类的病原菌。海水中还存在有可引起人类食物中毒的病原菌，如副溶血性弧菌。矿泉水及深井水中通常含有很少的微生物。

（4）人及动物体　人体及各种动物，如犬、猫、鼠等的皮肤、毛发、口腔、消化道、呼吸道均带有大量的微生物，如未经清洗的动物被毛、皮肤微生物数量可达 $10^5 \sim 10^6$/cm^2。当人或动物感染了病原微生物后，体内会存在有不同数量的病原微生物，其中有些菌种是人畜共患病原微生物，如沙门菌、结核杆菌、布鲁氏菌。这些微生物可以通过直接接触或通过呼吸道和消化道向体外排出而污染食品。蚊、蝇及蟑螂等各种昆虫也都携带有大量的微生物，其中可能有多种病原微生物，它们接触食品同样会造成微生物的污染。

（5）加工机械与设备　各种加工机械设备本身没有微生物所需的营养物质，但在食品加工过程中，由于食品的汁液或颗粒黏附于内表面，食品生产结束时机械设备没有得到彻底的灭菌，使原本少量的微生物得以在其上大量生长繁殖，成为微生物的污染源。这种机械设备在以后的使用中会通过与食品接触而造成食品的微生物污染。

（6）包装材料及原辅材料　各种包装材料如果处理不当也会带有微生物。一次性包装材料通常比循环使用的材料所带有的微生物数量要少。塑料包装材料由于带有电荷会吸附灰尘及微生物。

健康的动物、植物原料表面及内部不可避免地带有一定数量的微生物，如果在加工过程中处理不当，容易使食品变质，有些来自动物原料的食品还有引起疫病传播的可能。

原辅材料如各种佐料、淀粉、面粉、糖等，通常仅占食品总量的一小部分，但往往带有大量微生物。调料中含菌可高达 10^8 个/g。佐料、淀粉、面粉、糖中都含有耐热菌。原辅材料中的微生物一是来自生活在原辅材料体表与体内的微生物，二是在原辅材料的生长、收获、运输、储藏、处理过程中的二次污染。

2. 微生物污染食品的途径

食品在生产加工、运输、储藏、销售以及食用过程中都可能遭受微生物的污染，其污染的途径可分为两大类。

（1）内源性污染　凡是作为食品原料的动植物体在生活过程中，由于本身带有的微生物而造成的食品污染称为内源性污染，也称第一次污染。如畜禽在生活期间，其消化道、上呼吸道和体表总是存在着一定类群和数量的微生物。当受到沙门菌、布鲁氏菌、炭疽杆菌等病原微生物感染时，畜禽的某些器官和组织内就会有病原微生物的存在。当家禽感染了鸡白痢、鸡伤寒等传染病，病原微生物可通过血液循环侵入卵巢，在蛋黄形成时被病原菌污染，使所产卵中也含有相应的病原菌。

（2）外源性污染　食品在生产加工、运输、储藏、销售、食用过程中，通过水、空气、人、动物、机械设备及用具等而使食品发生的微生物污染称外源性污染，也称第二次污染。

二、控制微生物污染的措施

微生物污染是导致食品腐败变质的首要原因，生产中必须采取综合措施才能有效地控制食品的微生物污染。

1. 加强生产环境的卫生管理

食品加工厂和畜禽屠宰场必须符合卫生要求，及时清除废物、垃圾、污水和污物等。生产车间、加工设备及工具要经常清洗、消毒，严格执行各项卫生制度。操作人员必须定期进行健康检查，患有传染病者不得从事食品生产。工作人员要保持个人卫生及工作服的清洁。生产企业应有符合卫生标准的水源。

2. 严格控制生产过程中的污染

自然界中微生物的分布极广，欲杜绝食品的微生物污染是很难办到的。因此，在食品加工、储藏、运输过程中尽可能减少微生物的污染对防止食品腐败变质就显得十分重要。选用健康无病的动植物原料，不使用腐烂变质的原料，采用科学卫生的处理方法进行分割、冲洗。食品原料如不能及时处理需采用冷藏、冷冻等有效方法加以储藏，避免微生物的大量繁殖。食品加工中的灭菌条件要能满足商业无菌的要求。使用过的生产设备、工具要及时清洗、消毒。

3. 注意食品储藏、运输和销售中的卫生

在食品的储藏、运输及销售过程中也应防止微生物的污染，控制微生物的大量生长。采用合理的储藏方法，保持储藏环境符合卫生规范。运输车辆应做到专车专用，有防尘装置，车辆应经常清洗消毒。

第二节　食品腐败与变质

食品腐败变质是指食品受到各种内外因素的影响，造成其原有化学性质或物理性质发生变化，降低或失去其营养价值和商品价值的过程。如鱼肉的腐臭、油脂的酸败、水果蔬菜的腐烂和粮食的霉变等。食品的腐败变质原因较多，有物理因素、化学因素和生物性因素，如动物、植物食品组织内酶的作用，昆虫、寄生虫以及微生物的污染等。其中由微生物污染所引起的食品腐败变质是最为重要和普遍的，故本节只讨论由微生物引起的食品腐败变质问题。

一、微生物引起食品腐败变质的基本条件

食品加工前的原料，总是带有一定数量的微生物；在加工过程中及加工后的成品，也不可避免地要接触环境中的微生物，因而食品中必然会存在一定种类和数量的微生物。然而微生物污染食品后，能否导致食品的腐败变质，以及变质的程度和性质如何，受多方面因素的影响。一般来说，食品发生腐败变质与食品本身的性质、污染微生物的种类和数量以及食品所处的环境等因素有着密切的关系，而它们三者之间又是相互作用、相互影响的。

1. 食品的基质条件

(1) 食品的营养　食品含有蛋白质、糖类、脂肪、无机盐、维生素和水分等丰富的营养成分，是微生物的良好培养基。因而微生物污染食品后很容易迅速生长繁殖造成食品的变质。但由于不同的食品中，上述各种成分的比例差异很大，而各种微生物分解各类营养物质的能力不同，这就导致了引起不同食品腐败的微生物类群也不同，如肉、鱼等富含蛋白质的食品，容易受到对蛋白质分解能力很强的变形杆菌、青霉等微生物的污染而发生腐败；米饭等含糖类较高的食品，易受到曲霉属、根霉属、乳酸菌、啤酒酵母等对碳水化合物分解能力强的微生物的污染而变质；而脂肪含量较高的食品，易受到黄曲霉和假单孢杆菌等分解脂肪能力很强的微生物的污染而发生酸败变质。

(2) pH 条件　各种食品都具有一定的氢离子浓度。根据食品 pH 范围的特点，可将食品划分为两大类：酸性食品和非酸性食品。一般规定 pH 在 4.5 以上者，属于非酸性食品；pH 在 4.5 以下者为酸性食品。例如，动物食品的 pH 一般在 5～7 之间，蔬菜 pH 在 5～6 之间，它们一般为非酸性食品；水果的 pH 在 2～5 之间，一般为酸性食品。

各类微生物都有其最适宜的 pH 范围，食品中氢离子浓度可影响菌体细胞膜上电荷的性质。当微生物细胞膜上的电荷性质受到食品氢离子浓度的影响而改变后，微生物对某些物质的吸收机制会发生改变，从而影响细胞的正常物质代谢活动和酶的作用，因此食品 pH 高低是制约微生物生长，影响食品腐败变质的重要因素之一。

大多数细菌最适生长的 pH 在 7.0 左右，酵母菌和霉菌生长的 pH 范围较宽，因而非酸性食品适合于大多数细菌及酵母菌、霉菌的生长；细菌生长下限一般在 pH4.5 左右，pH 在 3.3～4.0 以下时只有个别耐酸细菌，如乳杆菌属尚能生长，故酸性食品的腐败变质主要是酵母菌和霉菌的生长。

另外，食品的 pH 也会因微生物的生长繁殖而发生改变，当微生物生长在含糖与蛋白质的食品基质中时，微生物首先分解糖产酸使食品的 pH 下降；当糖不足时，蛋白质被分解，pH 又回升。由于微生物的活动，食品基质 pH 发生很大变化，当酸或碱积累到一定量时，

反过来又会抑制微生物的继续活动。

（3）水分 水分是微生物生命活动的必要条件，微生物细胞组成不可缺少水，细胞内所进行的各种生物化学反应，均以水为溶剂。在缺水的环境中，微生物的新陈代谢发生障碍，甚至死亡。但各类微生物生长繁殖所要求的水分含量不同，因此，食品中的水分含量决定了微生物的种类。一般来说，含水分较多的食品，细菌容易繁殖；含水分少的食品，霉菌和酵母菌则容易繁殖。

食品中的水分以游离水和结合水两种形式存在。微生物在食品上生长繁殖，能利用的水是游离水，因而微生物在食品中的生长繁殖所需水不是取决于总含水量（%），而是取决于水分活度（A_w，也称水活性）。因为一部分水是与蛋白质、碳水化合物及一些可溶性物质（如氨基酸、糖、盐等）结合，这种结合水对微生物是无用的。因而通常使用水分活度来表示食品中可被微生物利用的水。纯水的 $A_w=1$；无水食品的 $A_w=0$，由此可见，食品的 A_w 值在 0～1 之间。表 6-1 给出了不同微生物类群生长的最低 A_w 值范围，从表中可以看出，食品的 A_w 值在 0.60 以下，则认为微生物不能生长。一般认为食品 A_w 值在 0.64 以下是食品安全储藏的防霉含水量。

表 6-1 食品中主要微生物类群生长的最低 A_w 值范围

微生物类群	最低 A_w 值	微生物类群	最低 A_w 值
大多数细菌	0.90～0.99	嗜盐性细菌	0.75
大多数酵母菌	0.88～0.94	耐高渗酵母菌	0.60
大多数霉菌	0.73～0.94	干性霉菌	0.65

新鲜的食品原料，例如鱼、肉、水果、蔬菜等含有较多的水分，A_w 值一般在 0.98～0.99，适合多数微生物的生长，如果不及时加以处理，很容易发生腐败变质。为了防止食品变质，最常用的办法就是要降低食品的含水量，使 A_w 值降低至 0.70 以下，这样可以较长期地进行保存。许多研究报道，A_w 值在 0.80～0.85 之间的食品，一般只能保存几天；A_w 值在 0.72 左右的食品，可以保存 2～3 个月；如果 A_w 在 0.65 以下，则可保存 1～3 年。

在实际中，为了方便也常用含水量百分率来表示食品的含水量，并以此作为控制微生物生长的一项衡量指标。例如为了达到保藏目的，奶粉含水量应在 8% 以下，大米含水量应在 13% 左右，豆类在 15% 以下，脱水蔬菜在 14%～20% 之间。这些物质含水量百分率虽然不同，但其 A_w 值约在 0.70 以下。

（4）渗透压 渗透压与微生物的生命活动有一定的关系。如将微生物置于低渗溶液中，菌体吸收水分发生膨胀，甚至破裂；若置于高渗溶液中，菌体则发生脱水，甚至死亡。一般来讲，微生物在低渗食品中有一定的抵抗力，较易生长，而在高渗食品中，微生物常因脱水而死亡。当然，不同微生物种类对渗透压的耐受能力大不相同。

绝大多数细菌不能在较高渗透压的食品中生长，只有少数种能在高渗环境中生长，如盐杆菌属中的一些种，在 20%～30% 的食盐浓度的食品中能够生活；肠膜明串珠菌能耐高浓度糖。而酵母菌和霉菌一般能耐受较高的渗透压，如异常汉逊酵母、鲁氏糖酵母、膜毕赤酵母等能耐受高糖，常引起糖浆、果酱、果汁等高糖食品的变质。霉菌中比较突出的代表是灰绿曲霉、青霉属、芽枝霉属等。

食盐和糖是形成不同渗透压的主要物质。在食品中加入不同量的糖或盐，可以形成不同的渗透压。所加的糖或盐越多，则浓度越高，渗透压越大，食品的 A_w 值就越小。通常为了防止食品腐败变质，常用盐腌和糖渍的方法来较长时间地保存食品。

2. 微生物

在食品发生腐败变质的过程中，起重要作用的是微生物。如果某一食品经过彻底灭菌或过滤除菌，则长期储藏也不会腐败。反之，如果某一食品被微生物污染，一旦条件适宜，就会引起该食品腐败变质。所以说，微生物的污染是导致食品腐败变质的根源。

能引起食品发生腐败变质的微生物种类很多，主要有细菌、酵母菌和霉菌。一般情况下细菌常比酵母菌占优势。在这些微生物中，有病原菌和非病原菌，有芽孢菌和非芽孢菌，有嗜热性、嗜温性和嗜冷性菌，有好氧或厌氧菌，有分解蛋白质、糖类、脂肪能力强的菌。

(1) 分解食品中蛋白质的主要微生物　能分解蛋白质而使食品变质的微生物主要有细菌、霉菌和酵母菌，它们多数是通过分泌胞外蛋白酶来完成的。细菌中，芽孢杆菌属、梭状芽孢杆菌属、假单胞菌属、变形杆菌属、链球菌属等分解蛋白质能力较强，即使无糖存在，它们在以蛋白质为主要成分的食品上也生长良好；肉毒梭状芽孢杆菌分解蛋白质能力很微弱，但该菌为厌氧菌，可引起罐头的腐败变质；小球菌属、葡萄球菌属、黄杆菌属、产碱杆菌属、埃希菌属等分解蛋白质能力较弱。许多霉菌都具有分解蛋白质的能力，霉菌比细菌更能利用天然蛋白质，常见的有青霉属、毛霉属、曲霉属、木霉属、根霉属等。而多数酵母菌对蛋白质的分解能力极弱，如啤酒酵母属、毕赤酵母属、汉逊酵母属、假丝酵母属、球拟酵母属等能使凝固的蛋白质缓慢分解。但在某些食品上，酵母菌竞争不过细菌，往往是细菌占优势。

(2) 分解食品中碳水化合物的主要微生物　细菌中能分解淀粉的种类不多，主要是芽孢杆菌属和梭状芽孢杆菌属的某些种，如枯草杆菌、巨大芽孢杆菌、马铃薯芽孢杆菌、蜡样芽孢杆菌、淀粉梭状芽孢杆菌等，它们是引起米饭发酵、面包黏液化的主要菌株；能分解纤维素和半纤维素的只有芽孢杆菌属、梭状芽孢杆菌属和八叠球菌属的一些种；但绝大多数细菌都具有分解某些糖的能力，特别是利用单糖的能力极为普遍；某些细菌能利用有机酸或醇类；能分解果胶质的细菌主要有芽孢杆菌属、欧文氏植病杆菌属、梭状芽孢杆菌属中的部分菌株，它们参与果蔬的腐败。

多数霉菌都有分解简单碳水化合物的能力；能够分解纤维素的霉菌并不多，常见的有青霉属、曲霉属、木霉属等中的几个种，其中绿色木霉、里氏木霉、康氏木霉分解纤维素的能力特别强。分解果胶质的霉菌活力强的有曲霉属、毛霉属、蜡叶芽枝霉等；曲霉属、毛霉属和镰刀霉属等还具有利用某些简单有机酸和醇类的能力。

绝大多数酵母菌不能使淀粉水解；少数酵母菌如拟内孢霉属能分解多糖；极少数酵母菌如脆壁酵母能分解果胶；大多数酵母菌有利用有机酸的能力。

(3) 分解食品中脂肪的主要微生物　分解脂肪的微生物能生成脂肪酶，使脂肪水解为甘油和脂肪酸。一般来讲，对蛋白质分解能力强的需氧性细菌，大多数同时也能分解脂肪。细菌中的假单胞菌属、无色杆菌属、黄色杆菌属、产碱杆菌属和芽孢杆菌属中的许多种都具有分解脂肪的特性。

能分解脂肪的霉菌比细菌多，在食品中常见的有曲霉属、白地霉、代氏根霉、娄地青霉和芽枝霉属等。

酵母菌分解脂肪的菌种不多，主要是解脂假丝酵母，这种酵母菌不能使糖类发酵，但分解脂肪和蛋白质的能力却很强。因此，在肉类食品、乳及其制品中脂肪酸败时，也应考虑到是否因酵母菌而引起。

3. 食品的外界环境条件

在某种意义上讲，引起食品变质，环境因素也是非常重要的。污染食品的微生物能否生长，还要看环境条件，例如，天热饭菜容易变坏，潮湿粮食容易发霉。影响食品变质的环境因素和影响微生物生长繁殖的环境因素一样，也是多方面的。有些内容已在前面有关章节中加以讨论，故不再重复。在这里，仅就影响食品变质的最重要的几个因素，例如温度、湿度和气体等进行讨论。

(1) 温度 前面章节已经讨论了温度变化对微生物生长的影响。根据微生物对温度的适应性，可将微生物分为三个生理类群，即嗜冷、嗜温、嗜热三大类微生物。每一类群微生物都有其最适宜生长的温度范围，但这三群微生物又都可以在 20～30℃ 之间生长繁殖，当食品处于这种温度的环境中，各种微生物都可生长繁殖而引起食品的变质。

① 低温对微生物生长的影响。低温对微生物生长极为不利，但由于微生物具有一定的适应性，在 5℃ 左右或更低的温度（甚至 −20℃ 以下）下仍有少数微生物能生长繁殖，使食品发生腐败变质，我们称这类微生物为低温微生物。低温微生物是引起冷藏、冷冻食品变质的主要微生物。食品中可在低温下生长的微生物主要有假单胞杆菌属、黄色杆菌属、无色杆菌属等革兰阴性无芽孢杆菌；小球菌属、乳杆菌属、小杆菌属、芽孢杆菌属和梭状芽孢杆菌属等革兰阳性细菌；假丝酵母属、隐球酵母属、圆酵母属、丝孢酵母属等酵母菌；青霉属、芽枝霉属和毛霉属等霉菌。食品中不同微生物生长的最低温度见表 6-2。

表 6-2　食品中微生物生长的最低温度

食品	微　生　物	生长最低温度/℃	食品	微　生　物	生长最低温度/℃
猪肉	细菌	−4	乳	细菌	−1～0
牛肉	霉菌、酵母菌、细菌	−1～1.6	冰淇淋	细菌	−10～−3
羊肉	霉菌、酵母菌、细菌	−5～−1	大豆	霉菌	−6.7
火腿	细菌	1～2	豌豆	霉菌、酵母菌	−4～6.7
腊肠	细菌	5	苹果	霉菌	0
熏肉	细菌	−10～−5	葡萄汁	酵母菌	0
鱼贝类	细菌	−7～−4	浓橘汁	酵母菌	−10
草莓	霉菌、酵母菌、细菌	−6.5～−0.3			

这些微生物虽然能在低温条件下生长，但其新陈代谢活动极为缓慢，生长繁殖的速度也非常迟缓，因而它们引起冷藏食品变质的速度也较慢。

有些微生物在很低的温度下能够生长，其机理还不完全清楚。但至少可以认为它们体内的酶在低温下仍能起作用。另外也观察到嗜冷微生物的细胞膜中不饱和脂肪酸含量较高，推测可能是由于它们的细胞质膜在低温下仍保持半流动状态，能进行活跃的物质传递。而其他生物则由于细胞膜中饱和脂肪酸含量高，在低温下成为固体而不能履行其正常功能。

② 高温对微生物生长的影响。高温，特别是在 45℃ 以上的高温，对微生物生长来讲是十分不利的。在高温条件下，微生物体内的酶、蛋白质、脂质体很容易发生变性而失活，细胞膜也易受到破坏，这样会加速细胞的死亡。温度愈高，死亡率也愈高。

然而，在高温条件下，仍然有少数微生物能够生长。通常把凡能在 45℃ 以上温度条件下进行代谢活动的微生物，称为高温微生物或嗜热微生物。嗜热微生物之所以能在高温环境中生长，是因为它们具有与其他微生物所不同的特性，如它们的酶和蛋白质对热稳定性比中温菌强得多；它们的细胞膜上富含饱和脂肪酸。由于饱和脂肪酸比不饱和脂肪酸可形成更强的疏水键，从而使膜能在高温下保持稳定；它们生长曲线独特，和其他微生物相比，延滞期、对数期都非常短，进入稳定期后，迅速死亡。

在食品中生长的嗜热微生物，主要是嗜热细菌，如芽孢杆菌属中的嗜热脂肪芽孢杆菌、凝结芽孢杆菌；梭状芽孢杆菌属中的肉毒梭菌、热解糖梭状芽孢杆菌、致黑梭状芽孢杆菌；

乳杆菌属和链球菌属中的嗜热乳杆菌、嗜热链球菌等。霉菌中纯黄丝衣霉耐热能力也很强。

在高温条件下，嗜热微生物的新陈代谢活动加快，所产生的酶对蛋白质和糖类等物质的分解速度也比其他微生物快，因而使食品发生变质的时间缩短。由于它们在食品中经过旺盛的生长繁殖后，很容易死亡，所以在这种情况下，若不及时进行分离培养，就会失去检出的机会。高温微生物造成的食品变质主要是酸败，由微生物分解糖类产酸而引起。

（2）湿度　空气中的湿度对于微生物生长和食品变质来讲，起着重要作用，尤其是未经包装的食品。例如把含水量少的脱水食品放在湿度大的地方，食品则易吸潮，表面水分迅速增加。长江流域梅雨季节，粮食、物品容易发霉，就是因为空气湿度太大（相对湿度70%以上）的缘故。

A_w 值反映了溶液和作用物的水分状态，而相对湿度则表示溶液和作用物周围的空气状态。当两者处于平衡状态时，$A_w \times 100$ 就是大气与作用物平衡后的相对湿度。每种微生物只能在一定的 A_w 值范围内生长，但这一范围的 A_w 值要受到空气湿度的影响。

（3）气体　微生物与 O_2 有着十分密切的关系。一般来讲，在有氧的环境中，微生物进行有氧呼吸，生长、代谢速度快，食品变质速度也快；缺乏 O_2 条件下，由厌氧性微生物引起的食品变质速度较慢。O_2 存在与否决定着兼性厌氧微生物是否生长和生长速度的快慢。例如当 A_w 值是 0.86 时，无氧存在情况下金黄色葡萄球菌不能生长或生长极其缓慢；而在有氧情况下则能良好生长。

新鲜食品原料中，由于组织内一般存在着还原性物质（如动物原料组织内的巯基），因而具有抗氧化能力。在食品原料内部生长的微生物绝大部分应该是厌氧性微生物；而在原料表面生长的则是需氧微生物。食品经过加工，物质结构改变，需氧微生物能进入组织内部，食品更易发生变质。

另外，H_2 和 CO_2 等气体的存在对微生物的生长也有一定的影响。实际中可通过控制它们的浓度来防止食品变质。

二、食品腐败的化学过程

食品腐败变质的过程实质上是食品中蛋白质、碳水化合物、脂肪等被微生物的分解代谢作用或自身组织酶进行的某些生化过程。例如新鲜的肉、鱼类的后熟，粮食、水果的呼吸等可以引起食品成分的分解、食品组织溃破和细胞膜碎裂，为微生物的广泛侵入与作用提供条件，结果导致食品的腐败变质。由于食品成分的分解过程和形成的产物十分复杂，因此建立食品腐败变质的定量检测尚有一定的难度。

1. 食品中蛋白质的分解

肉、鱼、禽蛋和豆制品等富含蛋白质的食品，主要是以蛋白质分解为其腐败变质特征。由微生物引起的蛋白质食品变质，通常称为腐败。

蛋白质在动物、植物组织酶以及微生物分泌的蛋白酶和肽链内切酶等的作用下，首先水解成多肽，进而裂解形成氨基酸。氨基酸通过脱羧基、脱氨基、脱硫等作用进一步分解成相应的氨、胺类、有机酸类和各种碳氢化合物，食品即表现出腐败特征。

蛋白质分解后所产生的胺类是碱性含氮化合物，如胺、伯胺、仲胺及叔胺等具有挥发性和特异的臭味。各种不同的氨基酸分解产生的腐败胺类和其他物质各不相同，甘氨酸产生甲胺，鸟氨酸产生腐胺，精氨酸产生色胺进而又分解成吲哚，含硫氨基酸分解产生硫化氢和氨、乙硫醇等。这些物质都是蛋白质腐败产生的主要臭味物质。

2. 食品中碳水化合物的分解

食品中的碳水化合物包括纤维素、半纤维素、淀粉、糖原以及双糖和单糖等。含这些成分较多的食品主要是粮食、蔬菜、水果和糖类及其制品。在微生物及动植物组织中的各种酶及其他因素作用下，这些食品组成成分被分解成单糖、醇、醛、酮、羧酸、二氧化碳和水等低级产物。由微生物引起糖类物质发生的变质，习惯上称为发酵或酵解。

碳水化合物含量高的食品变质的主要特征为酸度升高、产气和稍带有甜味、醇类气味等。食品种类不同也表现为糖、醇、醛、酮含量升高或产气（CO_2），有时常带有这些产物特有的气味。水果中的果胶可被一种曲霉和多酶梭菌所产生的果胶酶分解，并可使含酶较少的新鲜果蔬软化。

3. 食品中脂肪的分解

虽然脂肪发生变质主要是由化学作用引起，但是许多研究表明，它与微生物也有着密切的关系。脂肪发生变质的特征是产生酸和刺激性的"哈喇"气味。人们一般把脂肪的变质称为酸败。

食品中油脂酸败的化学反应主要是油脂自身氧化过程，其次是水解。油脂的自身氧化是一种自由基氧化反应；而水解则是在微生物或动物组织中的脂肪酶作用下，使食物中的中性脂肪分解成甘油和脂肪酸等。油脂酸败的化学反应目前仍在研究中，过程较复杂，有些问题尚待阐明。

食品中脂肪及食用油脂的酸败程度受脂肪的饱和度、紫外线、氧、水分、天然抗氧化剂以及铜离子、铁离子、镍离子等催化剂的影响。油脂中脂肪酸不饱和度、油料中动植物残渣等，均有促进油脂酸败的作用；而油脂的脂肪酸饱和程度和维生素 C、维生素 E 等天然抗氧化物质及芳香化合物含量高时，则可减慢氧化和酸败。

4. 有害物质的形成

腐败变质的食品表现出使人难以接受的感官性状，如异常颜色、刺激气味和酸臭味、组织溃烂、发黏等，营养物质分解、营养价值下降。同时食品的腐败变质可产生对人体有害的物质，如蛋白质类食品的腐败可生成的某些胺类物质及脂肪酸败的产物等都可使人引起中毒反应。由于微生物严重污染食品，因而也增加了致病菌和产毒菌存在的概率。微生物产生的毒素分为细菌毒素和真菌毒素，它们能引起食物中毒，有些毒素还能引起人体器官的病变及癌症。

三、食品腐败变质的鉴定

食品受到微生物污染后容易变质。那么如何鉴别食品是否腐败变质？一般从感官、化学、物理和微生物四个方面来进行食品腐败变质的鉴定。

1. 感官鉴定

感官鉴定是以人的视觉、嗅觉、触觉、味觉来查验食品初期腐败变质的一种简单而灵敏的方法。食品初期腐败时会产生腐败臭味，发生颜色的变化（褪色、变色、着色、失去光泽等），出现组织变软、变黏等现象。这些都可以通过感官分辨出来，一般还是很灵敏的。

（1）色泽 食品无论在加工前或加工后，本身均呈现一定的色泽，如有微生物繁殖引起食品变质时，色泽就会发生改变。有些微生物产生色素，分泌至细胞外，色素不断累积就会造成食品原有色泽的改变，如食品腐败变质时常出现黄色、紫色、褐色、橙色、红色和黑色的片状斑点或全部变色。另外，由于微生物代谢产物的作用促使食品发生化学变化时也可引起食品色泽的变化。例如，肉及肉制品的绿变就是由硫化氢与血红蛋白结合形成硫化血红蛋白所引起的。腊肠由于乳酸菌增殖过程中产生过氧化氢，促使肉色素褪色或绿变。

（2）气味 食品本身有一定的气味，动物、植物原料及其制品因微生物的繁殖而产生极轻微的变质时，人们的嗅觉就能敏感地觉察到有不正常的气味产生。如氨、三甲胺、乙酸、硫化氢、乙硫醇、粪臭素等，这些物质在空气中的浓度为 $10^{-11} \sim 10^{-8} \mathrm{mol/m^3}$ 时，人们的嗅觉就可以察觉到。此外，食品腐败变质时，其他胺类物质如甲酸、酮、醛、醇类、酚类等很容易被察觉到。

食品中产生的腐败臭味，常是多种臭味混合而成的。有时也能分辨出比较突出的不良气味，例如霉味臭、乙酸臭、胺臭、粪臭、硫化氢臭、酯臭等。但有时产生的有机酸味、水果变坏产生的芳香味，人的嗅觉习惯不认为是臭味。因此评定食品质量不是以香味、臭味来划分，而是应该按照正常气味与异常气味来评定。

(3) 口味 微生物造成食品腐败变质时也常引起食品口味的变化。而口味改变中比较容易分辨的是酸味和苦味。一般碳水化合物含量多的低酸食品，变质初期产生酸是其主要特征。但对于原来酸味就高的食品，如番茄制品来讲，微生物造成酸败时，酸味稍有增高，辨别起来就不那么容易。另外，某些假单胞菌污染消毒乳后可产生苦味；蛋白质被大肠杆菌、小球菌等微生物作用也会产生苦味。

当然，口味的评定从卫生角度看是不符合卫生要求的，而且不同人评定的结果往往意见分歧较多，只能做大概的比较，为此口味的评定应借助仪器来测试。

(4) 组织状态 固体食品变质时，动物性、植物性组织因微生物酶的作用，可使组织细胞破坏，造成细胞内容物外溢，这样食品的性状即出现变形、软化；鱼肉类食品则呈现肌肉松弛、弹性差，有时组织体表出现发黏等现象；微生物引起粉碎后加工制成的食品，如糕鱼、乳粉、果酱等变质后常引起黏稠、结块等表面变形、湿润或发黏现象。

液态食品变质后会出现浑浊、沉淀，表面出现浮膜、变稠等现象，鲜乳因微生物作用引起变质可出现凝块、乳清析出、变稠等现象，有时还会产气。

2. 化学鉴定

微生物的代谢可引起食品化学组成的变化，并产生多种腐败性产物，因此，直接测定这些腐败产物就可作为判断食品质量的依据。

一般氨基酸类、蛋白质类等含氮量高的食品，如鱼、虾、贝类及肉类，在需氧性败坏时，常以测定挥发性盐基氮含量作为评定的化学指标；对于含氮量少而含碳水化合物丰富的食品，在缺氧条件下腐败则经常以测定有机酸的含量或 pH 的变化作为指标。

(1) 挥发性盐基总氮 挥发性盐基总氮系指肉类、鱼类样品浸液在弱碱性条件下能与水蒸气一起蒸馏出来的总氮量，主要是氨和胺类（三甲胺和二甲胺），常用蒸馏法或 Conway 微量扩散法定量。该指标现已列入食品安全标准。例如一般在低温有氧条件下，鱼类挥发性盐基氮的量达到 $30\mathrm{mg/100g}$ 时，即认为是变质的标志。

(2) 三甲胺 因为在挥发性盐基总氮构成的胺类中，主要的是三甲胺，是季铵类含氮物经微生物还原产生的。可用气相色谱法进行定量，或者将三甲胺制成碘的复盐，用二氯乙烯抽取测定。新鲜鱼虾等水产品、肉中没有三甲胺，初期腐败时，其量可达 $4 \sim 6\mathrm{mg/100g}$。

(3) 组胺 鱼贝类可通过细菌分泌的组氨酸脱羧酶使组氨酸脱羧生成组胺而发生腐败变质。当鱼肉中的组胺达到 $4 \sim 10\mathrm{mg/100g}$，就会发生变态反应样的食物中毒。通常用圆形滤纸色谱法（卢塔-宫木法）进行测定。

(4) K 值 K 值是指 ATP 分解的肌苷（HxR）和次黄嘌呤（Hx）低级产物占 ATP 系列分解产物的百分比，K 值主要适用于鉴定鱼类早期腐败。若 $K \leqslant 20\%$，说明鱼体绝对新鲜；当 $K \geqslant 40\%$ 时，鱼体开始有腐败迹象。

(5) pH 的变化 食品中 pH 的变化，一方面可由微生物的作用或食品原料本身酶的消化作用，使食品中 pH 下降；另一方面也可以由微生物的作用所产生的氨而促使 pH 上升。一般腐败开始时食品的 pH 略微降低，随后上升，因此多呈现 V 字形变动。例如牲畜和一些青皮红肉的鱼在死亡之后，肌肉中因碳水化合物产生消化作用，造成乳酸和磷酸在肌肉中积累，以致引起 pH 下降；其后因腐败微生物繁殖，肌肉被分解，造成氨积累，促使 pH 上升。我们借助 pH 计测定则可评价食品变质的程度。

但由于食品的种类不同、加工方法不同以及污染的微生物种类不同，pH 的变动有很大差别，所以一般不用 pH 作为初期腐败的指标。

3. 物理鉴定

食品的物理鉴定主要是根据蛋白质分解时低分子物质增多这一现象，来先后研究食品浸出物量、浸出液电导度、折射率、冰点下降、黏度上升等指标。其中肉浸液的黏度测定尤为敏感，能反映腐败变质的程度。

4. 微生物鉴定

对食品进行微生物菌数测定可以反映食品被微生物污染的程度以及是否发生变质，同时它是判定食品生产的一般卫生状况以及食品卫生质量的一项重要依据。在食品安全标准中常用菌落总数和大肠菌群的近似值来评定食品卫生质量，一般食品中的活菌数达到 10^8 个/g 时，则可认为处于初期腐败阶段。

腐败变质的食品首先是带有使人们难以接受的感官性状，如刺激气味、异常颜色、酸臭味道和组织溃烂，黏液污秽感等。其次是营养成分分解，营养价值严重降低。腐败变质食品一般由于微生物污染严重，菌相复杂和菌量增多，因而增加了致病菌和产毒霉菌等存在的机会。由于菌量增多，某些致病性微弱的细菌即可引起人体的不良反应，甚至中毒；致病菌引起的食物中毒，几乎都有菌量异常增大的必要条件。至于腐败变质分解产物对人体的直接毒害，至今研究得仍不够明确；然而这方面的报告与中毒事件却越来越多，如某些鱼类腐败产生的组胺使人体中毒，脂肪酸败产物引起人的不良反应及中毒，以及腐败产生的亚硝胺类、有机胺类和硫化氢等都具有一定的毒性。

因此，对食品的腐败变质要及时准确鉴定，并严加控制，但这类食品的处理还必须充分考虑具体情况。如轻度腐败的肉类、鱼类，通过煮沸可以消除异常气味，部分腐烂的水果蔬菜可拣选分类处理，单纯感官性状发生变化的食品可以加工复制等。然而，虽然人体有足够的解毒功能，但在短时间内摄入量不可过大。因此应强调指出，一切处理的前提，都必须以确保人体健康为原则。

第三节　不同食品的腐败变质

食品从原料到加工产品，随时都有被微生物污染的可能。这些污染的微生物在适宜条件下即可生长繁殖，分解食品中的营养成分，使食品失去原有的营养价值，成为不符合卫生要求的食品。由于各类食品的基质条件不同，因而引起各类食品腐败变质的微生物类群及腐败变质症状也不完全相同。下面就各类主要食品的腐败变质作一介绍。

一、乳及乳制品的腐败变质

各种不同的乳，如牛乳、羊乳、马乳等，其成分虽各有差异，但都含有丰富的营养成分，容易消化吸收，是微生物生长繁殖的良好培养基。一旦微生物污染乳，在适宜条件下，微生物就会迅速繁殖引起乳腐败变质而失去食用价值，甚至可能引起食物中毒或其他传染病的传播。

1. 微生物的来源及种类

刚生产出来的鲜乳，总是会含有一定数量的微生物，而且在运输和储存过程中还会受到微生物的污染，使乳中的微生物数量增多。

(1) 乳房内微生物的污染　即使是健康的乳畜的乳房内，也可能生有一些细菌，严格无菌操作挤出的乳汁，在 1mL 中也有数百个细菌。乳房中的正常菌群主要是小球菌属和链球菌属。由于这些细菌能适应乳房的环境而生存，称为乳房细菌。乳畜感染后，体内的致病微生物可通过乳房进入乳汁而传染给人类。常见的引起人畜共患疾病的致病微生物主要有：结核分枝杆菌、布鲁氏菌、炭疽杆菌、葡萄球菌、溶血性链球菌、沙门菌等。

(2) 挤乳过程中环境、器具及操作人员的污染　污染的微生物的种类、数量直接受畜体表面卫生状况、畜舍的空气、挤奶用具、容器，以及挤奶工人的个人卫生情况的影响。另外，挤出的奶在处理过程中，如不及时加工或冷藏不仅会增加新的污染机会，而且会使原来存在于鲜乳内的微生物数量增多，这样很容易导致鲜乳变质。所以挤奶后要尽快进行过滤、冷却。

(3) 鲜牛乳中微生物的种类　新鲜的乳液中含有多种抑菌物质，它们能维持鲜乳在一段时间内不变质。鲜乳若不经消毒或冷藏处理，污染的微生物将很快生长繁殖造成腐败变质。鲜乳的菌数在 $10^3 \sim 10^6$ 个/mL 范围内。自然界多种微生物可以通过不同途径进入乳液中，但在鲜乳中占优势的微生物，主要是一些细菌、酵母菌和少数霉菌。

① 乳酸菌。乳酸菌在鲜乳中普遍存在，能利用乳中的碳水化合物进行乳酸发酵，产生乳酸，其种类很多，有些同时还具有一定的分解蛋白质的能力。常见的有乳酸链球菌、乳脂链球菌、粪链球菌、液化链球菌、嗜热链球菌、嗜酸乳杆菌。此外，鲜乳中经常还可分离到干酪乳杆菌、乳酸乳杆菌、乳短杆菌等。

② 胨化细菌。胨化细菌可使不溶解状态的蛋白质变成溶解状态。乳液由于乳酸菌产酸使蛋白质凝固或由细菌的凝乳酶作用使乳中的酪蛋白凝固。而胨化细菌能产生蛋白酶，使凝固的蛋白质消化成为溶解状态。乳中常见的胨化细菌有枯草芽孢杆菌、地衣芽孢杆菌、蜡样芽孢杆菌、荧光假单胞菌、腐败假单胞菌等。

③ 脂肪分解菌。主要是一些革兰阴性无芽孢杆菌，如假单胞菌属和无色杆菌属等。

④ 酪酸菌。这是一类能分解碳水化合物产生酪酸、CO_2 和 H_2 的细菌。

⑤ 产气细菌。一类能分解糖类产酸又产气的细菌，如大肠杆菌和产气杆菌。

⑥ 产碱菌。这类细菌能分解乳中的有机酸、碳酸盐和其他物质，使牛乳的 pH 上升。主要是革兰阴性的需氧性细菌，如粪产碱杆菌、黏乳产碱杆菌。这些菌在牛乳中生长除产碱外，还可使牛乳变得黏稠。

⑦ 酵母菌和霉菌。鲜乳中常见的酵母菌有脆壁酵母、霍尔姆球拟酵母、高加索酒球拟酵母、拟圆酵母等。常见的霉菌有乳卵孢霉、乳酪卵孢霉、黑丛梗孢霉、变异丛梗孢霉、蜡叶芽枝霉、乳酪青霉、灰绿青霉、灰绿曲霉和黑曲霉等。

⑧ 病原菌。鲜乳中有时会含有病原菌。患结核或布鲁氏菌病的牛分泌的乳中会有结核杆菌或布鲁氏菌，患乳房炎的乳牛的乳中会有金黄色葡萄球菌和病原性大肠杆菌。

2. 鲜乳的腐败变质

乳中含有溶菌酶等抑菌物质，使乳汁本身具有抗菌特性。但这种特性延续时间的长短随乳汁温度高低和细菌的污染程度而不同。通常新挤出的乳，迅速冷却到 0℃ 可保持 48h，5℃ 可保持 36h，10℃ 可保持 24h，25℃ 可保持 6h，30℃ 仅可保持 2h。在这段时间内，乳内细菌是受到抑制的。

当乳的自身杀菌作用消失后，乳静置于室温下，可观察到乳所特有的菌群交替现象。这种有规律的交替现象分为以下几个阶段。

(1) 抑制期 在新鲜的乳液中含有溶菌酶、乳素等抗菌物质，对乳中存在的微生物具有杀灭或抑制作用。在杀菌作用终止后，乳中各种细菌均发育繁殖，由于营养物质丰富，暂时不发生互联或拮抗现象。这个时期约持续12h。

(2) 乳链球菌期 鲜乳中的抗菌物质减少或消失后，存在于乳中的微生物，如乳链球菌、乳酸杆菌、大肠杆菌和一些蛋白质分解菌等迅速繁殖，其中以乳链球菌生长繁殖居优势，分解乳糖产生乳酸，使乳中的酸性物质不断增加。由于酸度的增加，抑制了腐败菌、产碱菌的生长。以后随着产酸增多乳链球菌本身的生长也受到抑制，数量开始减少。

(3) 乳杆菌期 当乳链球菌在乳液中繁殖，乳液的pH下降至4.5以下时，由于乳酸杆菌耐酸力较强，尚能继续繁殖并产酸。在此时期，乳中可出现大量乳凝块，并有大量乳清析出，这个时期约有2d。

(4) 真菌期 当酸度继续下降至pH为3.0～3.5时，绝大多数的细菌生长受到抑制或死亡。而霉菌和酵母菌尚能适应高酸环境，并利用乳酸作为营养来源而开始大量生长繁殖。由于酸被利用，乳液的pH回升，逐渐接近中性。

(5) 腐败期（胨化期） 经过以上几个阶段，乳中的乳糖已基本上消耗掉，而蛋白质和脂肪含量相对较高，因此，此时能分解蛋白质和脂肪的细菌开始活跃，乳凝块逐渐被消化，乳的pH不断上升，向碱性转化，同时并伴随有芽孢杆菌属、假单胞杆菌属、变形杆菌属等腐败细菌的生长繁殖，于是牛奶出现腐败臭味。

鲜乳的腐败变质还会出现产气、发黏和变色的现象。气体主要是由细菌及少数酵母菌产生，主要有大肠菌群，其次有梭状芽孢杆菌属、芽孢杆菌属、异型发酵的乳酸菌类、丙酸细菌以及酵母菌。这些微生物分解乳中糖类产酸并产CO_2或H_2。发黏现象是具有荚膜的细菌生长造成的，主要是产碱杆菌属、肠杆菌属和乳酸菌中的某些种。变色主要是由假单胞菌属、黄色杆菌属和酵母菌等的一些种造成的。

3. 乳制品的腐败变质

(1) 奶粉 在奶粉的制造过程中，原料乳经过净化、杀菌、浓缩、干燥等工艺，可使其中的微生物数量大大降低。特别是制成的奶粉含水量很低（2%～3%），不适于微生物的生长，甚至随着储存时间的延长，微生物数量还会逐渐减少，残留的微生物主要是一些芽孢杆菌，所以奶粉能储存较长时间而不变质。但如果原料乳的微生物学品质很差，微生物含量过高、生产工艺不完善、设备不精良、生产环境卫生条件差，不仅原料乳中的微生物不能完全杀死，而且还会造成微生物的再次污染，使奶粉中含有较多的微生物，并可能有病原菌存在。奶粉中常见的病原菌是沙门菌和金黄色葡萄球菌。

在保存条件不当或包装不好的情况下，残存在奶粉中的微生物就会生长繁殖，造成奶粉的腐败变质。主要是一些耐热的细菌，如芽孢杆菌、微球菌、嗜热链球菌等引起的。

(2) 淡炼乳 淡炼乳是将消毒乳浓缩至原体积的2/5或1/2而制成的乳制品，其固形物含量在25.5%以上。由于淡炼乳水分含量较鲜乳大大降低，且装罐后经115～117℃高温灭菌15min以上，所以在正常情况下，罐装淡炼乳成品应不含病原菌和在保存期内可能引起变质的杂菌，可以长期保存。但是如果加热灭菌不充分或罐体密封不良，会造成微生物残留或再度受到外界微生物的污染，使淡炼乳发生变质。表现有凝乳、产气、苦味乳等。如枯草芽孢杆菌、嗜热芽孢杆菌在淡炼乳中生长可造成凝乳，包括产生凝乳酶凝固和酸凝固，一些耐热的厌氧芽孢杆菌可引起淡炼乳产生气体，使罐发生爆裂或膨胀现象，刺鼻芽孢杆菌和面包芽孢杆菌等分解酪蛋白使炼乳出现苦味。

（3）甜炼乳　甜炼乳是在消毒乳液中加入一定量的蔗糖、经加热浓缩至原有体积的 $1/3\sim$ $2/5$，使蔗糖浓度达 $40\%\sim45\%$，装罐后一般不再灭菌，而是依靠高浓度糖分形成的高渗环境抑制微生物的生长，达到长期保存的目的。如果原料污染严重或加工工艺粗放造成再度污染以及蔗糖含量不足，可使甜炼乳中微生物生长而引起变质。例如炼乳球拟酵母等分解蔗糖而产生大量气体，芽孢杆菌、微球菌、葡萄球菌、乳酸菌等生长产生乳酸、酪酸、琥珀酸等有机酸以及这些菌产生的凝乳酶等，使炼乳变稠不易倾出，当罐内残存有一定的空气，又有霉菌污染时，会出现白、黄、红等多种颜色的形似纽扣状的干酪样凝块，并呈现金属味、干酪味等异味。在甜炼乳中生长的霉菌有葡匐曲霉、芽枝霉等。

二、肉及肉制品的腐败变质

各种肉及肉制品均含有丰富的蛋白质、脂肪、水、无机盐和维生素。因此，肉及肉制品不仅是营养丰富的食品，也是微生物良好的天然培养基。

1. 肉及肉制品中微生物的来源

（1）屠宰前的微生物来源　屠宰前健康的畜禽具有健全而完整的免疫系统，能有效地防御和阻止微生物的侵入和在肌肉组织内扩散。所以正常机体组织内部（包括肌肉、脂肪、心、肝、肾等）一般是无菌的，而畜禽体表、被毛、消化道、上呼吸道等器官总是有微生物存在，如未经清洗的动物被毛、皮肤微生物数量可达 $10^5\sim10^6$ 个/cm^2。如果被毛和皮肤污染了粪便，微生物的数量会更多。刚排出的家畜粪便微生物数量可多达 10^7 个/g。

患病的畜禽其器官及组织内部可能有微生物存在，如病牛体内可能带有结核杆菌、口蹄疫病毒等。这些微生物能够冲破机体的防御系统，扩散至机体的其他部位，此多为致病菌。动物皮肤发生刺伤、咬伤或化脓感染时，淋巴结会有细菌存在。其中一部分细菌会被机体的防御系统吞噬或消除掉，而另一部分细菌可能存留下来导致机体病变。畜禽感染病原菌后有的呈现临床症状，但也有相当一部分为无症状带菌者，这部分畜禽在运输和圈养过程中，由于拥挤、疲劳、饥饿、惊恐等刺激，机体免疫力下降而呈现临床症状，并向外界扩散病原菌，造成畜禽相互感染。

（2）屠宰后的微生物来源　屠宰后的畜禽即丧失了先天的防御机能，微生物侵入组织后迅速繁殖。屠宰过程中卫生管理不当将造成微生物广泛污染的机会。最初污染微生物是在使用非灭菌的刀具放血时，将微生物引入血液中的，随着血液短暂的微弱循环而扩散至胴体的各部位。在屠宰、分割、加工、储存和肉的配销过程中的每一个环节，微生物的污染都可能发生。

肉类一旦被微生物污染，其生长繁殖是很难完全抑制的。因此限制微生物污染的最好方法是在严格的卫生管理条件下进行屠宰、加工和运输，这也是获得高品质肉类及其制品的重要措施。对已遭受微生物污染的胴体，抑制微生物生长的最有效方法则是迅速冷却和及时冷藏。

屠宰前畜禽的状态也很重要。屠宰前给予充分休息和良好的饲养，使其处于安静舒适的条件，此种状态下进行屠宰其肌肉中的糖原将转变为乳酸。在屠宰后 $6\sim7h$ 内由于乳酸的增加使胴体的 pH 降低到 $5.6\sim5.7$，24h 内 pH 降低至 $5.3\sim5.7$。在此 pH 条件下，污染的细菌不易繁殖。如果宰前家畜处于应激和兴奋状态，则将动用储备糖原，宰后动物组织的 pH 接近于 7，在这样的条件下腐败细菌的侵染会更加迅速。

2. 肉及肉制品中微生物的种类及特性

参与肉类腐败过程的微生物是多种多样的，一般常见的有腐生微生物和病原微生物。腐生微生物包括细菌、酵母菌和霉菌，它们污染肉品，使肉品发生腐败变质。它们都有较强的分解蛋白质的能力。

细菌主要是需氧的革兰阳性菌，如蜡样芽孢杆菌、枯草芽孢杆菌和巨大芽孢杆菌等；需氧的革兰阴性菌有假单胞杆菌属、无色杆菌属、黄色杆菌属、产碱杆菌属、埃希菌属、变形杆菌属等；此外还有腐败梭菌、溶组织梭菌和产气荚膜梭菌等厌氧梭状芽孢杆菌。

酵母菌和霉菌主要包括假丝酵母菌属、丝孢酵母属、交链孢霉属、曲霉属、芽枝霉属、毛霉属、根霉属和青霉属。

病畜、禽肉类可能带有各种病原菌，如沙门菌、金黄色葡萄球菌、结核分枝杆菌、炭疽杆菌和布鲁氏菌等。它们对肉的主要影响并不在于使肉腐败变质，严重的是传播疾病，造成食物中毒。

3. 鲜肉的腐败变质

健康动物的血液、肌肉和内部组织器官一般是没有微生物存在的，但由于屠宰、运输、保藏和加工过程中的污染，致使肉体表面污染了一定数量的微生物。这时，肉体若能及时通风干燥，使肉体表面的肌膜和浆液凝固形成一层薄膜，可固定和阻止微生物侵入内部，从而延缓肉的变质。

通常鲜肉保藏在 0℃ 左右的低温环境中，可存放 10d 左右而不变质。当保藏温度上升时，表面的微生物就能迅速繁殖，其中以细菌的繁殖速度最为显著，细菌吸附鲜肉表面的过程可分为两个阶段，首先是可逆吸附阶段，即细菌与鲜肉表面微弱结合，此时用水洗可将其除掉，第二个阶段为不可逆吸附阶段，细菌紧密地吸附在鲜肉表面，而不能被水洗掉，吸附的细菌数量随着时间的延长而增加，它沿着结缔组织、血管周围或骨与肌肉的间隙蔓延到组织的深部，最后使整个肉变质。宰后畜禽的肉体由于有酶的存在，使肉组织产生自溶作用，结果蛋白质分解产生蛋白胨和氨基酸，这样更有利于微生物的生长。

（1）有氧条件下的腐败 在有氧条件下，需氧和兼性厌氧菌引起肉类的腐败表现有如下几种。

① 表面发黏。微生物在肉表面大量繁殖后，使肉体表面有黏状物质产生，这是微生物繁殖后所形成的菌落，以及微生物分解蛋白质的产物。这主要由革兰阴性细菌、乳酸菌和酵母菌所产生。当肉的表面有发黏、拉丝现象时，其表面含菌数一般为 10^7 个/cm^2。

② 变色。肉类腐败变质，常在肉的表面出现各种颜色变化。最常见的是绿色，这是由于蛋白质分解产生的硫化氢与肉质中的血红蛋白结合后形成的硫化氢血红蛋白（H_2S-Hb）造成的，这种化合物积蓄在肌肉和脂肪表面，即显示暗绿色。另外，黏质赛氏杆菌在肉表面产生红色斑点，深蓝色假单胞杆菌能产生蓝色，黄杆菌能产生黄色。有些酵母菌能产生白色、粉红色、灰色等斑点。一些发磷光的细菌，如发磷光杆菌的许多种能产生磷光。

③ 霉斑。肉体表面有霉菌生长时，往往形成霉斑。特别是一些干腌制肉制品，更为多见。如美丽枝霉和刺枝霉在肉表面产生羽毛状菌丝；白色侧孢霉和白地霉产生白色霉斑；草酸青霉产生绿色霉斑；蜡叶芽枝霉在冷冻肉上产生黑色斑点。

④ 产生异味。肉体腐烂变质，除上述肉眼观察到的变化外，通常还伴随一些不正常或难闻的气味，如微生物分解蛋白质产生恶臭味、乳酸菌和酵母菌的作用会产生挥发性有机酸的酸味、霉菌生长繁殖产生的霉味、放线菌产生的泥土味等。

（2）无氧条件下的腐败 在室温条件下，一些不需要严格厌氧条件的梭状芽孢杆菌首先在肉上生长繁殖，随后其他一些严格厌氧的梭状芽孢杆菌，如双酶梭状芽孢杆菌、生孢梭状芽孢杆菌、溶组织梭状芽孢杆菌等开始生长繁殖，分解蛋白质产生恶臭味。牛、猪、羊的臀部肌肉很容易出现深部变质现象，有时鲜肉表面正常，切开时有酸臭味，股骨周围的肌肉为褐色，骨膜下有黏液出现，这种变质称为骨腐败。

塑料袋真空包装鲜肉并将其储存于低温条件时可延长保存期，此时如塑料袋透气性很差，袋内氧气不足，将会抑制需氧菌的生长，而以乳杆菌和其他厌氧菌生长为主。

在厌氧条件下，由兼性厌氧菌和专性厌氧菌的生长繁殖引起肉类腐败变质的表现有如下几种：

① 产生异味。由于梭状芽孢杆菌、大肠杆菌以及乳酸菌等作用，产生甲酸、乙酸、丁酸、乳酸和脂肪酸而形成酸味，蛋白质被微生物分解产生硫化氢、硫醇、吲哚、粪臭素、氨和胺类等异味化合物，而呈现异臭味，同时还可产生毒素。

② 腐烂。腐烂主要是由梭状芽孢杆菌属中的某些种引起的，假单孢菌属、产碱杆菌属和变形杆菌属中的某些兼性厌氧菌也能引起肉类的腐烂。

鲜肉在搅拌过程中微生物可均匀地分布到碎肉中，所以绞碎的肉比整块肉含菌数量高得多。绞碎肉的菌数为 10^8 个/g 时，在室温条件下，24h 就可能出现异味。

值得注意的是肉腐败变质与保藏温度有关，当肉的保藏温度较高时，杆菌的繁殖速度较球菌快。

4. 肉制品的腐败变质

(1) 熟肉类制品　鲜肉经过热加工制成各种熟肉制品后理应不含菌体，但由于加热程度不同，带有芽孢的细菌可存留下来，这是储存期间造成肉类制品败坏的主要隐患。在熟肉制品上存在的其他细菌、霉菌及酵母菌常是热加工后的二次污染菌。熟肉制品腐败可出现酸味、黏液和恶臭味。若被厌氧梭状芽孢杆菌污染，熟肉制品深部会发生腐败，甚至产生毒素。

(2) 腌腊制品　肉类经过腌制可达到防腐和延长保存期的目的，并有改善肉品风味的作用。肉的腌制分为湿腌和干腌。湿腌用的腌制液一般含 4% 的 NaCl，对微生物有一定的抑制作用。假单胞菌是冷藏鲜肉的重要变质菌，其数量的多寡是腊肉制品微生物学品质优劣的标志，该菌在腌制液中一般不生长，只能存活而已。弧菌是腌腊肉制品的重要变质菌，该菌在胴体肉上很少发现，但在腌腊肉上很易见到。腌制肉中微生物的分布与腌制肉的部位和环境条件有关，一般肉皮上的细菌数比肌肉中的细菌数要高。当 pH 为 6.3 时，则以微球菌占优势。微球菌具有一定的耐盐性和分解蛋白质及脂肪的能力，并能在低温条件下生长，大多数微球菌能还原硝酸盐，某些菌株还能还原亚硝酸盐，因此它是腌制肉中的主要菌类。弧菌具有一定的嗜盐性，并能在低温条件下生长，有还原硝酸盐和亚硝酸盐的能力，在 pH5.9 以上生长时，在肉表面生长形成黏液。

在腌制肉上常发现的酵母菌有球拟酵母、假丝酵母、德巴利酵母和红酵母，它们可在腌制肉表面形成白色或其他色斑。在腌制肉上也常发现青霉、曲霉、枝孢霉和交链孢霉等生长，并以青霉和曲霉占优势。污染腌制肉的曲霉多数不产生黄曲霉毒素。

带骨腌腊肉制品有时会发生仅限于前后腿或关节周围深部变质的现象。这主要是由于原料肉在腌制前细菌已污染腿骨或关节处，在腌制时盐分又未能充分扩散进入到腿骨及关节处，使污染菌在此生长繁殖，引起骨腐败。

(3) 香肠和灌肠制品　香肠和灌肠的原料肉经过切碎或绞碎并加入辅料及调味料后，灌入肠衣或其他包装材料内，经过加热或不加热而制成的一类食品称为香肠和灌肠制品。在加工过程中，分布在肉表面的微生物及环境中的微生物会大量扩散到肉中去。为防止微生物生长，绞碎与搅拌过程应在低温条件下进行。

在肠类制品中，如中国腊肠虽含有一定盐分但仍不足以抑制其中的微生物生长。酵母菌可在肠衣外面形成黏液层，微杆菌能使肉肠变酸和变色，革兰阴性杆菌也可使肉肠发生腐败变质。

熟肉肠类是经过热加工制成的产品，因此可杀死肉馅中微生物的营养体，但一些细菌的芽孢仍可能存活。如加热不充分，不形成芽孢的细菌也可能存活。因此，熟制后的肉肠也应进行冷藏，使肠内中心温度在4～6h内降低至5℃，否则梭状芽孢杆菌的芽孢可能发芽并繁殖。硝酸盐可抑制芽孢发芽，尤其能抑制肉毒梭菌的芽孢，但对其他菌类的抑制作用很弱。熟肉肠类制品发生变质的现象主要有表面变色和绿芯或绿环。前者是由于加工后又污染了细菌，而储存条件又不当，细菌繁殖所致，后者则是由于原料含菌数过高，加工处理不当，没有将细菌全部杀死，成品又未及时冷藏，细菌大量繁殖所致。当肉肠表面潮湿、环境温度高时更易发生变质。

三、罐装食品的变质

罐藏食品是食品原料经过预处理、装罐、密封、杀菌之后而制成的食品，通常称之为罐头。其种类很多，依据pH的高低可分为低酸性、中酸性、酸性和高酸性罐头四大类（表6-3）。低酸性罐头是以动物性食品原料为主要成分，富含大量的蛋白质。而中酸性、酸性和高酸性罐头是以植物性食品原料为主要成分，碳水化合物含量高。

表6-3　罐头食品的分类

罐头类型	pH	主要原料	罐头类型	pH	主要原料
低酸性罐头	5.3以上	肉、禽、蛋、乳、鱼、谷类、豆类	酸性罐头	3.7～4.5	多数水果及果汁
中酸性罐头	4.5～5.3	多数蔬菜、瓜类	高酸性罐头	3.7以下	酸菜、果酱、部分水果及果汁

罐头的密封可防止内容物溢出和外界微生物的侵入，而加热杀菌则是要杀灭存在于罐内的全部微生物。罐头经过杀菌可在室温下保存很长时间。但由于某些原因，罐头有时也会出现腐败变质现象。

1. 罐装食品腐败变质的原因

罐藏食品腐败变质是由罐内微生物引起的，这些微生物的来源有两种情况。

（1）杀菌后罐内残留有微生物　当罐头杀菌操作不当、罐内留有空气等情况下，有些耐热的芽孢杆菌不能被彻底杀灭。这些微生物在保存期内遇到合适条件就会生长繁殖而导致罐头的腐败变质。

（2）杀菌后发生漏罐　由于罐头密封不好，杀菌后发生漏罐而遭受外界的微生物污染。其主要的污染源是冷却水，冷却水中的微生物通过漏罐处进入罐内。空气也是一个微生物污染源，通过漏罐污染的微生物既有耐热菌也有不耐热菌。

2. 罐装食品变质外形及微生物种类

合格的罐头因罐内保持一定的真空度，罐盖或罐底应是平的或稍向内凹陷，软罐头的包装袋与内容物接合紧密。而腐败变质罐头的外观有两种类型，即平听和胀罐。

（1）平听　平听可由以下几种原因造成。

① 平酸腐败。又称平盖酸败。罐头内容物由于微生物的生长繁殖而变质，呈现浑浊和不同酸味，pH下降，但外观仍与正常罐头一样不出现膨胀现象。导致罐头平酸腐败的微生物习惯上称为平酸菌。主要的平酸菌有嗜热脂肪芽孢杆菌、蜡样芽孢杆菌、巨大芽孢杆菌、枯草芽孢杆菌等，这些芽孢杆菌多数情况是由于杀菌不彻底引起的。此外在杀菌后由于罐头密封不严，引起二次污染。罐头食品变质主要与污染的微生物种类及其食品的性质有关。

② 硫化物腐败。腐败的罐头内产生大量黑色的硫化物，沉积于罐头的内壁和食品上，

致使罐内食品变黑并产生臭味，罐头外观一般保持正常或出现隐胀或轻胀。这是由致黑梭状芽孢杆菌引起的。该菌为厌氧性嗜热芽孢杆菌，生长温度在 $35 \sim 70℃$ 之间，适温为 $55℃$，分解糖的能力较弱，但能较快地分解含硫氨基酸而产生硫化氢气体。此菌在豆类、玉米、谷类和鱼类罐头中常见。

(2) 胀罐　引起罐头胀罐现象的原因可分为两个方面。一个方面是由化学或物理原因造成的，如罐头内的酸性食品与罐头本身的金属发生化学反应产生氢气，罐内装的食品量过多时，也可压迫罐头形成胀罐，加热后更加明显，排气不充分，有过多的气体残存，受热后也可胀罐。另一个方面是由于微生物生长繁殖而造成的，它是绝大多数罐藏食品胀罐的原因。引起罐头胀罐的主要微生物有以下几种。

① TA 菌。TA 菌（thermoanaerobin）是一类能分解糖，产芽孢的厌氧菌。该类菌在中酸或低酸性罐头中生长繁殖后，产生酸和气体（CO_2 和 H_2）。当气体积累过多，温度过高时就会使罐头膨胀甚至破裂。变质的罐头通常有酸味。这类菌常见的有嗜热解糖梭状芽孢杆菌，其生长适宜温度 $55℃$，低于 $32℃$ 时生长缓慢。

② 中温需氧芽孢杆菌。如多黏芽孢杆菌、浸麻芽孢杆菌等。该类菌分解糖时除产酸外还产生气体，多发生于真空度不够的罐头。

③ 中温厌氧梭状芽孢杆菌。该类菌适宜生长温度为 $37℃$。包括分解糖类的丁酸细菌和巴氏固氮梭状芽孢杆菌，它们可在酸性或中酸性罐头内进行丁酸发酵，产生 H_2 和 CO_2 造成罐头变质而膨胀。一些能分解蛋白质的菌种如魏氏梭菌、生芽孢梭菌及肉毒梭菌等，它们可分解蛋白质产生硫化氢、硫醇、氨、吲哚、粪臭素等恶臭物质，引起肉类、鱼类罐头的腐败变质，并有胀罐现象。

④ 不产芽孢的细菌。出现漏罐或杀菌不充分时，罐中就会污染或存活不产芽孢的细菌。包括两类：一类是肠道菌如大肠杆菌，另一类是链球菌如嗜热链球菌、乳链球菌和粪链球菌等。这些菌常见于果蔬罐头中，能发酵糖类产酸产气，造成胀罐。

⑤ 酵母菌。酵母菌及其孢子一般都较容易被杀死。罐头内如有酵母菌污染，主要是由于漏罐或杀菌不够造成的。发生变质的罐头往往出现浑浊、沉淀、风味改变、膨胀及爆裂等现象。常见于果酱、果汁、水果罐头、甜炼乳、糖浆等含糖量高的罐头。

⑥ 霉菌。少数霉菌具有较强的耐热性，尤其是能形成菌核的种类耐热性更强。例如纯黄丝衣霉菌是一种能分解果胶的霉菌，它能形成子囊孢子，加热至 $85℃$，30min 还能生存。在氧气充足的情况下生长繁殖并产生 CO_2 造成罐头膨胀。这种现象是由于罐头真空度不够、罐内残留较多的气体所致。

总之，罐头的种类不同，导致其腐败变质的原因菌也就不同，而且这些原因菌时常混在一起产生作用。因此，对每一种罐头的腐败变质都要作具体的分析，根据罐头的种类、成分、pH、灭菌情况和密封状况综合分析，必要时还要进行微生物学检验，开罐镜检及分离培养才能确定。

四、蛋类的腐败变质

禽蛋具有很高的营养价值，含有较多的蛋白质、脂肪、B 族维生素及无机盐类，如保存不当，易受微生物污染而引起腐败。

1. 微生物的来源

健康禽类所产的鲜蛋内部应是无菌的。在一定条件下鲜蛋的无菌状态可保持一段时间，这是由于鲜蛋本身具有一套防御系统：①刚产下的蛋壳表面有一层胶状物，这种胶状物质与蛋壳及壳内膜构成一道屏障，可以阻挡微生物侵入。②蛋白内含有某些杀菌或抑菌物质，在一定时间内可抵抗或杀灭侵入到蛋白内的微生物。例如蛋白内含的溶菌酶，可破坏G^+菌的细胞壁，具有较强的杀菌作用。较低的温度可使溶菌酶的杀菌作用保持较长的时间。③刚排出的蛋内蛋白的 pH 为 7.4～7.6，一周内会上升到 9.4～9.7，如此高的 pH 环境不适于一般微生物的生存。

在鲜蛋中经常可发现微生物存在，即使是刚产出的鲜蛋中也是如此。微生物污染的来源有如下几种。①卵巢内。病原菌通过血液循环进入卵巢在蛋黄形成时进入蛋中。常见的卵巢内感染菌有雏沙门菌、鸡沙门菌等。②泄殖腔。禽类泄殖腔内含有一定数量的微生物，当蛋从泄殖腔排出体外时，由于蛋遇冷收缩，附在蛋壳上的微生物可穿过蛋壳进入蛋内。③环境。鲜蛋蛋壳的屏障作用有限，蛋壳上有许多大小为 4～40μm 的气孔，外界的各种微生物都有可能进入，特别是储存期长或经过洗涤的蛋，在高温、潮湿的条件下，环境中的微生物更容易借水的渗透作用侵入蛋内。

2. 禽蛋的腐败变质

禽蛋被微生物污染后，在适宜的条件下，微生物首先使蛋白分解，使蛋黄不能固定而发生位移。随后蛋黄膜被分解而使蛋黄散乱，并与蛋白逐渐相混在一起，这种现象是变质的初期现象，称为散黄蛋。散黄蛋进一步被微生物分解，产生硫化氢、氨、粪臭素等蛋白质分解产物，蛋液变成灰绿色的稀薄液并伴有大量恶臭气味，称为泻黄蛋。有时蛋液变质不产生硫化氢而产生酸臭，蛋液呈红色，变稠呈浆状或有凝块出现，称为酸败蛋。外界的霉菌可在蛋壳表面或进入内侧生长，形成深色霉斑，造成蛋液黏着，称为黏壳蛋。细菌、霉菌引起禽蛋变质的具体情况见表 6-4。

表 6-4　细菌、霉菌引起的禽蛋变质情况

变质类型	原　因　菌	变质的表现
绿色变质	荧光假单胞菌	初期蛋白明显变绿，不久蛋白膜破裂与蛋黄相混，形成黄绿色浑浊蛋液，无臭味，可产生荧光，在 0℃ 时也可发生
无色变质	假单胞菌属、无色杆菌属、大肠菌群	蛋黄常破裂或呈白色花纹状，通过光线易观察识别
黑色变质	变形杆菌属、假单胞菌属	蛋发暗不透明、蛋黄黑化、破裂时全蛋呈暗褐色，有臭味和 H_2S 产生，在高温下易发生
红色变质	假单孢菌属、沙门细菌	较少发生，有时在绿色变质后期出现，蛋黄上有红色或粉红色沉淀，蛋白也呈红色，无臭味
点状霉斑	芽枝霉属（黑色）、枝孢霉属（粉红色）	蛋壳表面或内侧有小而密的霉菌菌落，在高温时易发生
表面变质	毛霉属、枝霉属、交链孢霉属、葡萄孢霉属	霉菌在蛋壳表面呈羽毛状
内部变质	分枝霉属、芽枝霉属	霉菌通过蛋壳上的微孔或裂纹侵入蛋内生长，使蛋白凝结、变色、有霉臭，菌丝可使卵黄膜破裂

五、果蔬制品的腐败变质

水果与蔬菜中一般都含有大量的水分、碳水化合物、较丰富的维生素和一定量的蛋白质。水果的 pH 大多数在 4.5 以下，而蔬菜的 pH 一般在 5.0～7.0。

1. 微生物的来源

在一般情况下，健康果蔬的内部组织应是无菌的，但有时外观看上去是正常的果蔬，其内部组织中也可能有微生物存在。例如，有人从苹果、樱桃等组织内部分离出酵母菌，从番茄组织中分离出酵母菌和假单胞菌属的细菌。这些微生物是在果蔬开花期侵入并生存于果实内部的。此外，植物病原微生物可在果蔬的生长过程中通过根、茎、叶、花、果实等不同途

径侵入组织内部，或在收获后的储藏期间侵入组织内部。

果蔬表面直接接触外界环境，因而污染有大量的微生物，其中除大量的腐生微生物外，还有植物病原菌，还可能有来自人畜粪便的肠道致病菌和寄生虫卵。在果蔬的运输和加工过程中也会造成污染。

2. 果蔬的腐败变质

新鲜的果蔬表皮及表皮外覆盖的蜡质层可防止微生物侵入，使果蔬在相当长的一段时间内免遭微生物的侵袭。当这层防护屏障受到机械损伤或昆虫的刺伤时，微生物便会从伤口侵入其内生长繁殖，使果蔬腐烂变质。这些微生物主要是霉菌、酵母菌和少数细菌。霉菌或酵母菌首先在果蔬表皮损伤处，或在表面有污染物黏附的部位生长繁殖。霉菌侵入果蔬组织后，细胞壁的纤维素首先被破坏，进一步分解细胞的果胶质、蛋白质、淀粉、有机酸、糖类等成为简单的物质，随后酵母菌和细菌开始大量生长繁殖，便果蔬内的营养物质进一步被分解、破坏。新鲜果蔬组织内的酶仍然活动，在储藏期间，这些酶以及其他环境因素对微生物所造成的果蔬变质有一定的协同作用。

果蔬经微生物作用后外观上出现深色斑点、组织变软、变形、凹陷，并逐渐变成浆液状乃至水液状，产生各种不同的酸味、芳香味、酒味等便不能食用。

引起果蔬腐烂变质的微生物以霉菌最多，也最为重要，其中相当一部分是果蔬的病原菌，而且它们各自有一定的易感范围。现将一些引起果蔬变质的微生物列于表 6-5。

表 6-5　引起果蔬变质的微生物

微　生　物	学　名	易感果蔬种类
指状青霉	*Pen. digitaum*	柑、橘
扩张青霉	*Pen. expansum*	苹果、番茄
交链孢素	*Alternaria*	柑橘、苹果
灰葡萄孢霉	*Botrytis cinerae*	梨、葡萄、苹果、草莓、甘蔗
串珠镰孢霉	*Fusaium moniliforme*	香蕉
梨轮纹病菌	*Physalospora piricola*	梨
黑曲霉	*Aspergillus niger*	苹果、柑橘
苹果褐腐病核盘霉	*Sclertina fructigena*	桃、樱桃
苹果枯腐病霉	*Glomerella eingulata*	苹果、葡萄、梨
黑根霉	*Rhizopus niger*	桃、梨、番茄、草莓、番薯
马铃薯疫霉	*Phytophthora infesians*	马铃薯、番茄、茄子
茄绵疫霉	*Phy. meongenae*	茄子、番茄
镰刀霉属	*Fusarium*	苹果、番茄、黄瓜、甜瓜、洋葱
番茄交链孢霉	*Alternaria tomato*	番茄
葱刺盘孢	*Colletotrichum circinans*	洋葱
软腐病欧文杆菌	*Erwinia aroideae*	马铃薯、洋葱
胡萝卜软腐病欧文杆菌	*Erwinia carotovora*	胡萝卜、白菜、番茄

果蔬在低温（0～10℃）的环境中可有效地减缓酶的作用，对微生物活动也有一定的抑制作用，因此可有效地延长果蔬的储藏时间。但此温度只能减缓微生物的生长速度，并不能完全抑制微生物的生长。储藏期的长短受温度、微生物污染程度、表皮损伤的情况以及成熟度等因素影响。

3. 果汁的腐败变质

果汁是以新鲜水果为原料，经压榨后加工制成的。由于水果原料本身带有微生物，而且在加工过程中还会受到再污染，所以制成的果汁中必然存在许多微生物。微生物在果汁中能否繁殖，主要取决于果汁的 pH 和糖分含量。果汁的 pH 一般在 2.4～4.2，糖含量高，因而在果汁中生长的微生物主要是酵母菌，其次是霉菌和极少数细菌。

苹果汁中的主要酵母菌有假丝酵母属、圆酵母属、隐球酵母属和红酵母属。葡萄汁中的酵母菌主要是柠檬形克勒克酵母、葡萄酒酵母、卵形酵母、路氏酵母等。柑橘汁中常见越南酵母、葡萄酒酵母和圆酵母属等。浓缩果汁由于糖度高，细菌的生长受到抑制，只有一些耐渗酵母和霉菌生长，如鲁氏酵母和蜂蜜酵母等。这些酵母生长的最低 A_w 值为 $0.65\sim0.70$，比一般酵母的 A_w 值要低得多。由于这些酵母细胞相对密度小于它所生活的浓糖液，所以往往浮于浓糖液的表层，当果汁中糖被酵母转化后，相对密度下降，酵母就开始沉至下面。当浓缩果汁置于 4℃ 条件保藏，酵母的发酵作用减弱甚至停止，可以防止浓缩果汁变质。

刚榨制的果汁可检出交链孢霉属、芽枝霉属、粉孢霉属和镰刀霉属中的一些霉菌。但在储藏的果汁中发现的霉菌以青霉属最为常见，如扩展青霉和皮壳青霉。另一种常见霉菌是曲霉属，如构巢曲霉、烟曲霉等。果汁中生长的细菌主要是乳酸菌，如肠膜明串珠菌、植物乳杆菌等，其他细菌一般不容易在果汁中生长。

微生物引起果汁变质的表现主要有以下几种。

(1) 浑浊　造成浑浊的原因除化学因素外，主要是酵母菌乙醇发酵造成的，有时也可因霉菌生长造成。造成浑浊的霉菌如雪白丝衣霉、宛氏拟青霉等，当它们少量生长时，由于产生果胶酶，对果汁有澄清作用，但可使果汁风味变坏，当大量生长时就会使果汁浑浊。

(2) 产生乙醇　引起果汁产生乙醇主要是酵母菌的作用。此外有少数细菌和霉菌也能引起果汁产生乙醇。如甘露醇杆菌可使 40% 的果糖转化为乙醇，有些明串珠菌属可使葡萄糖转变成乙醇。毛霉、镰刀霉、曲霉中的部分种在一定条件下也能利用果汁进行乙醇发酵。

(3) 有机酸的变化　果汁中主要含有酒石酸、柠檬酸和苹果酸等有机酸，当微生物分解了这些有机酸或改变了它们的含量及比例，就会使果汁原有风味遭到破坏，甚至产生不愉快的异味。酒石酸一般只有极少数的细菌和个别的霉菌能分解，如解酒石酸杆菌、琥珀酸杆菌等，葡萄孢霉等能分解柠檬酸产生 CO_2 和乙酸，乳酸杆菌、明串珠菌等能分解苹果酸产生乳酸和丁二酸等，个别霉菌如灰绿葡萄孢霉也能分解苹果酸。与此相反，有些霉菌如黑根霉在代谢过程中可以合成苹果酸，柠檬酸霉属、曲霉属、青霉属、毛霉属、葡萄孢霉属、丛霉属和镰刀霉属等可以合成柠檬酸。

另外，在含糖量较高的果汁中，由于明串珠菌的生长会导致果汁发生黏稠状变质。

六、糕点的腐败变质

糕点是一种营养丰富的食品，是微生物的良好培养基，极易污染变质而发生霉变现象，特别是含水分较多的糕点在高温下更易发霉。

1. 糕点变质现象和微生物类群

糕点类食品由于含水量较高，糖、油脂含量较多，在阳光、空气和较高温度等因素的作用下，易引起霉变和酸败。引起糕点变质的微生物类群主要是细菌和霉菌，如沙门菌、金黄色葡萄球菌、粪肠球菌、大肠杆菌、变形杆菌、黄曲霉、毛霉、青霉、镰刀霉等。

2. 糕点变质的原因分析

糕点变质主要是生产原料不符合质量标准、制作过程中灭菌不彻底和糕点包装储藏不当而造成的。

(1) 生产原料不符合质量标准　糕点食品的原料有糖、奶、蛋、油脂、面粉、食用色素、香料等，市售糕点往往不再加热而直接入口。因此，对糕点原料选择、加工、储存、运输、销售等都应有严格的卫生要求。糕点食品发生变质原因之一是原料的质量问题，如作为糕点原料的奶及奶油未经过巴氏消毒，奶中污染有较高数量的细菌及其毒素；蛋类在打蛋前未洗涤蛋壳，不能有效地去除微生物。为了防止糕点的霉变以及油脂和糖的酸败，应对生产糕点的原料进行消毒和灭菌。对所使用的花生仁、芝麻、核桃仁和果仁等已有霉变和酸败迹象的原料不能采用。

(2) 制作过程中灭菌不彻底　各种糕点食品生产时，都要经过高温处理，既是食品熟制过程，又是杀菌过程，在这个过程中大部分的微生物都被杀死，但耐热性较强的细菌芽孢和霉菌孢子往往残留在食品中，遇到适宜的条件仍能生长繁殖，引起糕点食品变质。

(3) 糕点包装储藏不当　在糕点的生产过程中，包装及环境等方面的原因会使糕点食品被污染许多微生物。烘烤后的糕点必须冷却后才能包装。所使用的包装材料应无毒、无味，生产和销售部门应具备冷藏设备。

七、鱼类的腐败变质

1. 鱼类中的微生物

目前一般认为，新捕获的健康鱼类，其组织内部和血液中常常是无菌的，但在鱼体表面的黏液中、鱼鳃以及肠道内存在着微生物。当然，由于季节、渔场、种类的不同，鱼类体表所附着的细菌数量有所差异。

存在于鱼类中的微生物主要有假单胞菌属、无色杆菌属、黄杆菌属、不动杆菌属、拉氏杆菌属和弧菌属。淡水中的鱼还有产碱杆菌、气单胞杆菌和短杆菌属。另外，芽孢杆菌、大肠杆菌、棒状杆菌等也有报道。

2. 鱼类的腐败变质

一般情况下，鱼类比肉类更易腐败，因为通常鱼类在捕获后，不是立即清洗处理，而多数情况下是带着容易腐败的内脏和鳃一道进行运输，这样就容易引起腐败。其次，鱼体本身含水量高（约70%～80%），组织脆弱，鱼鳞容易脱落，细菌容易从受伤部位侵入，而鱼体表面的黏液又是细菌良好的培养基，因而鱼类死后很快就发生了腐败变质。

第四节　食品中腐败微生物的防治与食品保藏

食品保藏是从生产到消费过程的重要环节，如果保藏不当就会使食品腐败变质，造成重大的经济损失，还会危及消费者的健康和生命安全。另外，食品保藏也是保障不同地区在不同季节以及各种环境条件下都能吃到营养可口的食物的重要手段和措施。

食品保藏的原理就是围绕着防止微生物污染、杀灭微生物或抑制微生物生长繁殖以及延缓食品自身组织中的酶的分解作用，采用物理学、化学和生物学方法，使食品在尽可能长的时间内保持其原有的营养价值、色、香、味及良好的感官性状。

防止微生物污染，就需要对食品进行必要的包装，使食品与外界环境隔绝，并在储藏中始终保持其完整性和密封性。因此，食品的保藏与食品的包装也是紧密联系的。

一、食品的低温抑菌保藏

食品在低温下，本身酶活性及化学反应得到延缓，食品中残存微生物生长繁殖速度大大降低或完全被抑制，因此食品的低温保藏可以防止或减缓食品的变质，在一定的期限内，可较好地保持食品的品质。

目前在食品制造、储藏和运输系统中，都普遍采用人工制冷的方式来保持食品的质量。

使食品原料或制品从生产到消费的全过程中始终保持低温，这种保持低温的完整体系称为冷链。其中包括制冷系统、冷却或冷冻系统、冷库、冷藏车（船）以及冷冻销售系统等。

另外，冷却和冷冻不仅可以延长食品货架期，也能和某些食品的制造过程结合起来，达到改变食品性能和功能的目的。例如，冷饮、冰淇淋制品、冻结浓缩、冻结干燥、冻结粉碎等，都已普遍得到应用。近年来，在中国方便食品体系中，冷冻方便食品也日渐普及。

低温保藏一般可分为冷藏和冷冻两种方式。前者无冻结过程，新鲜果蔬类和短期储藏的食品常用此法。后者要将保藏物降温到冰点以下，使水部分或全部呈冻结状态，动物性食品常用此法。

1. 冷藏

一般的冷藏是指在不冻结状态下的低温储藏。病原菌和腐败菌大多为中温菌，其最适生长温度为 $20 \sim 40℃$，在 $10℃$ 以下大多数微生物便难于生长繁殖；$-10℃$ 以下仅有少数嗜冷性微生物还能活动；$-18℃$ 以下几乎所有的微生物不再发育。因此，低温保藏只有在 $-18℃$ 以下才是较为安全的。低温下食品内原有的酶的活性大大降低，大多数酶的适宜活动温度为 $30 \sim 40℃$，温度维持在 $10℃$ 以下，酶的活性将受到很大程度的抑制，因此冷藏可延缓食品的变质。冷藏的温度一般设定在 $-1 \sim 10℃$ 范围内，冷藏也只能是食品储藏的短期行为（一般为数天或数周）。

另外，在最低生长温度时，微生物生长非常缓慢，但它们仍在进行生命活动。如霉菌中的侧孢霉属、枝孢霉属在 $-6.7℃$ 还能生长；青霉属和丛梗孢霉属的最低生长温度为 $4℃$；细菌中假单胞菌属、无色杆菌属、产碱杆菌属、微球菌属等在 $-4 \sim 7.5℃$ 下生长；酵母菌中，一种红色酵母在 $-34℃$ 冰冻温度时仍能缓慢发育。

对于动物性食品，冷藏温度越低越好，但对新鲜的蔬菜水果来讲，如温度过低，则将引起果蔬的生理机能障碍而受到冷害（冻伤）。因此应按其特性采用适当的低温，并且还应结合环境的湿度和空气成分进行调节。水果、蔬菜收获后，仍保持着呼吸作用等生命活动，不断地产生热量，并伴随着水分的蒸发散失，从而引起新鲜度的降低，因此在不致造成细胞冷害的范围内，也应尽可能降低其储藏温度。湿度高虽可抑制水分的散失，但高湿度也容易引起微生物的繁殖，故湿度一般保持在 $85\% \sim 95\%$ 为宜。还应说明的是食品的具体储存期限还与食品的卫生状况、果蔬的种类和受损程度以及保存的温度、湿度、气体成分等因素有关，不可一概而论。

2. 冷冻保藏

将食品保藏在其冰点以下即称冷冻保藏。一般冷冻保藏温度为 $-18℃$，在这样的低温下，微生物不能活动。同时水分活度随温度降低而降低，纯水在 $-20℃$ 时 A_w 仅 0.8，低于细菌生长的最低 A_w 值。另一方面在温度降至低于食品冰点时，细菌细胞外基质中的水先结冰，使胞外水相中溶质浓度增大。当其高于细胞内溶质浓度时，因渗透压的作用，细胞内的水便会部分转到胞外，从而使细胞失水。细胞失水程度与冷冻速度有关，冷冻速度越慢，则胞外水相处于冰点而胞内水相未达冰点的时间就越长，细胞失水就越严重。且在冷冻速度慢时，细胞内形成的冰晶少而大，易使细胞破坏、菌体死亡，但由于在缓慢冷冻过程中，新鲜食品的组织细胞也会遭受破坏，致使解冻后的食品不仅质地差，而且因汁液流失营养价值受损。所以食品冻藏都尽量采用快速冷冻。

冻结时冰晶的大小与通过最大冰晶生成带的时间有关。肉、鱼等食品通常在 $-5 \sim -1℃$ 的温度范围为其最大冰晶生成带。冻结速度越快，形成的晶核越多，冰晶越小，且均匀分布于细胞内，不致损伤细胞组织，解冻后复原情况也较好。因此快速冻结有利于保持食品（尤其是生鲜食品）的品质。

所谓快速冻结即速冻，不同的书籍中其说法不一，并无严格的定义。通常指的是食品在30min内冻结到所设定的温度（-20℃）；或以30min左右通过最大冰晶生成带（-5～-1℃）为准。如以生成冰晶的大小为准，生成的冰晶大小在70μm以下者称为速冻。不过因食品种类不同，受冰晶的影响也不同，故很难有统一的标准。

细菌的芽孢对冷冻及冻藏的抗性最强，冷冻保藏后约有90%的芽孢仍可存活。真菌的孢子也有较强的抗冻力，干燥的黄曲霉分生孢子经速冻和解冻后存活率可达75%。一般酵母菌和G⁺细菌的抗冻力较强，而G⁻细菌的抗冻力较弱。

冷冻时的介质成分对微生物的存活率也有很大影响。如在0.85%NaCl中冷冻，则细胞的存活率显著下降。而葡萄糖、牛奶、脂肪等物质存在时对细胞有保护作用。

在-18℃冷冻保藏的食品中，微生物已不能生长，但食品中原有的酶及微生物产生的酶仍有微弱的活性，如一些微生物产生的脂肪酶和蛋白酶，在冷冻保藏温度下仍有一定活性。若食品冷冻前含有这些酶较多，而又未经钝化处理，则其冷冻保藏期就会大大缩短。因此，若对水果、蔬菜冷冻，在冻结处理前往往要先行杀酶。通常用热水或蒸汽做短时间的热烫处理，即可使酶失活。一般冷冻保藏温度越低，保藏期就越长。冷冻保藏的食品保藏期可长达几个月至两年。表6-6列举了部分食品的低温冻藏条件和储存期限。

表 6-6　各种食品的低温冻藏条件及储存期限

品　名	结冰温度/℃	冻藏温度/℃	相对湿度/%	储藏期限
奶油	-2.2	-29～-23	80～85	1 年
加糖奶酪	—	-26	—	数月
冰淇淋	—	-26	—	数月
脱脂乳	—	-26	—	短期
冻结鱼	-1.0	-23～-18	90～95	8～10 个月
冻结牛肉	-1.7	-23～-18	90～95	9～18 个月
冻结猪肉	-1.7	-23～-18	90～95	4～12 个月
冻结羊肉	-1.7	-23～-18	90～95	8～10 个月
冻结兔肉	—	-23～-18	—	6 个月以内
冻结果实	—	-23～-18	—	6～12 个月
冻结蔬菜	—	-23～-18	—	2～6 个月
三明治	—	-18～-15	95～100	5～6 个月

3. 解冻

解冻是冻结的逆过程。通常是冻品表面先升温解冻，并与冻品中心保持一定的温度梯度。由于各种原因，解冻后的食品并不一定能恢复到冻结前的状态。

冻结食品解冻时，冰晶升温而溶解，食品物料因冰晶融解而软化，微生物和酶开始活跃。因此解冻过程的设计要尽可能避免因解冻而可能遭受损失。对不同的食品应采取不同的解冻方式。

通常是利用流动的冷空气、水、盐水、水冰混合物等作为解冻媒体进行解冻，温度控制在0～10℃为好，可防止食品在过高温度下造成微生物和酶的活动，防止水分的蒸发。对于即食食品的解冻，可以用高温快速加热。用微波解冻是较好的解冻方法，能量在冻品内外同时发生，解冻时间短，渗出液少，可以保持解冻品的优良品质。

冻结状态良好的肉类，在缓慢解冻时，融解的水分再度被肉质吸收，滴落液较少，肉质可基本恢复至原来的状态。对于冻结状态较差的肉类，在解冻时产生的滴落液较多，肉的重量损失较多，肉中部分可溶性物质也随之损失，肉的质量降低。

二、食品加热灭菌保藏

微生物具有一定的耐热性。细菌的营养细胞及酵母菌的耐热性因菌种不同而有较大的差异。一般病原菌（梭状芽孢杆菌属除外）的耐热性差，通过低温杀菌（例如 63℃，经30min）就可以将其杀死。细菌的芽孢一般具有较高的耐热性，食品中肉毒梭状芽孢杆菌是非酸性罐头的主要杀菌目标，该菌孢子的耐热性较强，必须特别注意。一般霉菌及其孢子在有水分的状态下，加热至 60℃，保持 5～10min 即可被杀死，但在干燥状态下，其孢子的耐热性非常强。

然而，许多因素影响微生物的加热杀菌效果。首先，食品中的微生物密度（原始带菌量）与抗热力有明显关系。带菌量越多，则抗热力越强。因为菌体细胞能分泌对菌体有保护作用的蛋白质类物质，故菌体细胞增多，这种保护性物质的量也就增加。其次，微生物的抗热力随水分的减少而增大，即使是同一种微生物，它们在干热环境中的抗热性最强。

基质中的脂肪、蛋白质、糖及其他胶体物质，对细菌、酵母菌、霉菌及其孢子起着显著的保护作用。这可能是细胞质的部分脱水作用，阻止蛋白质凝固的缘故。因此对高脂肪及高蛋白食品的加热杀菌需加以注意。多数香辛料，如芥子、丁香、洋葱、胡椒、蒜、香精等，对微生物孢子的耐热性有显著的降低作用。

食品的腐败常常是由于微生物和酶所致。食品通过加热杀菌和使酶失活，可久储不坏，但必须不重复染菌，因此要在装罐、装瓶密封以后灭菌，或者灭菌后在无菌条件下充填装罐。食品加热杀菌的方法很多，主要有巴氏消毒法、高温灭菌法、超高温瞬时杀菌、微波杀菌、远红外线加热杀菌等。

1. 食品巴氏消毒法

一些食品当采用高温灭菌时会使其营养和色、香、味受到影响，所以，可采用巴氏消毒法，即采用较低的温度处理，以达到消毒或防腐、延长保存期的目的。一般为 62～63℃、30min 或 71℃、15min，也有用 80～90℃、1min，以杀死食品中致腐微生物的营养体。本方法多用于牛奶、果汁、啤酒、酱油、食醋等的杀菌。所用设备有间歇式水煮立式杀菌锅、长方形水槽、连续式水煮设备、喷淋式连续杀菌设备。

法国的啤酒业在欧洲非常有名，但啤酒常常会变酸，当整桶芳香可口的啤酒变成了酸得让人咧嘴的黏液，只得倒掉，这使酒商叫苦不迭，有些酒商甚至因此而破产。1865 年，里尔一家酿酒厂的厂主请求巴斯德帮助解决啤酒"生病"变酸的难题，能否通过加入一种化学药品来阻止啤酒变酸。

巴斯德借助显微镜仔细观察，发现未变质的陈年葡萄酒和啤酒，其液体中有一种圆球状的酵母细胞；当葡萄酒和啤酒变酸后，酒液里有一根根细杆状的乳酸杆菌，就是它们在营养丰富的啤酒里繁殖，使啤酒"生病"。为了解决这一问题，巴斯德把封闭的酒瓶放在铁丝篮子里，浸入水中，加热到不同的温度，试图杀死乳酸杆菌，而不把啤酒煮坏。经过反复多次的试验，他终于找到了一种简便有效的方法：只要把酒放在 50℃～60℃ 的环境里，维持半小时，就可杀死酒里的乳酸杆菌，这就是著名的"巴氏消毒法"，这个方法沿用至今。巴斯德秉持严谨的科学探索精神，解决了长期存在的酒类酸败问题。

2. 食品高温灭菌法

高温灭菌指灭菌温度在 100～121℃（绝对压力为 0.2MPa）范围内的灭菌，又可分为常压灭菌法、加压蒸汽灭菌法。其中加压蒸汽灭菌在生产上最为常用，它是利用加压蒸汽使温度增高以提高杀菌力，可杀死细菌的芽孢，缩短灭菌时间，主要用于低酸性和中酸性罐藏食品的灭菌。所用设备有两类，一类是静止、卧式或立式高压杀菌锅，另一类是搅拌高压杀菌锅。在罐头行业中，常用 D 值和 F 值来表示杀菌温度和时间。

D（DRT）值是指在一定温度下，细菌死亡90%（即活菌数减少一个对数周期）所需要的时间（min）。121.1℃的 D（DRT）值常写作 Dr。例如嗜热脂肪芽孢杆菌的 Dr＝4.0～4.5min；A型、B型肉毒梭状芽孢杆菌的 Dr＝0.1～0.2min。

F 值是指在一定基质中，在121.1℃下加热杀死一定数量的微生物所需要的时间（min）。在罐头特别是肉罐头中常用。由于罐头种类、包装规格及配方的不同，F 值也就不同，故生产上每种罐头都要预先进行 F 值测定。

对于液体和固体混合的罐装食品，可以采用旋转式或摇动式杀菌装置。玻璃瓶罐虽然也能耐高温，但是不太适宜于压力大的高温杀菌，必须用热水浸泡蒸煮。复合薄膜包装的软罐头通常采用高压水煮杀菌。

3. 超高温瞬时灭菌

超高温瞬时灭菌是指通过130～150℃加热数秒进行的灭菌。适合于液态食品的灭菌，如牛乳先经75～85℃预热4～5min，接着通过130～150℃的高温数秒。在预热过程中，可使大部分细菌被杀死，其后的超高温瞬时加热主要是杀死耐热性强的芽孢菌。所用设备有片式和套管式热交换器，还有蒸汽喷射型加热器。

牛乳在高温下保持较长时间，则易发生一些不良的化学反应。如蛋白质和乳糖发生美拉德反应，使乳产生褐变现象；蛋白质分解而产生 H_2S 的不良气味；糖类焦糖化而产生异味；乳清蛋白质变性、沉淀等。若采用超高温瞬时杀菌既能简化工艺条件、满足灭菌要求，又能减少对牛乳品质的损害。

4. 微波杀菌

微波（超高频）一般是指频率在300MHz～3000GHz的电磁波。目前915MHz和2450MHz两个频率已广泛应用于微波加热。915MHz可以获得较大穿透厚度，适用于加热含水量高、厚度或体积较大的食品；对含水量低的食品宜选用2450MHz。

微波杀菌的机理是基于热效应和非热生化效应两部分。①热效应：微波作用于食品，食品表里同时吸收微波能，温度升高。污染的微生物细胞在微波场的作用下，其分子被极化并做高频振荡，产生热效应，温度的快速升高使其蛋白质结构发生变化，从而使菌体死亡。②非热生化效应：微波使微生物在生命化学过程中产生大量的电子、离子，使微生物生理活性物质发生变化；电场也使细胞膜附近的电荷分布改变，导致膜功能障碍，使微生物细胞的生长受到抑制，甚至停止生长或死亡。另外，微波还可以导致细胞 DNA 和 RNA 分子结构中的氢键松弛、断裂和重新组合，诱发基因突变。

微波杀菌保藏食品具有快速、节能、对食品的品质影响很小的特点。因此，能保留更多的活性物质和营养成分，适用于人参、香菇、猴头菌、花粉、天麻以及中药、中成药的干燥和灭菌。微波还可应用于肉及其制品、禽及其制品、奶及其制品、水产品、水果、蔬菜、罐头、谷物、布丁和面包等一系列产品的杀菌、灭酶保鲜和消毒，延长货架期。此外，微波应用于食品的烹调，冻鱼、冻肉的解冻，食品的脱水干燥、漂烫、焙烤以及食品的膨化等领域。

微波牛奶消毒器，采用高温瞬时杀菌技术，在2450MHz的频率下，升至200℃，维持0.13s，使消毒奶的细菌总数和大肠菌群的指标达到消毒奶要求，而且牛奶的稳定性也有所提高。瑞士卡洛里公司研制的面包微波杀菌装置（2450MHz，80kW），辐照1～2min，温度由室温升至 80℃，面包片的保鲜期由原来的 3d 延长至 30～40d 而无霉菌生长。

5. 远红外线加热杀菌

远红外线是指波长为 2.5～1000μm 的电磁波。食品的很多成分对 3～10μm 的远红外线有强烈的吸收作用，因此食品往往选择这一波段的远红外线加热。

远红外线加热具有热辐射率高；热损失少；加热速度快，传热效率高；食品受热均匀，不会出现局部加热过度或夹生现象；食物营养成分损失少等特点。

远红外线的杀菌、灭酶效果是明显的。日本的山野藤吾曾将细菌、酵母菌、霉菌悬浮液装入塑料袋中，进行远红外线杀菌试验，远红外照射的功率分别为 6kW、8kW、10kW、12kW，试验结果表明，照射 10min，能使不耐热细菌全部杀死，使耐热细菌数量降低 $10^5～10^8$ 个数量级。照射强度越大，残留活菌越少，但要达到食品保藏要求，照射功率要在 12kW 以上或延长照射时间。

远红外线加热杀菌不需经过热媒，照射到待杀菌的物品上，加热直接由表面渗透到内部，因此远红外加热已广泛应用于食品的烘烤、干燥、解冻，以及坚果类、粉状、块状、袋装食品的杀菌和灭酶。

三、食品的高渗透压保藏

提高食品的渗透压可防止食品腐败变质。常用的有盐腌法和糖渍法。在高渗透压溶液中，微生物细胞内的水分大量外渗，导致质壁分离，出现生理干燥。同时，随着盐浓度增高，微生物可利用的游离水减少，高浓度的 Na^+ 和 Cl^- 也可对微生物产生毒害作用，高浓度盐溶液对微生物的酶活性有破坏作用，还可使氧难溶于盐水中，形成缺氧环境。因此可抑制微生物生长或使之死亡，防止食品腐败变质。

1. 盐腌保藏

食品经盐腌保藏不仅能抑制微生物的生长繁殖，还可赋予其新的风味，故兼有加工的效果。食盐的防腐作用主要在于提高渗透压，使细胞原生质浓缩发生质壁分离；降低水分活性，不利于微生物生长；减少水中溶解氧，使好氧微生物的生长受到抑制等。

各种微生物对食盐浓度的适应性差别较大。嗜盐性微生物，如红色细菌、接合酵母属和革兰阳性球菌在较高浓度食盐的溶液（15％以上）中仍能生长。无色杆菌属等一般腐败性微生物约在 5％的食盐浓度、肉毒梭状芽孢杆菌等病原菌在 7％～10％食盐浓度时，生长也受到抑制。一般霉菌对食盐都有较强的耐受性，如某些青霉菌株在 25％的食盐浓度中尚能生长。

由于各种微生物对食盐浓度的适应性不同，因而食盐浓度的高低就决定了所能生长的微生物菌群。例如肉类中食盐浓度在 5％以下时，主要是细菌的繁殖；食盐浓度在 5％以上，存在较多的是霉菌；食盐浓度超过 20％，主要生长的微生物是酵母菌。盐腌食品常见的有咸鱼、咸肉、咸蛋、咸菜等。

2. 糖渍保藏

糖渍保藏食品是利用高浓度的糖液抑制微生物生长繁殖。由于在同一质量分数的溶液中，离子溶液较分子溶液的渗透压大。因此，蔗糖必须比食盐高 4 倍以上的浓度，才能达到与食盐相同的抑菌作用。含有 50％的糖液可以抑制绝大多数酵母菌和细菌生长，65％～70％的糖液可以抑制许多霉菌，70％～80％的糖液能抑制几乎所有的微生物生长。糖渍食品常见的有甜炼乳、果脯、蜜饯和果酱等。

四、食品的化学防腐保藏

食品的化学防腐保藏具有抑制或杀死微生物的作用，可用于食品防腐保藏的化学物质称为食品防腐剂。

1. 山梨酸及其盐类

山梨酸为无色针状或片状结晶，或白色结晶粉末，具有刺激性气味和酸味，对光、热稳定，易氧化，溶液加热时，山梨酸易随水蒸气挥发。山梨酸钾也是白色粉末或颗粒状，其抑菌力仅为等质量山梨酸的 72%。山梨酸钠为白色绒毛状粉末，易氧化。生产中常用的是山梨酸和山梨酸钾。山梨酸钾的水溶性明显好于山梨酸，可达 60%。山梨酸是一种不饱和脂肪酸，被人体吸收后几乎和其他脂肪酸一样参与代谢过程而降解为 CO_2 和 H_2O 或以乙酰辅酶 A 的形式参与其他脂肪酸的合成。因而山梨酸类作为食品防腐剂是安全的。

山梨酸类防腐剂的抑菌作用随基质 pH 下降而增强，其抑菌作用的强弱取决于未解离分子的多少。山梨酸类防腐剂在 pH6.0 左右仍然有效，可以用于其他防腐剂无法使用的 pH 较低的食品中。山梨酸类防腐剂对酵母菌和霉菌有很强的抑制作用，对许多细菌也有抑制作用。其抑菌机制概括起来有对酶系统的作用、对细胞膜的作用及对芽孢萌发的抑制作用。山梨酸盐对肉毒梭菌及蜡样芽孢杆菌的芽孢萌发有抑制作用。山梨酸及其钾盐的使用范围及最大使用量为：酱油、醋、果酱类 0.1%，果汁、果酒类 0.06%，酱菜、面酱、蜜饯、山楂糕、水果罐头类 0.05%，汽水 0.02%。

在发酵蔬菜中添加 0.05%～0.20% 的山梨酸类防腐剂，可以不影响发酵菌的生长而抑制酵母菌、霉菌及腐败性细菌。在泡菜中添加 0.02%～0.05% 山梨酸类防腐剂便可延缓酵母菌膜的形成。山梨酸盐由于口感温和且基本无味，所以几乎所有的水果制品都用该防腐剂，使用量为 0.02%～0.20%。在果酒中也常用山梨酸盐来防止再发酵，由于 K^+ 与酒石酸反应可产生沉淀，故果酒中一般用其钠盐，用 0.02% 的山梨酸钠和 0.002%～0.004% 的 SO_2，即可取得良好的保藏效果。加 SO_2 的目的一是防止乳酸菌生长使果酒产生异味，二是降低山梨酸的使用浓度。果酒中山梨酸盐的浓度不应超过 0.03%，否则会影响口味。

在焙烤食品中添加 0.03%～0.30% 的山梨酸盐，可以抑制真菌的生长，且在较高 pH 时仍有效。使用时为了不干扰酵母菌的发酵，应在面团发好后加入。对于不用酵母菌发酵的焙烤食品，则应尽早加入。

在肉制品中添加适量的山梨酸盐，不仅可抑制真菌，而且还可抑制肉毒梭菌、嗜冷菌及一些病原菌，如沙门菌、金黄色葡萄球菌等，降低亚硝酸盐的用量。

2. 丙酸

丙酸为无色透明液体，有刺激性气味，可与水混溶。其钙盐、钠盐为白色粉末，水溶性好，气味类似丙酸。丙酸及丙酸盐对人体无危害，为许多国家公认的安全食品防腐剂。丙酸的抑菌作用没有山梨酸类和苯甲酸类强，其主要对霉菌有抑制作用，对引起面包"黏丝病"的枯草芽孢杆菌也有很强的抑制作用，对其他细菌和酵母菌基本没作用。在 pH5.8 的面团中加 0.188% 或在 pH5.6 的面团中加 0.156% 的丙酸钙可防止发生"黏丝病"。丙酸类防腐剂主要用于防止面包霉变和发生"黏丝病"，并可避免对酵母菌的正常发酵产生影响。

3. 硝酸盐和亚硝酸盐

硝酸盐及其钠盐用于腌肉生产中，可作为发色剂，并可抑制某些腐败菌和产毒菌，还有助于形成特有的风味。其中起作用的是亚硝酸盐。硝酸盐在食品中可转化为亚硝酸盐。由于亚硝酸盐可在人体内转化成致癌的亚硝胺，而硝酸盐转化成亚硝酸盐的量无法控制，因而有些国家已禁止在食品中使用硝酸盐，对亚硝酸盐的用量也限制很严。

虽然亚硝酸盐对人体的危害性已得到肯定，但至今仍被用于肉制品中，其主要原因是它抑制肉毒梭菌的作用。高浓度的亚硝酸盐具有发色作用，而低浓度亚硝酸盐能形成特有的风味。

亚硝酸盐在低 pH 和高浓度条件下，对金黄色葡萄球菌才有抑制作用。对肠道细菌包括沙门菌、乳酸菌基本无效。对肉毒梭状芽孢杆菌及其产毒的抑制作用也要在基质高压灭菌或热处理前加入才有效，否则要加入多 10 倍的亚硝酸盐量才有抑制作用。亚硝酸盐对肉毒梭状芽孢杆菌及其他梭状芽孢杆菌的抑制作用可能是它与铁-硫蛋白（存在于铁氧还蛋白和氢化酶中）结合，从而阻止丙酮酸降解产生 ATP 的过程。在中国，亚硝酸盐是作为发色剂添入肉类罐头及肉类制品中，规定其用量不超过 0.015%。

4. 乳菌素

乳酸链球菌素（见第五章）是由不同氨基酸组成的多肽，无色、无异味、无毒性，为乳酸链球菌的产物。水溶性随 pH 下降而升高，在 pH2.5 的稀盐酸中溶解度为 12%。pH5.0 时溶解度降到 4%，在中性或碱性条件下几乎不溶解，且易发生不可逆失活。在 pH 为 2.0 时具有良好的稳定性，121℃、30min 仍不失活，但在 pH4.0 以上时加热易分解，对蛋白质水解酶特别敏感，对粗凝乳酶不敏感。其抗菌谱较窄，对 G^+ 细菌（主要为产芽孢菌）有效，而对真菌和 G^- 细菌无效，G^+ 细菌中的粪链球菌是抗性最强的细菌之一。

乳酸链球菌素具有辅助热处理的作用。一般低酸罐头食品要杀灭肉毒梭菌及其他细菌的芽孢，需进行严格的热处理，若加入乳酸链球菌素则可明显缩短热处理时间，对热处理中未杀死的芽孢，乳酸链球菌素可以抑制其萌发。由于乳酸链球菌素具有上述优点，现在许多国家允许其在各种食品中使用，如罐头、果蔬、肉、鱼、乳等，一般用量为 2.5～100mg/kg。

5. 苯甲酸、苯甲酸钠和对羟基苯甲酸酯

苯甲酸和苯甲酸钠又称安息香酸和安息香酸钠，系白色结晶，苯甲酸微溶于水，易溶于乙醇；苯甲酸钠易溶于水。苯甲酸对人体较安全，是国家标准中允许使用的有机防腐剂之一。

苯甲酸抑菌机理是它的分子能抑制微生物细胞呼吸酶系统活性，特别是对乙酰辅酶缩合反应有很强的抑制作用。在高酸性食品中杀菌效力为微碱性食品的 100 倍，苯甲酸以未被解离的分子态存在时才有防腐效果，苯甲酸对酵母菌影响大于霉菌，而对细菌效力较弱。

酱油、醋、果汁类、果酱类、罐头，最大允许用量 1.0g/kg；葡萄酒、果子酒、琼脂软糖，最大用量 0.8g/kg；果子汽酒，0.4g/kg；低盐酱菜、面酱类、蜜饯类、山楂类、果味露最大用量为 0.5g/kg（以上均以苯甲酸计，1g 钠盐相当于 0.847g 苯甲酸）。

对羟基苯甲酸酯是白色结晶状粉末，无臭味，易溶于乙醇，对羟基苯甲酸酯抑菌机理与苯甲酸相同，但防腐效果则大为提高。抗菌防腐效力受 pH（pH4～6.5）的影响不大，偏酸性时更强些。对羟基苯甲酸酯类对细菌、霉菌、酵母菌都有广泛抑菌作用，但对 G^- 杆菌和乳酸菌的作用较弱。在食品工业中应用较广，最大使用量为 1g/kg。对羟基苯甲酸乙酯用于酱油为 0.25g/kg；醋为 0.1g/kg；对羟基苯甲酸丙酯用于清凉饮料为 0.1g/kg；水果、蔬菜表面为 0.012g/kg；果子汁、果酱为 0.20g/kg。

6. 溶菌酶

溶菌酶为白色结晶，含有 129 个氨基酸，等电点 10.5～11.5。溶于食品级盐水，在酸性溶液中较稳定，55℃活性无变化。

溶菌酶能溶解多种细菌的细胞壁而达到抑菌、杀菌目的，但对酵母菌和霉菌几乎无效。溶菌作用的最适 pH 为 6～7，温度为 50℃。食品中的羧基和硫酸能影响溶菌酶的活性，因此将其与其他抗菌物如乙醇、植酸、聚磷酸盐等配合使用，效果更好。目前溶菌酶已用于面食类、水产熟食品、冰淇淋、色拉和鱼子酱等食品的防腐保鲜。

五、食品的辐射保藏

对食品的辐射保藏是指利用电离辐射照射食品，延长食品保藏期的方法。

1. 食品的辐射保藏原理

电离辐射对微生物有很强的致死作用，它是通过辐射引起环境中水分子和细胞内水分子吸收辐射能量后电离产生的自由基起作用，这些游离基能与细胞中的敏感大分子反应并使之失活。此外，电离辐射还有杀虫、抑制马铃薯等发芽和延迟后熟的作用。在电离辐射中由于 γ 射线穿透力和杀菌作用都强，且发生较易，所以目前主要利用放射性同位素产生的 γ 射线进行照射处理。

食品辐射保藏有许多优点：①照射过程中食品的温度几乎不上升，对于食品的色、香、味、营养及质地无明显影响。②射线的穿透力强，在不拆包装和不解冻的条件下，可杀灭深藏于食品（谷物、果实和肉类等）内部的害虫、寄生虫和微生物。③可处理各种不同的食品，从袋装的面粉到装箱的果蔬，从大块的烤肉、火腿到肉、鱼制成的其他食品均可应用。④照射处理食品不会留下残留，可避免污染。⑤可改进某些食品的品质和工艺质量。⑥节约能源。食品采用辐射保藏能耗为 $2.9 \times 10^7 \mathrm{J/t}$，而冷藏为 $3.24 \times 10^8 \mathrm{J/t}$，热灭菌为 $1.08 \times 10^9 \mathrm{J/t}$，脱水处理为 $2.9 \times 10^7 \mathrm{J/t}$。⑦效率高，可连续作业。

2. 影响因素

(1) 照射剂量 照射剂量的大小直接影响灭菌效果。

(2) 照射剂量率 照射剂量率即单位时间内照射的剂量。照射剂量相同，以高剂量率照射时照射的时间就短，以低剂量率照射时，照射时间就长。

(3) 食品接受照射时的状态 在照射剂量相同的条件下，品质好的大米食味变化小，相反食味变化大。水分含量低时，对食品的辐射效应和对微生物的杀灭作用比水分含量高时要小。高氧含量能加速被照射微生物的死亡。

(4) 食品中微生物的种类 病毒耐辐射能力最强，照射剂量达 10kGy 时，仍有部分存活。用高剂量照射才能使病毒钝化，如用 30kGy 照射剂量方可使水溶液中的口蹄疫病毒失活，而要钝化干燥状态下的口蹄疫病毒则需要 40kGy 的照射剂量。

芽孢和孢子对辐射的抵抗力很强，需用大剂量（10k～50kGy）照射才能杀灭。一般菌体用较低剂量（0.5k～10kGy）就可将其杀灭。酵母菌和霉菌对辐射的敏感性与非芽孢细菌相当。

(5) 其他 在照射食品时与加热、速冻、红外线、微波等处理方法结合，可以达到降低照射剂量、保护食品、提高辐射保藏效果。

3. 食品辐射保藏的应用

照射食品时的剂量应根据照射源和强度、食品种类和照射目的而定（表 6-7）。

表 6-7　食品辐射保藏的剂量与效果

食品种类	照射源	辐射剂量/kGy	效　　果
芒果	$^{60}Co\gamma$ 射线	0.4	延长保藏时间 8d
		0.6~0.8	减少霉烂,营养成分变化小
杨梅	$^{137}Co\gamma$ 射线	1	延长保藏时间 5d
		2	延长保藏时间 7d,质量优于鲜果
橄榄	$^{137}Co\gamma$ 射线	0.5~1	提高耐机械损伤的能力
桃子	^{60}Co、$^{137}Co\gamma$ 射线	1~3	促进乙烯生成,对糖、抗坏血酸无不良影响,对色、味有好的效果
橘子	$^{60}Co\gamma$ 射线	0.2~2	可在低温下长期保藏,但有辐射异味
胡桃	γ 射线	0.4	杀虫
红玉苹果	$^{60}Co\gamma$ 射线	0.05	延长保藏时间
香蕉	$^{60}Co\gamma$ 射线	0.2~0.3	延长保藏时间
葡萄	$^{137}Co\gamma$ 射线	1.5~3.0	氧耗增加,出汁量提高
广柑	γ 射线	2	防止成熟和鲜果腐烂,延长保藏时间 42d
梨	γ 射线	0.1~0.5	不耐辐射,延长保藏时间效果不佳
枣	γ 射线	1~2	延长保藏时间,对色、味无不良影响
番茄	γ 射线	3~4	防止腐烂,延长保藏时间 4~12d
草莓	γ 射线	2	延长储藏时间
杨梅汁	γ 射线	2	杀灭霉菌,保住色、香、味
苹果汁	γ 射线	3	总糖含量增加,蔗糖含量减少
葡萄汁	γ 射线	<3	单糖增加,蔗糖含量减少
鸡肉	γ 射线	45	达到灭菌
牛肉	γ 射线	47	达到灭菌
猪肉	γ 射线	51	达到灭菌
火腿	γ 射线	37	达到灭菌
牛肉罐头	γ 射线	25	达到灭菌

（1）在粮食上的应用　用 1kGy 照射可达到杀虫目的。使大米发霉的各种霉菌接受 2~3kGy 照射便可被基本杀死。辐射还能抑制微生物在谷物上的产毒。

（2）在果蔬上的应用　许多果蔬都可以利用辐射保藏。杀灭霉菌所需照射剂量如果高于果蔬的耐受量时，将会使组织软化，果胶质分解而腐烂，因此照射时必须选择合适的剂量。酵母菌是果汁和其他果品发生腐败的原因菌。抑制酵母菌的照射剂量往往会造成果品风味发生改变，所以可先通过热处理，可用低剂量照射解决这一问题。

（3）在水产品上的应用　世界卫生组织、联合国粮农组织、国际原子能机构共同批准，允许使用 1k~2kGy 照射鱼类，减少微生物，延长在 3℃ 以下的保藏期。

（4）在肉类上的应用　屠宰后的禽肉包封后再用 2k~2.5kGy 照射，能大量地消灭沙门菌和弯曲杆菌。对于囊虫、绦虫和弓浆虫用冷冻和 0.5k~1kGy 照射结合的办法，能加速破坏这些寄生虫的感染力。

（5）在调味料上的应用　调味料常常被微生物和昆虫严重污染，尤其是霉菌和芽孢杆菌。因调味料的一些香味成分不耐热，不能用加热消毒的方法处理，用化学药物熏蒸，容易残留药物。用 20kGy 照射的调味料制出的肉制品与未照射的调味料制出的肉制品无明显差别。

本章小结

由于微生物的作用，食品发生了有害变化，失去了原有的或应有的营养价值、组织性状及色、香、味，被称为食品的腐败变质。食品腐败变质是微生物的污染、食品的性质和环境条件综合作用的结果。

食品的微生物污染是指食品在加工、运输、储藏、销售过程中被微生物及其毒素污染。

食品中微生物污染的途径分为两大类：凡是动植物体在生长过程中，由于本身带有的微生物而造成的食品污染，称为内源性污染。食品原料在收获、加工、运输、储藏、销售过程中发生的污染，称为外源性污染。

食品腐败变质的过程实质上是食品中碳水化合物、蛋白质、脂肪在污染微生物的作用下分解变化、产生有害物质的过程。

微生物污染食品后能否生长繁殖，引起食品腐败变质，还取决于食品基质条件和外界环境条件。

由于各类食品的基质条件不同，因而引起各类食品腐败变质的微生物类群及腐败变质症状也不完全相同。

食品保藏是食品从生产到消费过程中不可缺少的一个重要环节，目前可用于食品保藏的防腐与杀菌措施有低温抑菌保藏、加热灭菌保藏、高渗透压保藏、防腐保藏、辐射保藏等。

【知识拓展】

微生物与罐藏技术的科学对话：破除"防腐剂"迷思

在食品保存技术发展史上，罐藏工艺的诞生是人类对抗微生物腐败的里程碑。1804年，法国人尼古拉·阿佩尔为满足拿破仑军队的远征需求，首创玻璃瓶密封加热保存法，开创了罐头食品的先河。而这一发明比人工食品防腐剂的出现早了一百余年——罐头保鲜的本质，正是通过物理手段实现商业无菌，而非依赖化学防腐剂。

一、罐头食品控制微生物的科学技术

罐头的"保鲜秘诀"并非依赖防腐剂，而是依靠独特的加工工艺和密封技术。《食品安全国家标准　食品添加剂使用标准》（GB 2760—2024）中明确规定：罐头类食品中不得使用防腐剂。

现代罐头工艺遵循严格的微生物灭活流程。罐装密封后的半成品必须在2小时内进行杀菌，目前主流方法是热力杀菌，通过调节时间和温度，使热杀菌的效果达到商业无菌的同时能最大程度保留食品本身营养成分，一般分为低温杀菌和高温杀菌两种。

低温杀菌（80～100℃）又称常压杀菌，时间为10～30min，针对酸性食品（pH≤4.6），如黄桃、番茄罐头，既能杀灭腐败菌（如酵母、霉菌）和致病菌（如肉毒杆菌芽孢），又能保持果肉质构。

高温高压杀菌（105～121℃）又称高压杀菌，时间为20～90min，适用于中性或低酸性肉类、水产罐头，彻底灭活耐热芽孢杆菌，同时软化结缔组织，释放钙质。

高温杀菌后还需冷却到40℃以下，杀菌后快速冷却形成罐内负压，使容器密封性倍增，物理隔绝环境微生物入侵，实现长期稳定态。这一过程符合《食品安全国家标准　罐头食品》（GB 7098—2015）定义的"商业无菌"，即无致病微生物，且无可繁殖的非致病微生物。

二、罐头食品的营养

罐头常被误认为"无营养"，实则其营养动态变化具有科学性。新鲜蔬果在刚成熟未被采摘时营养价值最高，一旦被采摘下来并经过长时间的贮藏和运输后，营养成分会逐渐流失。而罐头大多是选用新鲜的食物原料直接加工而成，加工过程中，蔬果的钾、钙、镁等矿物质不受热破坏，膳食纤维的保有率近100%。水溶性维生素C、B族在热加工中流失15%～30%，但远低于新鲜蔬果长期常温贮运的损耗（可达40%）。脂溶性维生素（如鱼罐头中的维生素D）及功能性成分（番茄罐头的茄红素）因热加工提高生物利用率，鲭鱼罐头保留7.3μg/100g维生素D，吃100g就能满足成人维生素D日需量73%。鱼类罐头的高温杀菌过程虽然对维生素B族会造成损失，但对蛋白质和ω-3不饱和脂肪酸不会有太大影响，且高压使鱼骨钙溶出，提升钙含量。

三、罐头食品的选购与健康食用策略

罐头食品的选购时，首先要选正规厂家生产的食品，其次，除了看保质期外，还要看罐头的外观，避免选择罐盖凸起（产气微生物繁殖标志）或锈蚀漏气的产品。

健康食用罐头，选购时注意看罐头的营养成分表，选择低脂、低钠、低糖的罐头食品，限制高钠肉罐（钠≤120mg/100g）和高糖水果罐（糖≤5g/100g），减少汤汁摄入；开封后即时食用，避免环境中微生物二次污染。

罐头是微生物学与食品工程结合的经典范例。理解其"无菌控制"本质，方能善用这项延续两个世纪的智慧，在应急保障、营养补给和可持续食品开发中持续发挥价值。

【复习巩固】

一、填空题

1. 食品中微生物污染的途径分为_____和外源性污染。
2. 食品腐败变质的过程实质上是食品中_____、碳水化合物、_____在污染微生物的作用下分解变化、产生有害物质的过程。
3. 酸性食品的腐败变质主要是_____和霉菌的生长。
4. 分解食品中蛋白质的微生物主要有细菌、霉菌和酵母菌，其中细菌中_____、梭状芽孢杆菌属、假单胞菌属等分解蛋白质能力较强。

二、选择题

1. 以下哪种环境中微生物数量最少？（　　）
A. 公共场所　　　B. 街道　　　C. 森林　　　D. 畜舍
2. 下列哪种微生物不是引起鲜乳腐败变质的常见微生物？（　　）
A. 乳酸菌　　　B. 胨化细菌　　　C. 大肠杆菌　　　D. 枯草芽孢杆菌
3. 食品中水分活度（A_w）值在（　　）以下，微生物不能生长。
A. 0.60　　　B. 0.70　　　C. 0.80　　　D. 0.90
4. 以下哪种是导致罐头平酸腐败的微生物？（　　）
A. 嗜热脂肪芽孢杆菌　　　　　B. 致黑梭状芽孢杆菌
C. 肉毒梭状芽孢杆菌　　　　　D. 乳酸菌
5. 低温保藏食品时，冷藏的温度一般设定在（　　）范围内。
A. −18℃以下　　　B. −1～10℃　　　C. 10～20℃　　　D. 20～30℃

三、判断题

1. 空气是微生物生长繁殖的良好场所。（　　）

2. 外源性污染是指食品在生产加工、运输、储藏、销售过程中被微生物污染。（　　）

3. 食品的 pH 越低，越适合大多数细菌生长。（　　）

4. 鲜乳的自身杀菌作用消失后，首先生长繁殖的微生物是乳杆菌。（　　）

5. 食品辐射保藏过程中食品的温度会显著上升。（　　）

四、名词解释

1. 食品的腐败变质

2. 内源性污染

3. 外源性污染

4. 冷链

五、问答题

1. 简述微生物污染食品的途径。

2. 微生物引起食品腐败变质的基本原理是什么？

3. 简述食品中蛋白质分解变质的主要化学过程。

4. 引起果蔬腐败变质的微生物种类有哪些？简述果蔬腐败变质的过程和症状。

5. 简述食品辐射保藏的原理和优点。

第七章 微生物与食物中毒

【学习目标】

1. 了解食物中毒的概念及类型。
2. 掌握常见的各种微生物引起的食物中毒症状及预防措施。
3. 了解并掌握污染食品引起的疫病的病原菌种类和生物学特征。

任何食品在其生产、加工到储藏销售，各个环节都可能存在被不同种类微生物污染的不利因素和可能，它们有的引起食品腐败变质、减少或失去原来的营养价值，有的则可能引起人的食物性感染及中毒，甚至传染疾病，对人体健康造成不同程度的危害。

食物中毒是指人体因食用了含有害微生物、微生物毒素或化学性有害物质的食物而出现的非传染性的中毒。食物中毒潜伏期短，来势凶猛，常集体性暴发，短时间内有很多人同时发病，且有相同的临床表现，一般人和人之间不直接传染。

食物中毒有多种多样，按食物中毒的病因分为微生物性食物中毒、动植物性毒素中毒、化学性食物中毒等。根据引起食物中毒的微生物类群不同，微生物性食物中毒又分为细菌性食物中毒和真菌性食物中毒。

第一节 细菌性食物中毒

细菌性食物中毒指因食入细菌性有毒食品而引起的急性或亚急性疾病。细菌性食物中毒在食物中毒中最为多见。通常有明显的季节性，多发于气候炎热的季节。发病率较高，但死亡率较低，若及时抢救，一般愈后良好，无任何后遗症。仅肉毒杆菌毒素中毒例外。

一、金黄色葡萄球菌食物中毒

1. 病原菌

金黄色葡萄球菌为革兰阳性球菌。无芽孢，无鞭毛，不能运动，呈葡萄状排列。兼性厌氧菌，对营养要求不高，在普通琼脂培养基上培养 24h，菌落呈圆形、边缘整齐、光滑、湿润、不透明，呈金黄色。最适生长温度为 $35\sim37℃$，最适 pH7.4。此菌对外界的抵抗力是不产芽孢细菌中最强的一种，于 $80℃$ 加热 30min$\sim$1h 才能杀死。

2. 毒素和酶

金黄色葡萄球菌能产生多种毒素和酶，故致病性极强。致病菌株产生的毒素和酶主要有溶血毒素、杀白细胞毒素、肠毒素、凝固酶、溶纤维蛋白酶、透明质酸酶、DNA 酶等。与食物中毒关系密切的主要是肠毒素。近年来的报告表明，50% 以上的金黄色葡萄球菌菌株在实验室条件下能够产生肠毒素，并且一种菌株能产生两种或两种以上的肠毒素。

3. 中毒原因及症状

金黄色葡萄球菌食物中毒的原因是产生肠毒素的葡萄球菌污染了食品，在较高的温度下大量繁殖，在适宜的 pH 和合适的环境条件下产生了肠毒素。吃了这样的食品就可以发生中毒现象，是毒素型食物中毒。

当金黄色葡萄球菌肠毒素进入人体消化系统后被吸收进入血液。毒素刺激中枢神经系统而引起中毒反应。潜伏期一般为 1～5h，最短为 15min 左右，最长不超过 8h。中毒症状有恶心、反复呕吐、多者可达 10 余次，并伴有腹痛、头晕、腹泻、发冷等。儿童对肠毒素比成人敏感。因此儿童发病率较高，病情也比成人重。但金黄色葡萄球菌肠毒素中毒病程较短，1～2d 内即可恢复，愈后良好，一般不会导致死亡。

4. 病菌来源及预防措施

肠毒素的形成与食品污染程度、食品储存温度、食品种类和性质密切相关。一般来说，食品污染越严重，细菌繁殖就越快、越易形成肠毒素，且温度越高，产生肠毒素时间越短。含蛋白质丰富、含水分较多，同时含一定淀粉的食品受葡萄球菌污染后，易产生肠毒素。所以引起金黄色葡萄球菌食物中毒的食品以乳、鱼、肉及其制品、淀粉类食品、剩大米饭等最为常见。近年来由熟鸡、鸭制品引起的食物中毒有所增多。

金黄色葡萄球菌的主要污染来源包括原料和生产操作人员，如患有乳房炎的奶牛、生产操作人员患病等。由于金黄色葡萄球菌耐热性强，一旦食品污染了金黄色葡萄球菌并产生了肠毒素，即使食用前重新加热处理，也不能完全消除引起中毒的可能性。

预防金黄色葡萄球菌食物中毒包括防止葡萄球菌污染和防止其肠毒素形成两个方面。并应从以下几方面采取措施。

(1) 防止带菌人群对食品的污染　定期对食品生产人员、饮食从业人员及保育员等有关人员进行健康检查，患有化脓性感染的人不适于从事任何与食品有关的工作。

(2) 防止葡萄球菌对食品原料的污染　定期对奶牛的乳房进行检查，患有乳炎的奶不能使用。同时为了防止葡萄球菌污染，健康奶牛的奶挤出后，应立即冷却于 10℃ 以下，以防止在较高的温度下该菌的繁殖和肠毒素的形成。

(3) 防止肠毒素的形成　在低温、通风良好的条件下储藏食物，在气温较高的季节，食品放置时间不得超过 6h，食用前还必须彻底加热。

二、沙门菌食物中毒

1. 病原菌

沙门菌属于肠道病原菌。革兰阴性，无芽孢、无荚膜，两端钝圆的短杆菌。除鸡伤寒沙门菌外，均周生鞭毛，能运动，多数具有菌毛。最适生长温度为 37℃，最适生长 pH 为 6.8～7.8。在普通琼脂培养基上培养 24h，菌落呈圆形、表面光滑、无色、半透明、边缘整齐。该菌对热、消毒药水及外界环境的抵抗力不强，于 60℃ 加热 15～20min 即可死亡。在牛乳及肉类中能存活数月。在含有 10%～15% 食盐的肉腌制品中可存活 2～3 月。当水煮或油炸大块肉、鱼、香肠时，若食品内部达不到足以使细菌被杀死和毒素被破坏的情况，就会有细菌残留或有毒素存在，由此常引起食物中毒。该菌具有耐低温的能力，在 -25℃ 低温环境中能存活 10 个月左右，即冷冻保藏食品对本菌无杀伤作用。

有些沙门菌产生内毒素、有些产生肠毒素。如肠炎沙门菌在适合的条件下，可以在牛奶或肉类中产生达到危险水平的肠毒素。此肠毒素为蛋白质，在 50～60℃ 时可耐受 8h，不被胰蛋白酶和其他水解酶所破坏，并对酸碱有抵抗力。

2. 食物中毒原因及症状

大多数的沙门菌食物中毒是由于沙门菌对肠黏膜的侵袭而导致全身性的感染型中毒。当沙门菌进入消化道后，可以在小肠和结肠内繁殖，引起组织感染，并可经淋巴系统进入血液，引起全身感染，这一过程中有两种菌体毒素参与作用：一种是菌体代谢分泌的肠毒素，另一种是菌体细胞裂解释放出的菌体内毒素。由于中毒主要是摄食一定量的活菌并在人体内增殖所引起的，因此，沙门菌引起的食物中毒主要属于感染型食物中毒。如沙门菌的鼠伤寒沙门菌、肠炎沙门菌，除活菌菌体内毒素外，产生的肠毒素在导致食物中毒中也起了重要的作用。

沙门菌食物中毒发生与食物中的带菌量、菌体毒力及人体自身的防御能力等因素有关。食入的活菌量越多，发生中毒的机会就越大。由于各种血清型沙门菌致病性强弱不同，因此随同食物摄入的沙门菌引起中毒的菌量亦不同。一般来说，食入致病力强的血清型沙门菌 2×10^5 CFU/g 即可发病，致病力弱的血清型沙门菌食入 10^8 CFU/g 才能发生食物中毒。但较少量或较弱致病力的菌型仍可引起食物中毒的发生，幼儿、体弱老人及其他病症患者是易感染人群。

沙门菌引起的食物中毒有多种多样的表现，一般可分为胃肠炎型、类伤寒型、类霍乱型、类感冒型和败血症型 5 种类型。其中胃肠炎型最为多见。潜伏期一般为 12～36h，短者 6h，长者为 48～72h，大多集中在 48h 内，超过 72h 的不多。潜伏期短者，病性较严重。

沙门菌食物中毒主要表现为急性胃肠炎症状。发病初期表现为寒战、头痛、恶心、食欲不振等，随后出现腹痛、呕吐、腹泻甚至发热等，严重的会出现抽搐及昏迷等症状。病程一般为 3～7d，愈后良好。但老人、儿童和体弱者可能出现面色苍白、四肢发凉、血压下降甚至休克等症状，如不及时救治也可能导致死亡。

3. 病菌来源及预防措施

沙门菌多数由动物性食品引起，特别是肉类，也可以是鱼类、禽类、乳类、蛋及其制品引起。豆制品和糕点有时也会引起沙门菌食物中毒，但非常少见。

沙门菌的宿主主要是家畜、家禽和野生动物。它们可以在这些动物的胃肠道内繁殖。沙门菌污染肉类，可分为生前感染和宰后污染两个方面。生前感染指家畜、家禽在宰杀前已感染沙门菌；宰后污染是指家畜、家禽在屠宰过程中被带有沙门菌的粪便、容器、污水等污染。健康家畜带菌率为 2%～15%，患病家畜的带菌率较高，检出率为 70% 以上。

蛋类及其制品感染或污染沙门菌的机会较多，一般为 30%～40%。若家禽的卵巢带菌，则可使卵黄带菌，因而产的蛋也是带菌。另外，蛋壳表面可在肛门里被污染，沙门菌可以通过蛋壳气孔侵入蛋内。各种肉制品及蛋制品等亦可在加工过程的各个环节受到污染。

沙门菌食物中毒的预防措施除加强食品卫生监测外，还应注意以下几点。

(1) 防止沙门菌污染 加强家畜、家禽等宰前、宰后的卫生检验，容器及用具要严防被生肉和胃肠物污染，严禁食用和采用病死畜禽。

严格执行生食、熟食分开制度，并对食品加工、销售及食品行业的其他从业人员定期进行健康检查，防止交叉感染。严禁家畜、家禽进入厨房和食品加工车间。

(2) 控制食品中沙门菌的繁殖 沙门菌的最适繁殖温度为 37℃，但在 20℃ 以上就能大量繁殖。因此，低温储藏食品是预防食物中毒的一项措施。必须按照食品低温保藏的卫生要求储藏食品。

(3) 彻底杀死沙门菌 对已被沙门菌污染的食品进行彻底的加热灭菌，是预防沙门菌食物中毒的关键。各种肉类、蛋类食用前应煮沸 10min，剩饭菜等必须充分加热后再食用。为彻底杀灭肉类中可能存在的沙门菌、消灭活毒素，畜肉类应蒸煮至肉深部中心呈灰白硬固的熟肉状态。如尚有残存的活菌，会在适宜的条件下繁殖，仍可以引起食物中毒。

三、大肠埃希菌食物中毒

1. 病原菌

大肠埃希菌属，也叫大肠杆菌属。大肠杆菌是人和动物肠道内的正常寄生菌，一般不致病。但有些菌株可以引起人的食物中毒，是一类条件致病菌。如肠道致病性大肠埃希菌（EPEC）、肠道毒素性大肠埃希菌（ETEC）、肠道侵袭性大肠埃希菌（EIEC）和肠道出血性大肠埃希菌（EHEC）等。

大肠杆菌为革兰阴性菌，是两端钝圆的短杆菌，大多数菌株有周生鞭毛，能运动，有菌毛，无芽孢。某些菌株有荚膜，大多为需氧或兼性厌氧菌。生长温度范围为 $10\sim50℃$，最适生长温度为 $40℃$，最适 pH 为 $6.0\sim8.0$。在普通琼脂平板培养基培养 24h 后呈圆形、光滑、湿润、半透明近无色的中等大菌落，其菌落与沙门菌的菌落很相似。大肠杆菌菌落对光观察可见荧光，部分菌落可溶血（β型）。

大肠杆菌有中等强度的抵抗力，且各菌型之间有差异。巴氏消毒法可杀死大多数的菌，但耐热菌株可存活，但煮沸数分钟后即被杀灭，对一般消毒药水较敏感。

EPEC：病名为胃肠炎或婴儿腹泻。可致幼儿腹泻（水样）、腹痛。

ETEC：病名为旅行者腹泻。能产生引起强烈腹泻的肠毒素，致病物质是耐热肠毒素或不耐热肠毒素。

EIEC：病名为细菌性痢疾。较少见。致病性与细菌性痢疾相似。无产生肠毒素的能力。

EHEC：病名为出血性结肠炎。产生细胞毒素，有极强的致病性。对热抵抗力弱。

2. 食物中毒原因及症状

致病性大肠埃希菌的食物中毒与人体摄入的菌量有关。当一定量的致病性大肠埃希菌进入人体消化道后，可在小肠内继续繁殖并产生肠毒素。肠毒素吸附在小肠上皮细胞膜上，激活上皮细胞内腺分泌，导致肠液分泌增加而超过小肠管的再吸收能力，从而出现腹泻。其症状表现为腹痛、腹泻、呕吐、发热、大便呈水样或呈米泔水样，有的伴有脓血样或黏液等。一般轻症可在短时间内治愈，不会危及生命。最为严重的是肠道出血性大肠埃希菌（EHEC）引起的食物中毒，其症状不仅表现为腹痛、腹泻、呕吐、发热、大便呈水样，严重脱水，而且大便大量出血，还极易引发出血性尿毒症、肾衰竭等并发症，患者死亡率达 $3\%\sim5\%$。

3. 病菌来源与预防措施

致病性大肠埃希菌存在于人和动物的肠道中，随粪便排出而污染水源、土壤。受污染的水、土壤及带菌者的手均可污染食品，或被污染的器具等再污染食品。如肉及肉制品、奶及奶制品、水产品、生蔬菜、水果等。健康人肠道致病性大肠埃希菌带菌率为 $2\%\sim8\%$，成人肠炎和婴儿腹泻患者的致病性大肠埃希菌带菌率为 $29\%\sim52\%$。一般情况下，器具、餐具污染的带菌率高达 50%，其中致病性大肠埃希菌检出率为 $0.5\%\sim1.6\%$。

大肠埃希菌食物中毒的预防措施和沙门菌食物中毒的预防措施基本相同。

(1) 预防二次污染　防止动植物性食品被人类带菌者、带菌动物以及污染的水、用具等的第二次污染。

(2) 预防交叉污染　熟食低温保藏，防止生熟食品交叉污染。

(3) 控制食源性感染　在屠宰和加工动物时，为避免粪便污染，动物性食品必须充分加热以杀死致病性大肠埃希菌。避免吃生或半生的肉、禽类，不喝未经巴氏消毒的牛奶或果汁等。

四、变形杆菌中毒

1. 病原菌

变形杆菌包括普通变形杆菌、奇异变形杆菌和产黏变形杆菌。引起食物中毒的变形杆菌主要是普通变形杆菌和奇异变形杆菌。变形杆菌性食物中毒是细菌性食物中毒中比较常见的类型。

变形杆菌为革兰阴性菌，两端钝圆，有明显的多形性。无芽孢，无荚膜，有周身鞭毛，能运动，需氧或兼性厌氧。对营养要求不高，生长温度为 $10\sim43℃$，最适生长温度为 $37℃$。在 SS 琼脂培养基上形成圆形、扁平、半透明的无色菌落，容易与沙门菌菌落相混淆。但变形杆菌在肉中均匀浑浊生长，表面可形成菌膜。变形杆菌不耐热，$60℃$、$5\sim30min$ 即可被杀死。变形杆菌可产生肠毒素，此肠毒素为蛋白质和碳水化合物的复合物，具有抗原性。

2. 食物中毒原因及症状

变形杆菌食物中毒可能发生在烹调食品过程中，由于处理生熟食品的工具、容器等未严格分开使用，使熟食品受到重复感染以及操作人员通过不洁的手污染熟食品。另外，受污染的熟食品在较高的温度下存放较长时间，细菌会大量繁殖。人摄入大量带有致病的变形杆菌的食物则发生食物中毒现象。

根据病原菌的特点，变形杆菌食物中毒的症状可分为以下三种类型。

(1) 侵染型 这种变形杆菌食物中毒是由于摄入大量的不产毒素的致病活菌，并在小肠内大量繁殖，引起感染。临床表现为突发性的腹痛、继而腹泻，重症者的水样大便中伴有黏液和血液，体温在 $38\sim40℃$，病程较短，一般 $1\sim3d$ 即可痊愈。

(2) 毒素型 有些变形杆菌可产生肠毒素，使食用者发生急性胃肠炎，临床表现为恶心、呕吐、腹泻、头晕、头痛及全身无力、酸痛等。

(3) 过敏型 变形杆菌的某些菌株具有强的脱羧酶活性，当它们在鱼类中繁殖时，可使鱼肉中的组氨酸分解成组胺，人食用这种鱼后就会引起过敏性胺中毒。中毒的潜伏期非常短，一般为 $30\sim60min$。临床表现主要是全身或上身皮肤潮红，可引起荨麻疹，有刺痒感，严重者血压下降，心跳过速等。此病病程短，大多数在 $12h$ 内即可恢复。

3. 病菌来源与预防措施

变形杆菌在自然界中分布很广，土壤和污水中都存在大量的不同种类的变形杆菌。健康人、畜肠内也常带有此菌。熟肉制品、剩饭菜及生冷菜等很容易通过工具及操作人员的手而感染带菌。当染菌食物在 $20℃$ 以上的环境中放置时间较长时，变形杆菌会大量繁殖或产生毒素，导致食用者发生食物中毒。

主要预防措施是要加强熟食制作的卫生管理；避免各种交叉感染；避免在较高温度下存放熟食品，对于存放的熟食，在食用前一定要加热处理。

五、蜡样芽孢杆菌中毒

1. 病原菌

蜡样芽孢杆菌为革兰阳性、两端较平、呈链状排列、可形成芽孢、芽孢呈椭圆形、不形成荚膜、有周身鞭毛、能运动的需氧或兼性厌氧杆菌。对营养要求不高，最适生长温度为 $28\sim35℃$，但在 $10\sim45℃$ 仍能生长。在普通琼脂培养基上培养形成乳白色、不透明、边缘整齐的菌落，菌落周边呈扩散状，表面干燥。其繁殖体不耐热，芽孢经 $100℃$ 加热 $20min$ 即可被杀死。

2. 食物中毒原因及症状

蜡状芽孢杆菌食物中毒是由于食物中带有大量活菌和该菌产生的肠毒素引起的。食物中的活菌越多，产生的肠毒素越多。活菌还能促进中毒的发生。因此，蜡样芽孢杆菌食物中毒除毒素作用外，细菌菌体也起一定的作用。

该菌食物中毒与食品中活菌的数量、菌株的型别和毒力、食品的摄入量、个体差异等有关。引发呕吐型的细菌数量可能比引发腹泻型的数量要多。若剩饭、剩菜等储存在较高温度下的时间较长，会使污染食品中的蜡样芽孢杆菌繁殖、产毒，或食品未经加热使芽孢在适宜条件下发芽繁殖而引起食物中毒。

蜡样芽孢杆菌分为产生和不产生肠毒素的菌株，产生肠毒素的菌株又分为呕吐型胃肠炎型和致腹泻型胃肠炎型，前者为耐热型肠毒素，后者为不耐热型肠毒素。因而食物中毒的症状也有两种类型：一种是由耐热肠毒素引起的呕吐型，症状为恶心、呕吐、头昏、四肢无力、寒战、眼结膜充血，发病潜伏期较短，病程为 8～12h。另一种是由不耐热肠毒素引起的腹泻型，其症状为腹泻、腹痛、水样便等，发病潜伏期较长，病程 16～36h。

3. 病菌来源与预防措施

蜡样芽孢杆菌在自然界分布很广，在土壤、空气、灰尘、动物、植物及各种食品中都有，是食品中的常见菌。该菌产生的耐热型肠毒素可在米饭中形成，不耐热的肠毒素可在包括米饭在内的各种食品中产生。引起蜡样芽孢杆菌食物中毒的食品大多数无腐败现象，除米饭有时感觉发黏，入口稍带异味外，大多数食品的感官性状正常。

土壤、灰尘中的蜡样芽孢杆菌，可由鼠类、苍蝇和不洁的烹调工具、容器传播。为防止食品受其污染，主要预防措施是食堂及食品企业要严格执行食品卫生操作规范（GMP），做好防鼠、防苍蝇以及防尘等各项卫生工作。米饭、肉类、奶类等食品在低温下短时间存放，剩饭及其他熟食在食用前一定要彻底加热处理。

六、副溶血性弧菌食物中毒

1. 病原菌

副溶血性弧菌是一种嗜盐菌。革兰阴性，不形成芽孢，单端生鞭毛，能运动的需氧或兼性厌氧菌。呈多样形态，表现为杆状，有时呈棒状、稍有弯曲的弧状、球状或球杆状等。在有盐的情况下生长，无盐情况不生长。副溶血性弧菌对酸敏感，在普通乙酸内 5min 即死亡。且不耐热，加热至 55℃时 10min、75℃时 5min、90℃时 1min 即可死亡。对低温的抵抗力也较弱，在 0～2℃经 24～48h 可死亡。在井水、自来水等淡水中存活时间不超过 2d，但在海水中可存活 47d。耐盐浓度 0.5%～7%。最适生长温度为 30～37℃，pH7.4～8.2。

2. 食物中毒原因及症状

食物中毒可由食入大量活菌造成，或由该菌产生的溶血毒素引起及两者混合作用所致。副溶血性弧菌繁殖速度非常快，受该菌污染的食品，在较高温度下存放，若食用前不加热或加热不彻底，或熟食品受到带菌者、带菌生食、带菌容器等污染，食物中的副溶血性弧菌在人体肠道上生长繁殖，当达到一定数量时，即可引起食物中毒，其产生的耐热性溶血毒素也是引起食物中毒的原因。

人体食入染菌食物后，通常潜伏期较长，一般为几小时至十几小时，然后出现上腹部疼痛、恶心、呕吐、发热、腹泻等症状，少数病人可出现意识不清、痉挛、血压下降等症状。但病程短，大部分病人 24h 后症状消失，一般愈后良好，中毒死亡率很低。

3. 病菌来源与预防措施

副溶血性弧菌主要存在于各种海产品中，其次存在于咸菜、腌肉制品及禽蛋等食品中。人和动物被感染后成为病菌的传播者，其粪便和污水是重要的传播源。

主要预防措施和沙门菌食物中毒基本相同，特别要控制副溶血性弧菌繁殖和杀灭病原菌，对海产品烹调应煮熟煮透，切勿生吃。应注意生熟用具要分开，防止生熟食物交叉污染，海产品及熟食要低温冷藏等。

七、肉毒梭菌食物中毒

1. 病原菌

肉毒梭菌又叫肉毒杆菌和肉毒梭状芽孢杆菌。为革兰阳性粗大杆菌。两端钝圆，无荚膜，周生鞭毛，能运动。严格的厌氧菌，对营养要求不高，最适生长温度为 28～37℃，生长最适 pH 为 7.8～8.2，在 20～25℃下菌体次末端形成芽孢。当环境温度低于 15℃或高于 55℃时，肉毒梭菌芽孢不能生长繁殖，也不产生毒素。肉毒梭菌加热至 80℃时 30min 或 100℃时 10min 即可被杀死，但芽孢耐热能力强，需经高压蒸汽 121℃、30min 才能将其杀死。

2. 食物中毒原因及症状

肉毒梭菌食物中毒是由肉毒梭菌产生的外毒素即肉毒素引起的，它属于毒素型食物中毒。肉毒素是一种强烈的神经毒素，经肠道吸收后进入血液，然后作用于人体的中枢神经系统，主要作用于神经和肌肉的连接处及植物神经末梢，阻碍神经末梢的乙酰胆碱的释放，导致肌肉收缩和神经功能的不全或丧失。肉毒梭菌食物中毒的潜伏期比其他细菌性食物中毒的潜伏期长。潜伏期的长短随摄入毒素量的多少而不同。潜伏期越短，病死率越高。

早期的症状为头痛、头晕，然后出现视力模糊、张目困难等症状，还有的声音嘶哑，语言障碍，吞咽困难等，严重的可引起呼吸和心脏功能的衰竭而死亡。由于肉毒素对知觉神经和交感神经无影响，因而病人从开始发病到死亡，始终保持神志清楚、知觉正常的状态。

根据肉毒素抗原性，肉毒梭菌有 A、B、C、D、E、F、G 型。各型肉毒梭菌分别产生相应的毒素。其中 A、B、E、F 四型的毒素对人有不同程度的致病性，可引起食物中毒。在中国，肉毒梭菌食物中毒大多数是由 A 型引起的，B 型和 E 型引起的较少见。

3. 病菌来源与预防措施

食物中的肉毒梭菌主要来源于带菌的土壤、尘埃及粪便。尤其是若带菌土壤污染了食品加工原料，如家庭自制的发酵食品、罐头食品或其他加工食品，如果加热的温度及压力都不能杀死肉毒梭菌的芽孢，一旦条件适宜，肉毒梭菌的芽孢便生长繁殖，并产生毒素。此外，生吃被肉毒梭菌及其毒素污染的肉类，极易引起中毒。

为了预防肉毒梭菌中毒的发生，除加强食品卫生措施外，还应注意以下几点。

① 在食品加工过程中，应使用新鲜的原料，避免泥土污染。

② 生产罐头食品及真空食品必须严格无菌操作，装罐后要彻底灭菌。

③ 避免加工后的食品再次被污染和在较高温度或缺氧条件下存放，应放在通风或温度低的地方保存。

八、单核细胞增生李斯特菌食物中毒

1. 病原菌

李斯特菌是李氏杆菌病或李斯特菌病的病原菌。在分类学上属李斯特菌属，共有 8 个种。引起食物中毒的主要是单核细胞增生李斯特菌。该菌引发的是一种散发性的传染病，人、畜感染后表现为脑膜炎、败血症和单核细胞增生等。

单核细胞增生李斯特菌为革兰染色阳性小杆菌，常呈 V 形成对或单个排列；无芽孢和荚膜，有鞭毛，需氧或兼性厌氧。在血琼脂培养基上产生 β-溶血环；在选择性琼脂平板培养基上，形成蓝色、圆形、边缘整齐、表面细密、湿润的菌落。生长温度为 3～45℃；最适生长温度为 30～37℃；pH5～9.6。耐酸，不耐碱；具有嗜冷性，能在 4℃的温度下生存和繁殖；对热抵抗力强，可耐受巴氏消毒（700℃，15s）；能抵抗亚硝酸盐等防腐剂；在 10% 的食盐中可生长。但此菌对化学杀菌剂及物理照射均敏感。用 75% 乙醇 5min、1% 苯扎溴铵 30min、紫外线照射 15min 均可杀死该菌。

2. 食物中毒原因及症状

被单核细胞增生李斯特菌污染的食品，若未经彻底加热，食用后可引起中毒。如引用未彻底杀死本菌的消毒牛奶；冰箱内冷藏的熟食品、奶制品因受到本菌交叉污染后直接食用，而引起的食物中毒及李斯特菌传染病。

发病症状为恶心、呕吐、头疼，类似感冒的症状。最后导致脑膜炎、败血症。孕妇呈全身感染，常发生流产或迟产以及新生儿细菌性脑膜炎，病死率高达 $20\%\sim50\%$。此病主要见于新生儿、老年人及免疫功能低下者。

3. 病菌传染源、传染途径与预防措施

单核细胞增生李斯特菌广泛分布于自然界，以及多种食品（如禽类、鱼类和贝类）中都能分离出本菌。该菌在土壤、污水、禽畜饲料、牛奶中存活的时间比沙门菌长。该菌食物中毒的传染源为带菌的健康人或动物，它的传播途径主要是口-粪-口，在人和动物、自然界之间传播。因此，它可以通过环境及许多其他来源传染给人，其中食物污染是最重要的传播途径，这常是引起此病暴发流行的主要原因。孕妇可以通过胎盘和产道感染胎儿或新生儿。

针对单核细胞增生李斯特菌耐低温、耐热性稍差、不耐酸，以及乳制品、熟食容易被污染的特点，除加强食品卫生管理外，还应采取以下预防措施。

① 动物性食品和存放于冰箱内的熟食品要彻底加热；
② 不喝生的牛奶或食用生奶加工的食品；
③ 生食蔬菜要彻底清洗，并添加适量的醋再食用；
④ 加工食品的用具及手要清洗干净；
⑤ 孕妇及免疫功能低下者应避免食用软奶酪，但加工过的奶酪和酸奶可食用。

九、小肠结肠炎耶尔森菌食物中毒

1. 病原菌

小肠结肠炎耶尔森菌为革兰阴性小杆菌或球杆菌。无芽孢，在 $30℃$ 以下培养，可形成鞭毛，$30℃$ 以上培养不产生鞭毛。需氧或兼性厌氧，最适生长温度为 $22\sim29℃$。其特点是耐低温，在 $0\sim5℃$ 也能生长繁殖。此菌能产生耐热肠毒素，能耐热并能在 $4℃$ 保存 7 个月，在 pH1$\sim$11 中能稳定生长。

2. 食物中毒原因及症状

小肠结肠炎耶尔森菌食物中毒是由于该菌污染食品后，在适宜的条件下，在食品中大量繁殖，最后由于加热不彻底，未能杀死小肠结肠炎耶尔森菌，人食用了这种污染的食品，在该菌和产生的肠毒素的共同作用下，就会发生食物中毒。

小肠结肠炎耶尔森菌食物中毒以消化道症状为主，如腹痛、发热、腹泻、水样便多，其次有恶心、呕吐、头痛等。病程一般为 $2\sim5d$，儿童发病率比成人高。此外，该菌也可引起结肠炎、肠系膜淋巴结炎、关节炎和败血症等。但预后良好。

3. 病菌来源与预防措施

小肠结肠炎耶尔森菌在自然界分布很广，动物带菌率较高，引起中毒的食物主要是动物性食物，其次是牛奶、豆腐以及速冻食品。尤其是在 $0\sim5℃$ 低温储存与运输的食品要注意防止小肠结肠炎耶尔森菌污染。此外，污染的水源、鼠类、苍蝇等均可污染食品。

预防措施与沙门菌基本相同，但与大多数病原菌不同的是，该菌能在低温下生长繁殖并产生毒素。除防止食品生产中各个环节被该菌污染外，对冷藏食品尤其是于 $4\sim5℃$ 储藏的食品要防止该菌的污染。不能喝在冰箱中储存时间长的牛奶和生吃豆腐。

第二节 霉菌引起的食物中毒

霉菌在自然界分布很广，种类繁多。由于霉菌能形成极小的孢子，因而很容易通过空气及其他途径污染食品，不仅造成食品腐败，而且有些霉菌能产毒素，造成人、畜误食后引起霉菌毒素性食物中毒。霉菌引起的食物中毒是真菌性食物中毒的典型代表，霉菌毒素是霉菌产生的有毒次级代谢产物。目前发现能引起人、畜中毒的霉菌毒素有 150 种以上。

一、主要产毒霉菌

1. 曲霉菌属

曲霉菌属中有些种类被广泛用于食品工业，如黑曲霉发酵产生柠檬酸，黑曲霉、米曲霉生产酸性蛋白酶等。但曲霉也是引起食品腐败变质的重要微生物，有些种如黄曲霉、赭曲霉、杂色曲霉、烟曲霉等能产生不同的曲霉毒素。

2. 青霉属

青霉分布广泛，种类繁多，除土壤外，还经常出现在粮食及果蔬上，引起粮食及果蔬的腐败变质。有些种或菌株同时可能产生毒素，如橘青霉、黄绿青霉、红色青霉、纯绿青霉等。

3. 镰刀菌属

镰刀菌属大部分是植物的病原菌，其种类很多，并能产生毒素。如玉米赤霉、无孢镰刀菌、串珠镰刀菌等。

另外，还有其他产毒霉菌菌属如木霉属、交链孢霉属、黑色葡萄状穗霉等。

二、霉菌产毒条件

霉菌产生毒素需要一定的条件，如基质或食品、水分、温度和湿度等。首先是霉菌污染食品，其次是霉菌能否在食品上繁殖，霉菌在食品上的繁殖与食品种类及环境等多种因素有关。不同的食品污染和繁殖的霉菌种类不同。花生、玉米的黄曲霉及黄曲霉毒素检出率很高，而主要污染大米的是青霉及其毒素等。

霉菌毒素通常耐高温，无抗原性，它们使人体的不同部位发生急性中毒，如肝中毒、肾中毒、神经中毒及其他中毒类型，而且某些毒素具有致癌、致畸作用。目前研究最多的是黄曲霉毒素。

三、常见的霉菌毒素

1. 黄曲霉毒素

（1）病原菌 病原菌为黄曲霉和寄生曲霉。寄生曲霉所有的菌株都能产生黄曲霉毒素，但中国很少有报道。黄曲霉是中国粮食和饲料中常见的真菌。菌落生长较快，约 $10\sim14d$。菌落最初带黄色，然后变成黄绿色，老后颜色变暗。但并非所有的黄曲霉都是产毒株，即使是产毒株也必须在一定的环境条件下才能产毒，非产毒株在一定的情况下也会出现产毒能力。黄曲霉产毒的温度条件为 $11\sim37℃$，最适产毒温度为 $35℃$，因而南方及沿海潮湿地区更有利于霉菌毒素的产生。黄曲霉毒素污染可以在多种食品中发生，如粮食、油料、水果、干果、肉制品、调味品及乳制品等。其中在花生、玉米及棉籽油中的污染最严重，其次为小麦、大麦、豆类等。

（2）黄曲霉毒素的性质 基本结构为二呋喃环和香豆素。已分离出千余种。黄曲霉毒素具有耐热的特点，裂解温度为 $280℃$，所以一般的烹调方法不能消除。它在水中的溶解度很低，可溶于油脂和多种有机溶剂。

（3）黄曲霉毒素的毒性　黄曲霉毒素是一种强烈的肝脏毒，强烈抑制肝脏细胞中 RNA 的合成，阻止和影响蛋白质、脂肪、线粒体、酶等的合成和代谢，干扰人与动物的肝脏功能，导致突变、癌症及肝细胞坏死。因而，饲料中的毒素可以积蓄在人或动物的肝脏、肾脏和肌肉组织中，人食用了被黄曲霉毒素污染的食品可引起慢性中毒。

（4）中毒症状　按其临床症状分为以下三型。

① 急性和亚急性中毒。短时间内摄入量较大，从而迅速造成肝细胞变性、坏死、出血及胆管增生，在几天或几十天内死亡。

② 慢性中毒。人或动物持续摄入一定量的黄曲霉毒素，使肝脏出现慢性损伤。生长缓慢，体重减轻。肝功能降低，出现肝硬化，在几周内或几十周后死亡。

③ 致癌性。黄曲霉毒素是目前已知的最强烈的化学致癌物质。动物实验证明，动物小剂量的反复摄入或大剂量的一次性摄入都能引起癌症的发生。也有研究表明，凡食物中黄曲霉毒素污染严重的地区，肝癌的发病率也高。

1960 年英国火鸡 X 病事件中，10 万只火鸡因食用霉变花生饼粕死亡。中国科学家陈君石院士团队展开了历时 12 年的追踪，最终锁定黄曲霉菌代谢产生的黄曲霉毒素 B_1（AFB1）。研究显示：当每千克花生中 AFB1 含量超过 $20\mu g$ 即可致癌，其毒性是氰化钾的 10 倍。基于此，我国在 1981 年颁布了《食品中黄曲霉毒素 B1 允许量标准》（GB 2761—1981），这一标准的颁布在我国食品安全领域意义重大，具有里程碑式的突破，极大地推动了我国食品安全监管体系的完善与发展。

2. 黄变米毒素

由于谷类被霉菌污染而呈黄色，称黄变米。可导致谷类黄变的霉菌种类主要是青霉属中的一些种，它们侵染谷类后产生的毒素代谢产物称黄变米毒素。

（1）橘青霉毒素　橘青霉污染大米后形成橘青霉黄变米，米粒呈黄绿色。可产生橘青霉毒素。该毒素不溶于水，为一种肾脏毒，可导致动物肾脏肿大、肾小管扩张及上皮细胞变性坏死。

（2）岛青霉毒素　岛青霉污染大米后形成岛青霉黄变米。米呈黄褐色。岛青霉产生的毒素有黄天精、环氯素、岛青霉毒素、红天精等。为肝脏毒，急性中毒可造成动物发生肝萎缩现象；慢性中毒发生肝纤维化、肝硬化，甚至导致肝癌。

（3）黄绿青霉毒素　大米含水分 14.6％时易感染黄绿青霉，且感染后在 $12\sim14℃$ 便形成黄变米。米粒上有黄色病斑。产生黄绿青霉毒素，该毒素不溶于水，具有耐高温能力，加热至 270℃ 失去毒性。该毒素为神经毒素，毒性强，导致中枢神经麻痹，进一步心脏麻痹，最后导致呼吸衰竭而死亡。

3. 霉菌性食物中毒的预防措施

（1）防霉　因霉菌产毒需要一定的环境条件，如基质、水分、温度和通风等。在自然条件下，要做到完全杜绝霉菌污染是非常困难的，主要是防止和减少霉菌污染的机会。常采用的防霉措施有，降低食品中的水分和控制空气相对湿度；气调防霉，即降低食品表面环境的氧浓度；低温防霉，即降低食品的储藏温度；化学防霉，即采用防霉剂，如二氯乙烷、环氧乙烷、溴甲烷等。食品中加入少量的山梨酸防霉效果很好。

（2）去霉　利用物理、化学、生物的方法除去原料或食品中的霉菌毒素。常用的方法如下。

① 人工或机械拣出霉（毒）粒。用于花生、玉米等颗粒较大的原料效果好。毒素多数都

集中在霉烂、破损或变色的粒仁中。如黄曲霉毒素，拣出霉粒后则毒素 B_1 可达允许标准以下。

② 吸附去毒素。用活性炭、酸性白土等吸附处理含有黄曲霉毒素的油品，效果非常好。如加入 1% 的酸性白土，同时搅拌 30min，然后澄清分离，去毒效果可达 96%～98%。

③ 加热灭毒处理。干热或湿热都可以除去部分毒素。花生在 150℃ 以下炒 30min，可除去 70% 黄曲霉毒素，于 0.01MPa 高压蒸汽煮 2h 可除去大部分的黄曲霉毒素。

④ 溶剂提取。用 80% 的异丙酮和 90% 丙酮可将花生中的黄曲霉毒素全部提出来。按玉米量 4 倍的甲醇去除玉米中黄曲霉毒素效果较理想。

⑤ 微生物去毒。对污染黄曲霉毒素的高水分玉米进行微生物乳酸发酵，在酸催化下高毒性的黄曲霉毒素 B_1 可转变为低毒性的黄曲霉毒素 B_2，或降解玉米中黄曲霉毒素 B_1 的含量，此法常用于饲料去毒处理。其他微生物如假丝酵母、根霉等也能降解粮食食品中的黄曲霉毒素，甚至完全去毒。

附：病毒引起的食源性疾病

相对于细菌与真菌而言，现在对食品中的病毒了解较少。这是由于食品被病毒污染引起的食物中毒或食源性疾病的发生频率不如细菌或真菌高。另外，病毒不能在食品中繁殖（可在食品中生存），这样可检出的数量较低，一般的食品检验室很难有效地检测，因此人们对其重视不够。

一、肝炎病毒

能引起人们食物中毒或食源性感染的肝炎病毒有甲型肝炎病毒、戊型肝炎病毒（E 型肝炎病毒）。

1. 甲型肝炎病毒（hepatitis A virus，HAV）

美国在 1973 年、1974 年和 1975 年发生了数起食物感染甲型肝炎事件，其感染人数近千人。中国上海市 1988 年初暴发的甲型肝炎疫情由食用毛蚶引起，导致 30 余万人感染。世界上许多国家都有因食物传播的甲型肝炎病例。

该病毒为肠道病毒 72 型，电镜下呈球形，单股 RNA，由 4 种多肽组成。在 100℃ 加热 5min 即灭活。具有较强的耐低温能力，4℃ 以下不改变形态，不失去传染性。

生的和（或）未煮透的来源于污染水域的水生贝壳类食品是最常见的载毒食品。同时，此病毒也可以污染凉拌菜、水果、乳及乳制品、冰淇淋、饮料等。

感染甲型肝炎病毒后的潜伏期为 15～20d，感染后一般能获得终身免疫力。

2. 戊型肝炎病毒（hepatitis E virus，HEV）

戊型肝炎病毒，简称戊肝病毒。与甲型、乙型肝炎病毒无血清关系，属嵌杯病毒科。电镜可见 27～34nm 病毒样颗粒。单股正链 RNA 病毒。临床表现类似于甲型肝炎，症状不是很明显，但黄疸性肝炎是其主要特征。传播途径主要是水和食品，常发生在水质条件差的热带、亚热带地区。

二、轮状病毒

轮状病毒引起人的急性病毒性胃肠炎。病毒颗粒为 70nm，因电镜下呈轮状的三层结构而得名。病毒核酸由 11 个双链 RNA 节段构成。

轮状病毒引起的腹泻传染性强，主要见于婴幼儿，主要症状为腹泻，伴有发热，粪便中可排出大量的病毒。传播途径由水和食品经口传播。据统计，5 岁以下儿童腹泻中有 1/3 是由轮状病毒引起的。

三、禽流感病毒

禽流感病毒在分类学上属于正黏病毒科，A 型流感病毒属。病毒颗粒具多样性，有球状、杆状或长丝状，但新分离出来的禽流感病毒多为丝状。颗粒的最小直径为 $80\sim120nm$，基因组为线状单股 RNA。

禽流感（avian influenza）是由 A 型流感病毒引起的一种禽类的急性、高度接触性烈性传染病。禽流感病毒可分为 15 个 H 型及 9 个 N 型。不同的亚型对热的稳定性、传染性以及致病力也存在差异。H5 及 N7 亚型的某些毒株，如 H5N1、H5N2、N7N7、H7N1 等毒力较强。禽流感病毒可直接传染给人。目前有证据显示患者也可以成为传染源。

禽流感的传播途径为人直接接触受 H5N1 病毒感染的家禽及其粪便。飞沫和接触呼吸道分泌物也是传播途径。

人患禽流感后，潜伏期为 7d 左右，早期症状与其他流感非常相似。主要表现为发热、头痛、流涕、咳嗽、鼻塞、全身不适；有些患者可见腹痛、腹泻等消化道症状；有些可见结膜炎等；体温在 39℃ 以上；有些患者有双侧肺炎及胸腔积液。大多数患者预后良好，恢复快，不留后遗症。但也有少数患者病情发展迅速，成为进行性肺炎、急性呼吸窘迫综合征、肺出血、肾衰竭、败血症等多种并发症，进而死亡。

预防措施主要是尽量少与禽类接触；鸡肉等食物要煮熟后食用；保持室内空气流通；注意个人卫生。

本章小结

无论是粮食、果蔬食品或动物性食品，在它们的生产、加工、运输和储藏过程中都可能被许多种类的微生物污染。它们中有的会引起食品腐败变质，失去了食品原有的营养价值，而有的则可以引起人或动物食物中毒。

根据引起食物中毒的微生物的类群不同，可分为细菌性食物中毒和真菌性食物中毒两大类。根据食物中毒的病因不同，可分为微生物性食物中毒、动植物性毒素中毒、化学性食物中毒等。根据中毒机制不同，也可分为感染型中毒和毒素型中毒。

细菌性食物中毒指因食入细菌性有毒食品引起的急性或亚急性疾病。细菌性食物中毒在食物中毒中最为多见，有明显的季节性。引起食物中毒的细菌有沙门菌、金黄色葡萄球菌、致病性大肠杆菌、肉毒梭状芽孢杆菌、蜡样芽孢杆菌、志贺菌、变形杆菌、副溶血性弧菌等。除肉毒梭状芽孢杆菌毒素中毒外，细菌性食物中毒的死亡率较低。

真菌性食物中毒主要是由霉菌及霉菌毒素引起的人和动物中毒，最常见的产毒真菌有曲霉属、青霉属、镰刀菌属、麦角菌等，其中最常见的、研究最多的是黄曲霉毒素，其次是展青霉素、赭曲霉素、岛青霉素及杂色曲霉素等。

感染型食物中毒是指病原菌污染食物，并在食物中大量繁殖，这种含有大量活菌的食物被摄入人体或动物体内，可引起人或动物消化道的感染而造成的中毒。

毒素型食物中毒是指食物中被某些产毒素微生物污染后，在适宜条件下，这些微生物在食物中繁殖并产生毒素，由于毒素的作用而引起的中毒。

【知识拓展】

一餐酸汤子引发的致命警示——米酵菌酸的威力

2020年，黑龙江省鸡东县一户家庭9人聚餐，食用了自制的传统食品"酸汤子"（一种玉米水磨发酵制成的酵米面食品）引发食物中毒，此次事件最终导致9人全部经救治无效死亡。

事件调查过程揭示了微生物毒素的隐蔽性与致命性。事件发生后，经医院初步检测发现食物黄曲霉毒素严重超标，曾怀疑是黄曲霉毒素中毒。然而，关键的科学矛盾推翻了这一推测：黄曲霉毒素中毒潜伏期通常较长，而本次受害者从进食到发病平均仅约3小时。最终，黑龙江省疾控中心的深入检测锁定了真凶：在残留玉米面及患者胃液中均检出了高浓度的米酵菌酸。

经过科学检验与判定，该事件被定性为由椰毒假单胞菌污染玉米面并产生米酵菌酸引发的食物中毒。此案例突显了该毒素的可怕特性：

① 耐热性强。米酵菌酸极其稳定，常规高温煮沸无法破坏其毒性。这意味着即使食物加热过程杀死了活菌，已产生的毒素依然致命。

② 剧毒无解。米酵菌酸主要严重损害肝、脑、肾等器官，目前临床上无特效解毒药物，且病死率极高，超过50%。

③ 污染风险高。夏秋季节制作发酵米面制品（如北方的酸汤子、臭碴子、格格豆，南方的某些发酵汤圆、吊浆粑、湿河粉等）极易被椰毒假单胞菌污染。温暖潮湿的环境有利于该菌生长产毒。

④ 毒素不易降解。此案例中食材冷冻一年仍引发中毒，警示我们：低温冷冻可抑制微生物繁殖，但无法消除已产生的毒素。被污染产毒的食物，即使冷冻后食用，风险依然巨大。

这起惨痛事件中，我们可得到深刻的食品安全教育：彻底加热杀菌≠绝对安全。某些微生物（如椰毒假单胞菌、肉毒杆菌）产生的毒素具有耐热性，是独立于活菌的"化学杀手"。因此，预防此类中毒的关键在于"防微杜渐"，主要包括以下几个方面。

① 高度警惕高风险食品。谨慎自制和食用易受椰毒假单胞菌污染的酵米面、湿米粉（如河粉）、长时间泡发的木耳等食品。购买湿米粉等务必注意保质期和储存条件。

② 严控制作与储存。制作发酵米面制品时确保环境、容器清洁卫生，避免长时间高温发酵或浸泡。不制作、不食用、不售卖来源不明或感官异常（如发黏、变色、异味）的此类食品。

③ 正确认识储存极限。明确冷冻、冷藏能延缓腐败，但不能降解已形成的毒素。对于淀粉类发酵或泡发制品，长期存放风险可能累积。

④ 果断处置变质食品。一旦食物出现任何可疑的腐败变质迹象（异味、发黏、变色等），必须坚决丢弃，切勿因小失大，抱侥幸心理尝试食用。

鸡西"酸汤子"中毒事件是一个沉痛的食品安全警示。它深刻揭示了微生物代谢产物——毒素，特别是像米酵菌酸这类耐热毒素的巨大危害。保障食品安全，必须建立在科学认知的基础上，对特定食品的制作、储存风险保持高度警惕，并时刻牢记，对于变质或高风险食品，丢弃是唯一安全的选择。

【复习巩固】

一、填空题

1. 食物中毒按病因分为_____、动植物性毒素中毒、化学性食物中毒等。

2. 细菌性食物中毒在食物中毒中最为多见，通常有明显的季节性，多发于_____的季节。

3. 金黄色葡萄球菌食物中毒是_____型食物中毒，原因是产生肠毒素的葡萄球菌污染食品并大量繁殖产生肠毒素。

4. 沙门菌食物中毒主要属于_____型食物中毒，大多数是由于沙门菌对肠黏膜的侵袭而导致全身性的感染型中毒。

5. 变形杆菌食物中毒可分为侵染型、_____和过敏型三种类型。

6. 副溶血性弧菌是一种_____菌，在有盐的情况下生长，无盐情况不生长。

7. 肉毒梭菌食物中毒是由肉毒梭菌产生的_____即肉毒素引起的，属于毒素型食物中毒。

8. 小肠结肠炎耶尔森菌能产生_____肠毒素，能耐热并能在4℃保存7个月。

9. 黄曲霉毒素是一种强烈的_____毒，强烈抑制肝脏细胞中RNA的合成。

10. 橘青霉毒素是一种_____毒，可导致动物肾脏肿大、肾小管扩张及上皮细胞变性坏死。

二、选择题

1. 以下不属于食物中毒类型的是（　　）。
A. 微生物性食物中毒　　　　　　B. 植物生长型中毒
C. 动植物性毒素中毒　　　　　　D. 化学性食物中毒

2. 金黄色葡萄球菌食物中毒的潜伏期一般为（　　）。
A. 1~5h　　　B. 6~12h　　　C. 12~24h　　　D. 24~48h

3. 沙门菌食物中毒潜伏期一般为（　　），短者6h，长者为48~72h，大多集中在48h内。
A. 1~5h　　　B. 6~12h　　　C. 12~36h　　　D. 36~72h

4. 以下哪种大肠杆菌能产生细胞毒素，有极强的致病性（　　）。
A. 肠道致病性大肠埃希菌（EPEC）　　B. 肠道毒素性大肠埃希菌（ETEC）
C. 肠道侵袭性大肠埃希菌（EIEC）　　D. 肠道出血性大肠埃希菌（EHEC）

5. 变形杆菌食物中毒的过敏型是因为其某些菌株使鱼肉中的组氨酸分解成（　　），人食用后引起过敏性胺中毒。
A. 尸胺　　　B. 组胺　　　C. 腐胺　　　D. 酪胺

6. 蜡样芽孢杆菌食物中毒的呕吐型是由（　　）引起的。
A. 耐热肠毒素　　B. 不耐热肠毒素　　C. 活菌　　　D. 芽孢

7. 副溶血性弧菌对（　　）敏感，在普通醋酸内5min即死亡。
A. 酸　　　B. 碱　　　C. 盐　　　D. 热

8. 肉毒梭菌芽孢耐热能力强，需经高压蒸汽（　　）℃、30min才能将其杀死。
A. 100　　　B. 110　　　C. 121　　　D. 130

9. 黄曲霉产毒的最适温度为（　　）。
A. 11~20℃　　B. 20~30℃　　C. 30~35℃　　D. 35~37℃

10. 禽流感病毒的传播途径不包括（　　）。
A. 飞沫传播　　　　　　　　　B. 人直接接触受感染的家禽及其粪便
C. 接触呼吸道分泌物　　　　　D. 土壤传播

三、判断题

1. 金黄色葡萄球菌食物中毒死亡率较高，且愈后常伴有后遗症状。（　　）

2. 所有的大肠杆菌都能引起人的食物中毒。(　　)

3. 变形杆菌食物中毒主要是由于食用了被变形杆菌污染的海产品引起的。(　　)

4. 肉毒梭菌食物中毒的潜伏期比其他细菌性食物中毒的潜伏期短。(　　)

5. 单核细胞增生李斯特菌不耐低温，在 4℃ 不能生存和繁殖。(　　)

6. 黄曲霉毒素裂解温度为 280℃，一般烹调方法不能消除。(　　)

7. 橘青霉毒素是神经毒素，可导致中枢神经麻痹。(　　)

8. 甲型肝炎病毒具有较强的耐低温能力，4℃ 以下不改变形态，不失去传染性。(　　)

四、名词解释

1. 食物中毒

2. 细菌性食物中毒

3. 毒素型食物中毒

4. 感染型食物中毒

五、问答题

1. 简述食物中毒有哪几种类型。

2. 常见的细菌性食物中毒类型有哪些？

3. 细菌性食物中毒的病原菌有哪些？如何防治？

4. 污染食品的主要霉菌有哪些属？它们的危害是什么？

5. 什么是病毒引起的食源性疾病？它与细菌性食物中毒有何不同？

第八章　微生物实验技术

普通光学显微镜是一种精密的光学仪器。以往最简单的显微镜仅由几块透镜组成，而当今使用的显微镜则由一套透镜组成。普通光学显微镜通常能将物体放大 1500～2000 倍。

视频：显微镜的构造及使用技术

一、显微镜的构造

普通光学显微镜的构造可分为两大部分：机械装置和光学系统，这两部分很好地配合，才能发挥显微镜的作用。显微镜的构造见图 8-1。

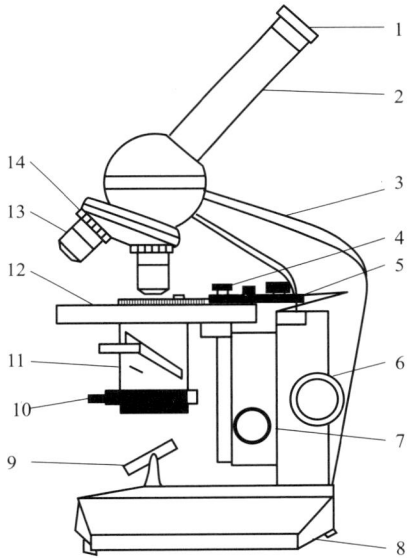

图 8-1　普通光学显微镜的结构

1—目镜；2—镜筒；3—镜臂；4—标本移动器；5—粗调限位器；6—粗调旋钮；7—微调旋钮；8—底座；9—反光镜；10—聚光器孔径光阑（光圈）；11—聚光器；12—镜台（载物台）；13—物镜；14—物镜转换器

1. 显微镜的机械装置

显微镜的机械装置包括底座、镜筒、物镜转换器、载物台、标本移动器、粗调旋钮、微调旋钮等部件。

（1）底座　镜座是显微镜的基本支架，它由底座和镜臂两部分组成。在它上面连接有载物台和镜筒，它是用来安装光学放大系统部件的基础。

（2）镜筒　镜筒上接目镜，下接转换器，形成接目镜与物镜（装在转换器下）间的暗室。

从物镜的后缘到镜筒尾端的距离称为机械筒长。因为物镜的放大率是对一定的镜筒长度而言的，镜筒长度变化，不仅放大倍率随之变化，而且成像质量也受到影响。因此，使用显微镜时，不能任意改变镜筒长度。国际上将显微镜的标准筒长定为 160mm，此数字标在物镜的外壳上。

（3）物镜转换器　物镜转换器上可安装 3～4 个接物镜，一般是三个物镜（低倍、高倍、油镜）。Nikon 显微镜装有四个物镜。转动转换器，可以按需要将其中的任何一个物镜和镜筒接通，与镜筒上面的目镜构成一个放大系统。

（4）载物台　载物台中央有一孔，为光线通路。在台上装有弹簧标本夹和推动器，其作用为固定或移动标本的位置，使得镜检对象恰好位于视野中心。

（5）标本移动器　是移动标本的机械装置，它是由一横一纵两个推进螺旋的金属架构成的，好的显微镜在纵横架杆上刻有刻度标尺，构成精密的平面坐标系。如果我们需重复观察已检查过的标本的某一部分，在第一次检查时，可记下纵横标尺的数值，以后按数值移动标本移动器，就可以找到原来标本的位置。

（6）粗调旋钮　调旋钮是移动镜筒调节接物镜和标本间距离的机件。老式显微镜粗调旋钮向前扭，镜头下降接近标本。新近生产的显微镜（如 Nikon 显微镜）镜检时，右手向前扭动载物台上升，让标本接近物镜，反之则下降，标本脱离物镜。

（7）微调旋钮　用粗调旋钮只可以粗略地调节焦距，要得到最清晰的物像，需要用微调旋钮做进一步调节。微调旋钮每转一圈镜筒移动 0.1mm（100μm）。新近生产的较高档次的显微镜的粗调旋钮和微调旋钮是同轴的。

2. 显微镜的光学系统

显微镜的光学系统由反光镜、聚光器、物镜、目镜等组成，光学系统使物体放大，形成物体放大像。见图 8-2。

（1）反光镜　反光镜是普通光学显微镜的取光设备，使光线射向聚光镜。反光镜是由一个平面和另一个凹面的镜子组成，可以将投射在它上面的光线反射到聚光镜的中央，照明标本。有聚光镜的显微镜，无论使用低倍或高倍物镜均应用平面镜，只在光量不足时才使用凹面镜。没有聚光镜的显微镜，低倍物镜时用平面镜，高倍物镜及油镜均用凹面镜。

内光源是光学显微镜自身带有的照明装置，安装在镜座内部，由强光灯泡发出的光线通过安装在镜座上的反光镜射入聚光镜。聚光镜上有一个视场光阑，可改变照明视场的大小。

（2）聚光器（又称聚光镜）　聚光器安装在载物台下，是由多块透镜构成，其作用是将光源经反光镜反射来的光线聚焦于样品上，以得到最强的照明，使物像获得明亮清晰的效果。聚光器的高低可以调节，使焦点落在被检物体上，以得到最大亮度。通过转动手轮调节聚光镜的上下，以适应使用不同厚度的载玻片，也能保证焦点落在被检标本上。因聚光镜的焦距短，载玻片也不能太厚，一般以 0.9～1.3mm 为宜，否则被检样品不在焦点上，影响镜检效果。聚光器前透镜前面还装有虹彩光圈，它可以开大和缩小，影响成像的分辨率和反差，若将虹彩光圈开放过大，超过物镜的数值孔径时，便产生光斑；若将虹彩光圈收缩得过小，分辨力下降，反差增大。因此，在观察时，通过虹彩光圈的调节再把视场光阑（带有视场光阑的显微镜）开启到视场周缘的外缘处，使不在视场内的物体得不到任何光线的照明，以避免散射光的干扰。

图 8-2　显微镜的光学系统
1—反光镜；2—聚光器；3—标本；
4—物镜；5—半五角棱镜；
6—场镜；7—目镜；
Q—聚光器孔径光阑；
B—目镜视场光阑

（3）物镜　物镜是显微镜中很重要的光学部件，由多块透镜组成。根据物镜的放大倍数和使用方法的不同，分为低倍物镜、高倍物镜和油镜三类。物镜的性能取决于物镜的数值孔径（numerical aperture，NA），每个物镜的数值孔径都标在物镜的外壳上，数值孔径越大，物镜的性能越好。物镜的种类很多，可从不同角度来分类。

根据物镜前透镜与被检物体之间的介质不同，可分为：

① 干式物镜。以空气为介质，如常用的 40× 以下的物镜，数值孔径均小于 1。

② 油浸式物镜。常以香柏油为介质，此物镜又叫油镜头，其放大率为 90×～100×，数值孔径大于 1。

根据物镜放大率的高低，可分为：

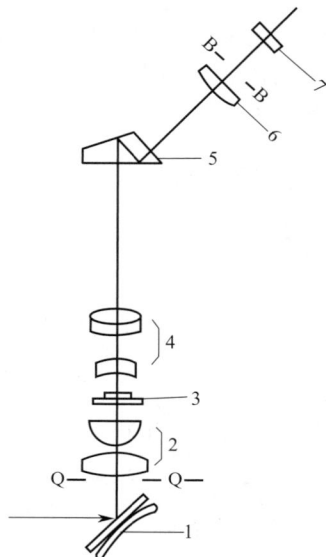

① 低倍物镜。指 $1\times\sim6\times$，NA 值为 0.04～0.15；
② 中倍物镜。指 $6\times\sim25\times$，NA 值为 0.15～0.35；
③ 高倍物镜。指 $25\times\sim63\times$，NA 值为 0.35～0.95；
④ 油浸物镜。指 $90\times\sim100\times$，NA 值为 1.25～1.40。

（4）目镜 目镜的作用是把物镜放大了的实像再放大一次，并把物像映入观察者的眼中。目镜的结构较物镜简单，普通光学显微镜的目镜通常由两块透镜组成，上端的一块透镜称"接目镜"，下端的透镜称"场镜"。上下透镜之间或在两个透镜的下方，装有由金属制成的环状光阑或叫"视场光阑"，物镜放大后的中间像就落在视场光阑平面处，所以其上可安置目镜测微尺。

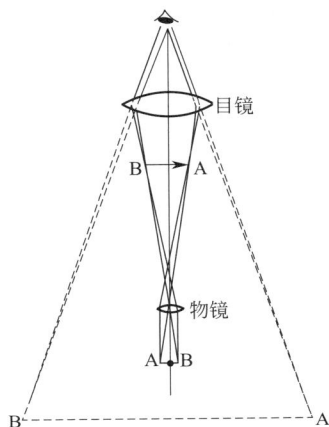

图 8-3 光学显微镜
成像的原理模式

二、光学显微镜的成像原理

由外界入射的光线经反光镜反射向上，或由内光源发射的光线经集光镜向上，再经聚光镜会聚在被检标本上，使标本得到足够的照明，由标本反射或折射出的光线经物镜进入使光轴与水平面倾斜45°角的棱镜，在目镜的焦平面上，即在目镜的视场光阑处，成放大的侧光实像，该实像再经目镜的接目透镜放大成虚像，所以人们看到的是虚像（图 8-3）。

三、显微镜的性能

显微镜分辨率的高低决定于光学系统的各种条件。被观察的物体必须放大，而且清晰。物体放大后，能否呈现清晰的细微结构，首先取决于物镜的性能，其次取决于目镜和聚光镜的性能。

1. 数值孔径

数值孔径也叫作镜口率（或开口率），简写为 NA，在物镜和聚光器上都标有它们的数值孔径。数值孔径是物镜和聚光器的主要参数，也是判断它们性能的最重要指标。数值孔径和显微镜的各种性能有密切的关系，数值孔径（NA）是光线投射到物镜上的最大开口角度一半的正弦与标本和物镜间介质的折射率的乘积。

$$NA = n\sin\theta/2$$

式中，n 表示物镜与标本之间的介质折射率；θ 表示物镜的镜口角。

镜口角是指从物镜光轴上的物点发出的光线与物镜前透镜有效直径的边缘所张的角度。镜口角 θ 总是小于180°。因为空气的折射率为1，所以干燥物镜的数值孔径总是小于1，一般为0.05～0.95；油浸物镜如用香柏油（折射率为1.515）浸没，则数值孔径最大可接近1.5。虽然理论上数值孔径的极限等于所用浸没介质的折射率，但实际上从透镜的制造技术看，是不可能达到这一极限的。通常在实用范围内，高级油浸物镜的最大数值孔径是1.4，见表 8-1。

表 8-1 物镜的放大倍数与数值孔径

物镜类型	焦距/mm	放大倍数	开口角度	θ	$\sin\theta$	折射率 n	NA
干燥系	16	$10\times$	29°	14.5°	0.2504	1	0.25
	4	$40\times$	81°	40.5°	0.6494	1	0.65
	4	$40\times$	116°	58°	0.8503	1	0.85
油浸系	2	$90\times$	110°	55°	0.8223	1.52	1.25
	2	$90\times$	134°	67°	0.9211	1.52	1.4

几种物质介质的折射率如下：空气为 1.0，水为 1.33，玻璃为 1.5，甘油为 1.47，香柏油为 1.52。

2. 分辨率

分辨率（D）可用下式表示：

$$D = \lambda/2NA$$

式中，λ 为入射光波长，550nm。若用数值孔径为 0.65 的物镜，则 $D = 0.55\mu m/(2 \times 0.65) = 0.42\mu m$。这表示被检物体在 $0.42\mu m$ 以上时可被观察到，若小于 $0.42\mu m$ 就不能视见。如果使用数值孔径为 1.25 的物镜，则 $D = 0.22\mu m$。凡被检物体长度大于这个数值，均能视见。由此可见，D 值越小，物像越清楚。根据上式，可通过：①降低波长；②增大折射率；③加大镜口角来提高分辨力。紫外线作光源的显微镜和电子显微镜就是利用短光波来提高分辨力以检视较小的物体。物镜分辨力的高低与成像是否清楚有密切的关系。目镜没有这种性能，它只放大物镜所成的像。

3. 放大率

显微镜的放大率（V）等于物镜放大率（V_1）和目镜放大率（V_2）的乘积，即

$$V = V_1 V_2$$

如用 40 倍的物镜和 10 倍的目镜，则显微镜的总放大倍数是 400 倍。

四、显微镜的使用操作及注意事项

显微镜结构精密，使用时必须细心，要按下述操作步骤进行。

1. 观察前的准备

(1) 取镜　显微镜从显微镜柜或镜箱内拿出时，要用右手紧握镜臂，左手托住镜座，平稳地将显微镜搬运到实验桌上。

(2) 位置　将显微镜放在自己身体的左前方，离桌子边缘约 10cm，右侧可放记录本或绘图纸。

(3) 调节光照　不带光源的显微镜，可利用灯光或自然光通过反光镜来调节光照，但不能用直射阳光，直射阳光会影响物像的清晰度并刺激眼睛。

将 10× 物镜转入光孔，将聚光器上的虹彩光圈打开到最大位置，用左眼观察目镜中视野的亮度，转动反光镜，使视野的光照达到最明亮、最均匀为止。光线较强时，用平面反光镜，光线较弱时，用凹面反光镜。自带光源的显微镜，可通过调节电流旋钮来调节光照强弱。

(4) 调节光轴中心　显微镜在观察时，其光学系统中的光源、聚光器、物镜和目镜的光轴及光阑的中心必须与显微镜的光轴同在一直线上。带视场光阑的显微镜，先将光阑缩小，用 10× 物镜观察，在视场内可见到视场光阑圆球多边形的轮廓像，如此像不在视场中央，可利用聚光器外侧的两个调整旋钮将其调到中央，然后缓慢地将视场光阑打开，能看到光束向视场周缘均匀展开直至视场光阑的轮廓像完全与视场边缘内接，说明光线已经合轴。

2. 低倍镜观察

镜检任何标本都必须养成先用低倍镜观察的习惯。因为低倍镜视野较大，易于发现目标和确定检查的位置。将标本片放置在载物台上，用标本夹夹住，移动标本移动器，使被观察的标本处在物镜正下方，转动粗调旋钮，使物镜调至接近标本处，用目镜观察并同时用粗调旋钮慢慢升起镜筒（或下降载物台），直至物像出现，再用细调旋钮使物像清晰。用标本移动器移动标本片，找到合适的目标物像并将它移到视野中央进行观察。

3. 高倍镜观察

在低倍物镜观察的基础上转换为高倍物镜观察。较好的显微镜的低倍镜头、高倍镜头是齐焦的，在正常情况下，高倍物镜的转换不应碰到载玻片或其上的盖玻片。若使用不同型号的物镜，在转换物镜时要从侧面观察，避免镜头与玻片相撞。然后从目镜观察，调节光照，使亮度适中，缓慢调节粗调旋钮，使载物台上升（或镜筒下降），直至物像出现，再用细调旋钮调至物像清晰为止，找到需观察的部位，并移至视野中央进行观察。

4. 油镜观察

油浸物镜的工作距离（指物镜前透镜的表面到被检物体之间的距离）很短，一般在0.2mm 以内，再加上一般光学显微镜的油浸物镜没有"弹簧装置"，因此使用油浸物镜时要特别细心，避免由于"调焦"不慎而压碎标本片并使物镜受损。

使用油镜按下列步骤操作：

① 先用粗调旋钮将镜筒提升（或将载物台下降）约 2cm，并将高倍镜转出。

② 在玻片标本的镜检部位滴上一滴香柏油。

③ 从侧面注视，用粗调旋钮将载物台缓缓地上升（或镜筒下降），使油浸物镜浸入香柏油中，使镜头几乎与标本接触。

④ 从目镜内观察，放大视场光阑及聚光镜上的虹彩光圈（带视场光阑油镜开大视场光阑），上调聚光器，使光线充分照明。用粗调节旋钮将载物台徐徐下降（或镜筒上升），当出现物像一闪后改用细调节旋钮调至最清晰为止。如油镜已离开油面而仍未见到物像，必须再从侧面观察，重复上述操作。

⑤ 观察完毕，下降载物台，将油镜头转出，先用擦镜纸擦去镜头上的油，再用擦镜纸蘸少许乙醚、乙醇混合液（乙醚∶乙醇＝2∶3）或二甲苯，擦去镜头上残留油迹，最后再用擦镜纸擦拭 2～3 下即可（注意向一个方向擦拭）。

⑥ 将各部分还原，转动物镜转换器，使物镜头不与载物台通光孔相对，而是成八字形位置，再将镜筒下降至最低，降下聚光器，反光镜与聚光器垂直，用一个干净手帕将目镜罩好，以免目镜沾染灰尘。最后用柔软纱布清洁载物台等机械部分，然后将显微镜放回柜内或镜箱中。

五、思考题

1. 用油镜观察时应注意哪些问题？在载玻片和镜头之间加滴什么油？起什么作用？

2. 试列表比较低倍镜、高倍镜及油镜各方面的差异。为什么在使用高倍镜及油镜时应特别注意避免粗调旋钮的误操作？

3. 什么是物镜的齐焦现象？它在显微镜观察中有什么意义？

4. 影响显微镜分辨率的因素有哪些？

5. 根据实验体会，谈谈应如何根据所观察微生物的大小选择不同的物镜进行有效的观察。

实验二　玻璃器皿的洗涤、包扎与灭菌

【HSE 提示】

1. 健康与安全

(1) 始终保持个人健康和安全，包括穿戴口罩、实验服、手套等个人防护用品或设备。

(2) 按照相关规定、规范、质量、安全和环境标准开展工作。

视频：玻璃器皿的包扎技术

2. 环保

（1）根据标准和要求，操作、维护和修理实验室设施、装置和设备，使用、管理和回收实验用品。

（2）维护良好的实验室卫生。

一、实验目的

1. 了解微生物实验中玻璃器皿洗涤的重要性。
2. 掌握玻璃器皿的洗涤方法。
3. 熟悉玻璃器皿的灭菌原理及方法。

二、实验原理

微生物实验是纯种培养，必须是无菌的。因而微生物实验需要的所有玻璃器皿，无论是新购置的还是使用过的，都必须经过仔细的清洗和严格的灭菌后才能使用。

三、实验用材料及仪器设备

1. 材料

试管（大试管和小试管）、小塑料管（发酵小倒管或德汉小管）、各种规格的玻璃吸管、培养皿（平皿）、锥形瓶及烧杯、载玻片与盖玻片、滴瓶、玻璃涂布棒等。

2. 仪器设备

装培养皿的金属筒、干热灭菌箱等。

四、实验步骤

1. 玻璃器皿的洗涤

（1）**新购置的玻璃器皿的洗涤** 新购置的玻璃器皿一般含较多的游离碱，可在2％的盐酸或洗涤液内先浸泡几小时后，用自来水冲洗干净，倒置在洗涤架上，晾干或在干燥箱内烘干备用。

（2）**使用过的玻璃器皿的洗涤**

① 试管、培养皿、锥形瓶、烧杯的洗涤。可先用瓶刷（或试管刷）蘸洗衣粉或去污粉等刷洗，然后用自来水冲洗干净。洗涤后，要求内壁的水均匀分布成一薄层，表示油垢完全洗净，如还挂有水珠，则需用洗涤液浸泡数小时，然后再用自来水冲洗干净。将培养皿放入装有培养皿的金属筒内，或用牛皮纸包扎好备用。

② 玻璃吸管的洗涤。吸过菌液的吸管（如有棉塞应先去掉）或滴管（先拔去橡皮头）应立即放入2％的煤酚皂溶液或0.5％苯扎氯酚消毒液内浸泡数小时，然后再用自来水冲洗干净，必要时还需用蒸馏水淋洗。最后放在烘箱内烘干备用。

③ 载玻片和盖玻片的洗涤。如玻片上有香柏油，先用二甲苯溶解油垢，再在肥皂水中煮沸10min左右，用自来水冲洗，然后在稀洗涤液中浸泡1~2h，自来水冲去洗涤液，最后用蒸馏水淋洗。待干燥后置于95％乙醇中保存备用。

2. 玻璃器皿的包扎

培养皿用牛皮纸包裹，或直接放入特制的金属筒内（图8-4），进行干热灭菌。干燥的吸管上端塞入1~1.5cm棉花，用纸条以螺旋式包扎。包好的多支吸管用牛皮纸包成捆灭菌（图

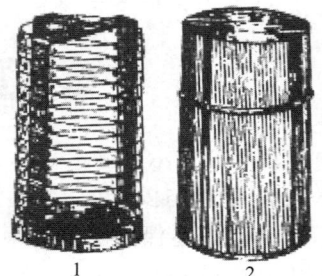

图8-4　装培养皿的金属筒

1—内部框架；2—带盖外筒

8-5）。试管、锥形瓶塞上棉塞，用牛皮纸包扎好灭菌。

3. 玻璃器皿灭菌

（1）干热灭菌　用干燥的热空气杀死微生物的方法称为干热灭菌。通常将灭菌的物品放在鼓风干燥箱内，在 $160 \sim 170℃$ 加热 $1 \sim 2h$。干热灭菌箱的构造如图 8-6 所示。

（2）干热灭菌操作步骤

① 装箱。将包扎好的玻璃器皿放入干热灭菌箱灭菌专用的铁盒内，关好箱门。

② 灭菌。接通电源，打开干热灭菌箱排气孔，待温度升至 $80 \sim 100℃$ 时关闭排气孔。继续升温至 $160 \sim 170℃$，开始计时，恒温 $1 \sim 2h$。

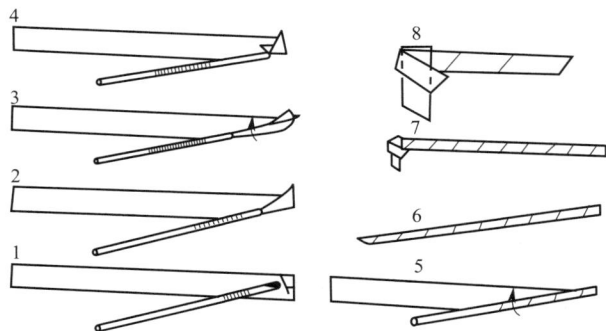

图 8-5　单支吸管的包扎方法
1～8 表示包扎先后顺序

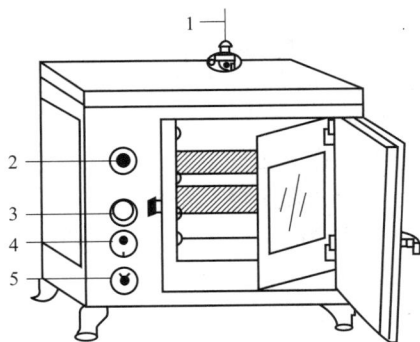

图 8-6　干热灭菌箱
1—温度计与排气孔；2—温度调节旋钮；3—指示灯；
4—温度调节器；5—鼓风钮

③ 灭菌结束后，关闭电源，自然降温至 $60℃$，打开箱门，取出物品放置备用。

注意：灭菌物品不能有水，否则干热灭菌中易爆裂；灭菌物品不能装得太挤，以免影响温度上升；灭菌温度不能超过 $180℃$，否则棉塞及牛皮纸会烧焦，甚至燃烧；自然降温至 $60℃$ 以下，才能打开箱门，取出物品，以免因突然降温导致玻璃器皿炸裂。

附：洗涤液的配制

1. 浓洗涤液配方

成分：重铬酸钾（工业用）50g，浓 H_2SO_4（工业用）1000mL。

配制：1000mL 浓硫酸在文火上加热，然后加入 50g 重铬酸钾即成。

2. 稀洗涤液配方

成分：重铬酸钾（工业用）50g，浓 H_2SO_4（工业用）100mL，自来水 850mL。

配制：将重铬酸钾溶解在自来水中，慢慢加入浓硫酸，边加边搅拌，配好后，贮存于广口瓶内，盖紧瓶盖备用。此洗涤液可反复用多次，直至溶液变成绿色才失效。所以使用此溶液时，器皿必须干燥。

实验三　细菌涂片制作及革兰染色技术

视频：革兰氏
染色技术

细菌的涂片和染色是微生物学实验中的一项基本技术。细菌涂片是染色的基础。革兰染色法是 1884 年由丹麦病理学家 Christain Gram 创立的，革兰染色法可将所有的细菌区分为革兰阳性菌（G^+）和革兰阴性菌（G^-）两大类。革兰染色法是细菌学中最重要的鉴别染色法。

一、实验目的

1. 学习细菌的简单染色法和革兰染色法。
2. 初步认识细菌的形态特征，巩固并熟悉显微镜的使用方法和无菌操作技术。

二、实验原理

由于细菌的细胞小而透明，在普通的光学显微镜下不易识别，必须对它们进行染色。利用单一染料对细菌进行染色，使经染色后的菌体与背景形成明显的色差，从而能更清楚地观察到其形态和结构。此法操作简便，适用于菌体一般形状和细菌排列的观察，不能辨别细菌细胞的构造。

用于生物染色的染料主要有碱性染料、酸性染料和中性染料三大类。碱性染料的离子带正电荷，能和带负电荷的物质结合。因细菌蛋白质等电点较低，当它生长于中性、碱性或弱酸性的溶液中时，其表面常带负电荷，所以通常采用碱性染料（如美蓝、结晶紫、碱性复红或孔雀绿等）使其着色。酸性染料的离子带负电荷，能与带正电荷的物质结合。当细菌分解糖类产酸使培养基 pH 下降时，细菌所带正电荷增加，因此易被伊红、酸性复红或刚果红等酸性染料着色。中性染料是前两者的结合物，又称复合染料，如伊红美蓝、伊红天青等。

革兰染色法可将所有的细菌区分为革兰阳性菌（G^+）和革兰阴性菌（G^-）两大类，是细菌学上最常用的鉴别染色法。该染色法之所以能将细菌分为 G^+ 菌和 G^- 菌，是由这两类菌的细胞壁结构和成分的不同所决定的。G^- 菌的细胞壁中含有较多易被乙醇溶解的类脂质，而且肽聚糖层较薄、交联度低，故用乙醇或丙酮脱色时溶解了类脂质，增加了细胞壁的通透性，使初染的结晶紫和碘的复合物易于渗出，结果细菌就被脱色，再经番红复染后成红色。G^+ 菌细胞壁中肽聚糖层厚且交联度高，类脂质含量少，经脱色剂处理后反而使肽聚糖层的孔径缩小，通透性降低，因此细菌仍保留初染时的颜色。

三、实验材料与仪器

1. 菌种

金黄色葡萄球菌 24h 营养琼脂斜面培养物，大肠杆菌 24h 营养琼脂斜面培养物。

2. 染色剂

95％乙醇、番红、美蓝染液（或草酸铵结晶紫染液）、复红染液、卢戈碘液、二甲苯、香柏油等（见附录二）。

3. 仪器及其他用品

显微镜、酒精灯、载玻片、接种环、玻片搁架、双层瓶（内装香柏油和二甲苯）、擦镜纸、生理盐水或蒸馏水等。

四、实验方法与步骤

1. 简单染色

（1）涂片　取干净载玻片一块，在载玻片的左、右各加一滴蒸馏水，按无菌操作法取菌涂片，左边涂金黄色葡萄球菌、右边涂大肠杆菌，做成浓菌液。再取干净载玻片一块将刚制成的金黄色葡萄球菌浓菌液挑 2～3 环涂在左边制成薄涂面，将大肠杆菌的浓菌液取 2～3 环涂在右边制成薄涂面。亦可直接在载玻片上制薄的涂面，注意取菌不要太多。

　　（2）晾干　室温自然晾干。也可以将涂面朝上在酒精灯上方稍微烘干。但切勿离火焰太近，因温度太高会破坏菌体形态。

　　（3）固定　手执玻片一端，让菌膜朝上，通过火焰 2～3 次固定（以不烫手为宜）。

　　（4）染色　将玻片平放于玻片搁架上，滴加染液 1 滴或 2 滴于涂片上（以染液刚好覆盖涂片薄膜为宜）。碱性美蓝染色 1～2min，苯酚复红（或草酸铵结晶紫）染色约 1min。

　　（5）水洗　倾去染液，用自来水从载玻片一端轻轻冲洗，直至从涂片上流下的水无色为止。水洗时，不要让水流直接冲洗涂面。水流不宜过急、过大，以免涂片薄膜脱落。

　　（6）干燥　甩去玻片上的水珠，自然干燥或用吸水纸吸干均可以（注意勿擦去菌体）。

　　（7）镜检　先低倍观察，再高倍观察，并找出适当的视野后，将高倍镜转出，在涂片上加香柏油一滴，将油镜头浸入油滴中仔细调焦观察细菌的形态。

　　2. 革兰染色

　　（1）涂片　涂片方法与简单染色涂片相同。

　　（2）晾干　与简单染色法相同。

　　（3）固定　与简单染色法相同。

　　（4）结晶紫染色　将玻片置于玻片搁架上，加适量（以盖满细菌涂面）的结晶紫染色液染色 1min。

　　（5）水洗　倾去染色液，用水小心地冲洗。

　　（6）媒染　滴加卢戈碘液，媒染 1min。

　　（7）水洗　用水洗去碘液。

　　（8）脱色　将玻片倾斜，连续滴加 95％乙醇脱色 20～25s 至流出液无色，立即水洗。

　　（9）复染　滴加番红复染 5min。

　　（10）水洗　用水洗去涂片上的番红染色液。

　　（11）晾干　将染好的涂片放在空气中晾干或者用吸水纸吸干。

　　（12）镜检　镜检时先用低倍，再用高倍，最后用油镜观察，并判断菌体的革兰染色反应性。

　　（13）实验完毕后的处理

　　① 将浸过油的镜头按下述方法擦拭干净。

　　a. 先用擦镜纸将油镜头上的油擦去；b. 用擦镜纸蘸少许二甲苯将镜头擦 2～3 次；c. 再用干净的擦镜纸将镜头擦 2～3 次。注意擦镜头时向一个方向擦拭。

　　② 观察后的染色玻片用废纸将香柏油擦干净。

五、实验报告

　　1. 根据观察结果，绘出两种细菌的形态图。

　　2. 列表简述两株细菌的染色结果（说明各菌的形状、颜色和革兰染色反应）。

六、注意事项

　　1. 革兰染色成败的关键是酒精脱色。如脱色过度，革兰阳性菌也可被脱色而染成阴性菌；如脱色时间过短，革兰阴性菌也会被染成革兰阳性菌。脱色时间的长短还受涂片厚薄及乙醇用量多少等因素的影响，难以严格规定。

　　2. 染色过程中勿使染色液干涸。用水冲洗后，应吸去玻片上的残水，以免染色液被稀释而影响染色效果。

3. 选用幼龄的细菌。若菌龄太老，由于菌体死亡或自溶常使革兰阳性菌转呈阴性反应。

七、思考题

1. 哪些环节会影响革兰染色结果的正确性？其中最关键的环节是什么？

2. 进行革兰染色时，为什么特别强调菌龄不能太老？用老龄细菌染色会出现什么问题？

3. 革兰染色时，初染前能加碘液吗？乙醇脱色后复染之前，革兰阳性菌和革兰阴性菌应分别是什么颜色？

4. 不经过复染这一步，能否区别革兰阳性菌和革兰阴性菌？

5. 你认为制备细菌染色标本时，应该注意哪些环节？

6. 为什么要求制片完全干燥后才能用油镜观察？

7. 如果涂片未经加热固定，将会出现什么问题？加热温度过高、时间太长，又会怎样呢？

实验四　细菌的荚膜染色

荚膜是细菌细胞的特殊结构，也是菌种分类鉴定的重要指标。在细胞表面产生荚膜的细菌，菌落往往表面光滑，呈透明或半透明黏液状，形状圆而大。

一、实验目的

学习细菌的荚膜染色法。

二、实验原理

由于荚膜与染料间的亲和力弱，不易着色，通常采用负染色法染荚膜，即设法使菌体和背景着色而荚膜不着色，从而使荚膜在菌体周围呈一透明圈。由于荚膜的含水量在90％以上，故染色时一般不加热固定，以免荚膜皱缩变形。

三、实验器材

1. 菌种

培养3～5d的胶质芽孢杆菌，该菌在以甘露醇作碳源的培养基上生长时，荚膜丰厚。

2. 染色液和试剂

复红染色液、6％葡萄糖水溶液、1％甲基紫水溶液、黑素、用滤纸过滤后的绘图墨水、甲醇、香柏油、二甲苯等（见附录二）。

3. 器材

载玻片、盖玻片、玻片搁架、擦镜纸、显微镜等。

四、实验方法

1. 负染色法

（1）制片　取洁净的载玻片一块，加蒸馏水一滴，取少量菌体放入水滴中混匀并涂布。

（2）干燥　将涂片放在空气中晾干或用电吹风冷风吹干。

（3）染色　在涂面上加复红染色液染色2～3min。

（4）水洗　用水洗去复红染液。

(5) 干燥　将染色片放在空气中晾干或用电吹风冷风吹干。

(6) 涂黑素　在染色涂面左边加一小滴黑素，用一边缘光滑的载玻片轻轻接触黑素，使黑素沿玻片边缘散开，然后向右一拖，使黑素在染色涂面上成为一薄层，并迅速风干。

(7) 镜检　先低倍镜，再高倍镜观察。

结果：背影灰色，菌体红色，荚膜无色透明。

2. 湿墨水法

(1) 制菌液　加1滴墨水于洁净的载玻片上，挑少量菌体与其充分混合均匀。

(2) 加盖玻片　放一清洁盖玻片于混合液上，然后在盖玻片上放一张滤纸，向下轻压，吸去多余的菌液。

(3) 镜检　先用低倍镜，再用高倍镜观察。

结果：背景呈灰色，菌体较暗，在其周围呈现一个明亮的透明圈，即为荚膜。

3. 干墨水法

(1) 制菌液　加1滴6%葡萄糖液于洁净载玻片一端，挑少量胶质芽孢杆菌与其充分混合，再加1环墨水，充分混匀。

(2) 制片　左手执载玻片，右手另拿一边缘光滑的盖玻片，将盖玻片的一边与菌液接触，使菌液沿玻片接触处散开，然后以30°角，迅速而均匀地将菌液拉向盖玻片的一端，使菌液铺成一薄膜。

(3) 干燥　空气中自然干燥。

(4) 固定　用甲醇浸没涂片，固定1min，立即倾去甲醇。

(5) 干燥　在酒精灯上方，用小火干燥。

(6) 染色　用甲基紫染1～2min。

(7) 水洗　用自来水清洗，自然干燥。

(8) 镜检　先用低倍镜再用高倍镜观察。

结果：背景呈灰色，菌体紫色，荚膜清晰透明。

五、实验结果

绘出胶质芽孢杆菌形态图，并标明各部位的名称。

六、注意事项

1. 加盖玻片时不可有气泡，否则会影响观察。
2. 应用干墨水法时，涂片要放在火焰较高处并用文火干燥，不可使玻片发热。

七、思考题

1. 荚膜染色为什么要用负染色法？
2. 干墨水染色法和湿墨水染色法有何异同？

实验五　细菌的芽孢染色

芽孢是细菌细胞的特殊结构，是菌种分类鉴定的重要指标，在菌落形态上也有其相关特征。形成芽孢的细菌菌落表面一般粗糙不透明，常呈现褶皱。

一、实验目的

学习细菌的芽孢染色法。

二、实验原理

细菌的芽孢具有厚而致密的壁，透性低，不易着色，若用一般染色法只能使菌体着色而芽孢不着色（芽孢呈无色透明状）。芽孢染色法就是根据芽孢既难以染色而一旦染上色后又难以脱色这一特点而设计的。所有的芽孢染色法都基于同一个原则：除了用着色力强的染料外，还需要加热，以促进芽孢着色。在染芽孢时，菌体也会着色，然后水洗，芽孢染上的颜色难以渗出，而菌体会脱色。然后用对比度强的染料对菌体复染，使菌体和芽孢呈现出不同的颜色，因而能更明显地衬托出芽孢，便于观察。

三、实验器材

1. 菌种

培养 36h 的苏云金杆菌或者枯草杆菌。

2. 染色液和试剂

5％孔雀绿水溶液、0.5％番红水溶液（见附录二）。

3. 器材

小试管（75mm×10mm）、烧杯（300mL）、滴管、玻片搁架、接种环、擦镜纸、镊子、显微镜等。

四、实验方法与步骤

1. 改良的 Schaeffer 和 Fulton 氏染色法

（1）制备菌液 加 1～2 滴无菌水于小试管中，用接种环从斜面上挑取 2～3 环菌体于试管中并充分打匀，制成浓稠的菌液。

（2）加染色液 加 5％孔雀绿水溶液 2～3 滴于小试管中，用接种环搅拌使染料与菌液充分混合。

（3）加热 将此试管浸于沸水浴（烧杯），加热 15～20min。

（4）涂片 用接种环从试管底部挑数环菌液于洁净的载玻片上，做成涂面，晾干。

（5）固定 将涂片通过酒精灯火焰 3 次。

（6）脱色 用水洗直至流出的水中无孔雀绿颜色为止。

（7）复染 加番红水溶液染色 5min 后，倾去染色液，不用水洗，直接用吸水纸吸干。

（8）镜检 先用低倍镜，再用高倍镜，最后用油镜观察。

结果：芽孢呈绿色，芽孢囊和菌体为红色。

2. Schaeffer 与 Fulton 氏染色法

（1）涂片 按常规方法将待检细菌制成一薄涂片。

（2）晾干固定 待涂片晾干后在酒精灯火焰上通过 2～3 次。

（3）染色

① 加染色液。加 5％孔雀绿水溶液于涂片处（染料以铺满涂片为度），然后将涂片放在铜板上，用酒精灯火焰加热至染液冒蒸气时开始计算时间，约维持 15～20min。加热过程中要随时添加染色液，切勿让标本干涸（加热时温度不能太高）。

② 水洗。待玻片冷却后，用水轻轻地冲洗，直至流出的水中无染色液为止。

③ 复染。用番红液染色 5min。

（4）干燥 水洗、晾干或吸干。

（5）镜检 先用低倍镜，再用高倍镜，最后在油镜下观察芽孢和菌体的形态。

结果：芽孢呈绿色，菌体为红色。

五、实验结果

绘出所用材料的芽孢和菌体的形态图。

六、注意事项

1. 供芽孢染色用的菌种应控制菌龄。

2. 改良法在节约染料、简化操作及提高标本质量等方面都较常规涂片法优越，可优先使用。

3. 用改良法时，欲得到好的涂片，首先要制备浓稠的菌液，其次是从小试管中取染色的菌液时，应先用接种环充分搅拌，然后再挑取菌液，否则菌体沉于管底，涂片时菌体太少。

七、思考题

1. 芽孢染色为什么要加热或延长染色时间？

2. 芽孢染色用的菌种为什么要控制菌龄？

实验六 细菌的鞭毛染色

鞭毛是细菌细胞的特殊结构，是菌种分类鉴定的重要指标，在菌落形态上也有其相关的特征。具有周生鞭毛的细菌，菌落大而扁平，形状不规则，边缘不整齐。运动能力强的细菌，菌落常呈树枝状。

一、实验目的

学习细菌的鞭毛染色法。

二、实验原理

细菌鞭毛非常纤细，直径一般为 10～20nm，只有用电子显微镜才能观察到。但是，如采用特殊的染色法，则在普通光学显微镜下也能看到它。鞭毛染色方法很多，但其基本原理相同，即在染色前先用媒染剂处理，让它沉积在鞭毛上，使鞭毛直径加粗，然后再进行染色。常用的媒染剂由单宁酸和氯化铁或钾明矾等配制而成。现推荐以下两种染色法。

三、实验器材

1. 菌种

培养 12～16h 的水稻黄单胞菌或假单胞菌斜面菌种。

2. 染色液和试剂

硝酸银染色液、Leifson（利夫森）染色液、香柏油、二甲苯（见附录二）。

3. 器材

载玻片、擦镜纸、吸水纸、记号笔、玻片搁架、镊子、接种环、显微镜。

四、实验方法

1. 镀银法染色

（1）清洗玻片 选择光滑无裂痕的玻片，最好选用新的。为了避免玻片相互重叠，应将玻片插在专用金属架上，然后将玻片置洗衣粉过滤液中（洗衣粉煮沸后用滤纸过滤，以除去粗颗粒），煮沸 20min。取出稍冷后用自来水冲洗、晾干，再放入浓洗液中浸泡 5～6d，使用前取出玻片，用自来水冲去残酸，再用蒸馏水洗。将水沥干后，放入 95％乙醇中脱水。

（2）菌液的制备及制片 菌龄较老的细菌容易失落鞭毛，所以在染色前应将待染细菌在新配制的牛肉膏蛋白胨培养基斜面上（培养基表面湿润，斜面基部含有冷凝水）连续移接3～5 代，以增强细菌的运动力。最后一代菌种放于恒温箱中培养 12～16h。然后用接种环挑取斜面与冷凝水交接处的菌液数环，移至盛有 1～2mL 无菌水的试管中，使菌液呈轻度浑浊。将该试管放在 37℃恒温箱中静置 10min（放置时间不宜太长，否则鞭毛会脱落），让幼龄菌的鞭毛松展开。然后，吸取少量菌液滴在洁净玻片的一端，立即将玻片倾斜，使菌液缓慢地流向另一端，用吸水纸吸去多余的菌液。涂片放于空气中自然干燥。

用于鞭毛染色的菌体也可用半固体培养基培养。方法是将 0.3％～0.4％的琼脂牛肉膏培养基熔化后倒入无菌平皿中，待凝固后在平板中央点接活化了 3～4 代的细菌，恒温培养12～16h 后，取扩散菌落的边缘制作涂片。

（3）染色（见附录二）

① 滴加 A 液（见附录二）。染 4～6min。

② 用蒸馏水充分洗净 A 液。

③ 用 B 液（见附录二）冲去残水，再加 B 液于玻片上，在酒精灯火焰上加热至冒气，约维持 0.5～1min（加热时应随时补充蒸发掉的染料，不可使玻片出现干涸区）。

④ 用蒸馏水洗，自然干燥。

（4）镜检 先用低倍镜，再用高倍镜，最后用油镜检查。

结果：菌体呈深褐色，鞭毛呈浅褐色。

2. 改良 Leifson 染色法

（1）清洗玻片法同 1。

（2）配制染料。 染料配好后要过滤 15～20 次后染色效果才好。

（3）菌液的制备及涂片

① 菌液的制备同 1。

② 用记号笔在洁净的玻片上划分 3～4 个相等的区域。

③ 放 1 滴菌液于第一个小区的一端，将玻片倾斜，让菌液流向另一端，并用滤纸吸去多余的菌液。

④ 干燥 在空气中自然干燥。

（4）染色

① 加染色液于第一区，使染料覆盖涂片。隔数分钟后再将染料加入第二区，以此类推（相隔时间可自行决定），其目的是确定最合适的染色时间，而且节约材料。

② 水洗。在没有倾去染料的情况下，就用蒸馏水轻轻地冲去染料，否则会增加背景的沉淀。

③ 自然干燥。

（5）镜检 先用低倍镜观察，再用高倍镜观察，最后用油镜观察，观察时要多找一些视野，不要企图在 1～2 个视野中就能看到细菌的鞭毛。

结果：菌体和鞭毛均染成红色。

五、实验结果

绘出鞭毛细菌的形态图。

六、注意事项

1. 镀银法染色比较容易掌握，但染色液必须每次现配现用，不能存放，比较麻烦。

2. Leifson 染色法受菌种、菌龄和室温等因素的影响，且染色液须经 15～20 次过滤，要掌握好染色条件必须经过一些摸索。

3. 细菌鞭毛极细，很易脱落，在整个操作过程中，必须仔细小心，以防鞭毛脱落。

4. 染色用的载玻片干净、无油污是鞭毛染色成功的先决条件。

七、思考题

1. 鞭毛染色时为什么须用培养 12～16h 的菌体？染色成功的关键是什么？

2. 镀银法染色液为什么现配现用？利夫森染色液为什么要过滤数次？

附：细菌的运动性观察

一、实验原理

细菌是否具有鞭毛是细菌分类鉴定的重要特征之一。采用鞭毛染色法虽能观察到鞭毛的形态、着生位置和数目，但此法既费时又麻烦。如果仅需了解某菌是否有鞭毛，可采用悬滴法或水封片法（即压滴法）直接在光学显微镜下检查活细菌是否具有运动能力，以此来判断细菌是否有鞭毛。此法较快速、简便。

悬滴法就是将菌液滴加在洁净的盖玻片中央，在其周边涂上凡士林，然后将它倒盖在有凹槽的载玻片中央，即可放置在普通光学显微镜下观察。水封片法是将菌液滴在普通的载玻片上，然后盖上盖玻片，置显微镜下观察。

大多数球菌不生鞭毛，杆菌中有的有鞭毛有的无鞭毛，弧菌和螺菌几乎都有鞭毛。有鞭毛的细菌在幼龄时具有较强的运动力，衰老的细胞鞭毛易脱落，故观察时宜选用幼龄菌体。

二、实验器材

1. 菌种

培养 12～16h 的枯草杆菌、金黄色葡萄球菌、假单胞菌。

2. 试剂

香柏油、二甲苯、凡士林等。

3. 器材

凹载玻片、盖玻片、镊子、接种环、滴管、擦镜纸、显微镜。

三、实验方法与步骤

1. 制备菌液

在幼龄菌斜面上，滴加 3～4mL 无菌水，制成轻度浑浊的菌悬液。

2. 涂凡士林

取洁净无油的盖玻片 1 块，在其四周涂少量的凡士林。

3. 滴加菌液

加 1 滴菌液于盖玻片的中央，并用记号笔在菌液的边缘做一记号，以便在显微镜观察时，易于寻找菌液的位置。

4. 盖凹玻片

将凹玻片的凹槽对准盖玻片中央的菌液，并轻轻地盖在盖玻片上，使两者粘在一起，然后翻转凹玻片，使菌液正好悬在凹槽的中央，再用铅笔或火柴棒轻压盖玻片，使玻片四周边缘闭合，以防菌液干燥。若制水封片，在载玻片上滴加一滴菌液，盖上盖玻片后即可置显微镜下观察。

5. 镜检

先用低倍镜找到标记，再稍微移动凹玻片即可找到菌滴的边缘，然后将菌液移到视野中央换高倍镜观察。由于菌体是透明的，镜检时可适当缩小光圈或降低聚光器以增大反差，便于观察。镜检时要仔细辨别是细菌的运动还是分子运动（即布朗运动），前者在视野下可见细菌自一处游动至他处，而后者仅在原处左右摆动。细菌的运动速度依菌种不同而异，应仔细观察。

结果：有鞭毛的枯草杆菌和假单胞菌可看到活跃的运动，而无鞭毛的金黄色葡萄球菌不运动。

四、实验作业

绘出所看到的细菌形态图，并用箭头表示其运动方向。

五、注意事项

1. 检查细菌运动的载玻片和盖玻片都要洁净无油，否则将影响细菌的运动。

2. 制水封片时菌液不可加得太多，过多的菌液会在盖玻片下流动，因而在视野内只见大量的细菌朝一个方向运动，从而影响了对细菌正常运动的观察。

3. 若使用油镜观察，应在盖玻片上加香柏油一滴。

实验七 微生物显微镜直接计数法

视频：微生物
直接计数

一、实验目的与要求

1. 了解血细胞计数板的构造和计数原理。
2. 掌握使用血细胞计数板进行微生物计数的方法。

二、实验基本原理

在显微镜下对酵母菌活细胞进行计数的常用工具是血细胞计数板。该计数板是一块特制的厚型载玻片（见图 8-7），载玻片上的 4 条槽将玻片分成 3 个平台，中间的较宽平台又被一短横槽分隔成两个平台，在两个平台上各有 1 个相同的方格网，每个方格网被划分成 9 个大格，在中央的大格是计数室，计数室的边长为 1mm，面积为 $1mm^2$，盖上盖玻片后，高度为 0.1mm，故计数室的体积为 $0.1mm^3$。

计数室的规格有两种：一种是将计数室以双线分成 25 个中方格，每个中方格又以单线分为 16 个小方格。另一种是将计数室以双线分成 16 个中方格，每个中方格又以单线分成 25 个小方格。两种规格计数室都由 400 个小方格组成，如图 8-7 所示。

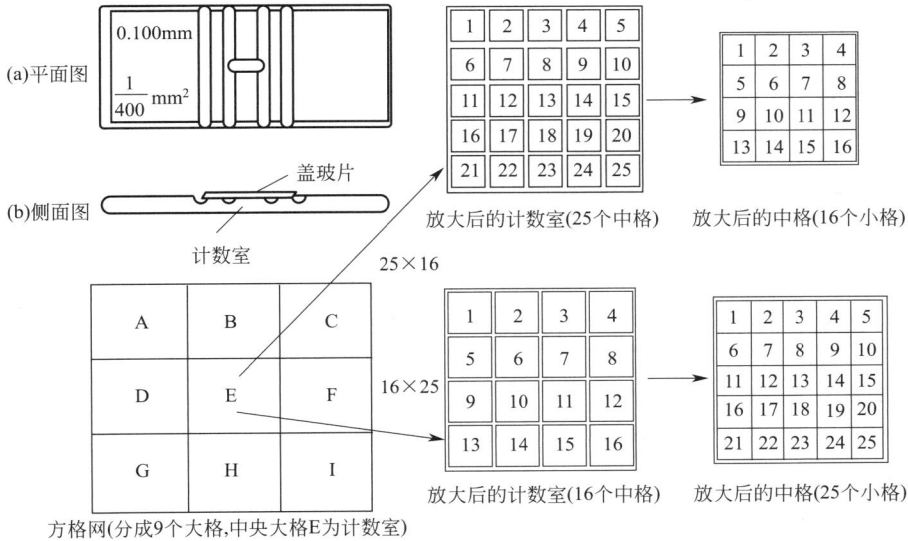

图 8-7　血细胞计数板的构造

三、实验材料与仪器

1. 器材

血细胞计数板、计数器、显微镜、盖玻片、无菌滴管等。

2. 菌种

酿酒酵母培养液。

四、实验方法和步骤

1. 稀释

根据待测菌悬液浓度，加无菌水适量稀释，以每小格 4～5 个菌体为宜。

2. 制片

取一清洁干燥的血细胞计数板，盖上盖玻片。将菌悬液摇匀，用无菌滴管吸取少许，沿盖玻片的边缘滴一小滴，使其自行渗入计数室。注意不可产生气泡。两侧计数室都滴加菌液，多余菌液用吸水纸吸去。

3. 显微镜计数

静置 3～5min 后镜检。先用低倍镜找到计数室（光线不宜太强），然后转换高倍接物镜进行计数。在进行具体操作时，一般取 5 个中格进行计数，取格的方法一般有两种：①取计数板对角线相连的 5 个中格；②取计数板 4 个角的中格和正中央的 1 个中格。计数时若遇到菌体位于中方格的双线上，只统计上线和左线上的菌体数。对于出芽的酵母菌，当芽体达母细胞大小一半时，可作为 2 个菌体计数。计数时注意转动细调节器，以便上下液层的菌体均可观测到。每个样品重复计数 2～3 次（每次数值不应过大，否则重新操作），取其平均值。

4. 按下述公式计算出每毫升菌液所含酵母菌菌数

$$菌体细胞数（个/mL）=小格内平均菌体细胞数×400×10^4×稀释倍数$$

5. 清洗

计数板使用完毕后，用自来水龙头的急水流冲洗，切勿用硬物洗刷。洗后自然晾干或用电吹风吹干，也可用滤纸吸干水分后再用擦镜纸擦干，镜检计数室内无残留菌体或其他沉淀物即可。否则应重新清洗干净。

五、实验报告

1. 记录计数结果并计算每毫升酵母菌悬液中的菌数。

计算次数	各中格菌数					5个中方格总数	稀释倍数	平均值	总菌数 /(个/mL)
	左上	右上	左下	右下	中间				
第一次									
第二次									
第三次									

2. 思考题

根据你的体会，血细胞计数板计算的误差主要来自哪些方面？如何减少误差？

六、注意事项

1. 在显微镜下寻找计数板方格网时注意光线不宜过强。
2. 在滴加酵母菌液时既应注意不能产生气泡，也不能加得过多，否则影响计数的准确性。

实验八　培养基制作及灭菌技术

【HSE 提示】

1. 健康与安全

（1）始终保持个人健康和安全，包括穿戴口罩、实验服、手套等个人防护用品或设备。

（2）按照相关规定、规范、质量、安全和环境标准开展工作。

2. 环保

视频：培养基的配制技术

（1）根据标准和要求，操作、维护和修理实验室设施、装置和设备，使用、管理和回收实验用品。

（2）维护良好的实验室卫生整洁。

培养基是微生物生长繁殖或积累代谢产物的营养基质，是研究微生物的形态构造、生理功能以及生产微生物制品等方面的物质基础。无论何种培养基，都应当具备满足所要培养的微生物生长代谢所必需的营养物质。由于微生物是纯种培养，在生长中不允许有其他的杂菌存在，因此灭菌是微生物实现纯种培养的基础。灭菌是指利用物理、化学的方法将物品及其内部的微生物全部杀死的过程。

一、实验目的

1. 掌握液体培养基和固体培养基的制作方法。
2. 掌握培养基的灭菌技术和方法。

二、实验原理

培养基是经人工配制而成的并适合于不同微生物生长繁殖的营养基质。由于各类微生物对营养的要求不同，因而培养基的种类繁多。在配制培养基时，根据不同微生物对营养物质的需求选

用不同的营养物质，并按一定的比例配出适合不同微生物生长发育所需要的培养基。

琼脂是固体培养基的支持物，一般不为微生物所利用。它在 96℃ 以上融化成液体，而在 45℃ 左右开始凝固。

三、实验材料与仪器

1. 试剂与玻璃器皿

牛肉膏、蛋白胨、NaCl、琼脂、蒸馏水、NaOH、HCl 等；试管、锥形瓶、量筒、烧杯、漏斗、玻璃棒、精密 pH 试纸等。

2. 仪器

天平、高压蒸汽灭菌锅等。

四、实验方法与步骤

1. 液体培养基的制备

（1）称量　根据培养基配方要求，准确称取试剂与药品。

（2）溶解　先在容器内加入所需水量的 2/3 左右（可以是自来水、深井水或蒸馏水，根据实验要求而定），将称取的各种成分放入水中加热溶解。为避免因沉淀造成营养物质的损失，加入各种成分的顺序为：先加缓冲化合物，再加主要元素，然后再加微量元素，最后加维生素、生长素等，待完全溶解后加水至量。

（3）调节 pH　用滴管逐滴加入 1mol/L 的 NaOH 或 1mol/L 的 HCl，边搅动边用精密 pH（5.5～9.0）试纸测其 pH 至所需值为止。

（4）过滤　需要过滤的培养基要趁热用四层纱布过滤。在发酵工业生产中，这一步也可省去，但在进行对培养微生物条件的控制及结果的观察时需要过滤。

（5）分装　取玻璃漏斗一个，装在铁架上。漏斗出口用乳胶管与玻璃管相连接。乳胶管上装一个弹簧夹。趁热将培养基放入玻璃漏斗内分装。分装时用左手拿空管（锥形瓶）、右手控制弹簧夹的开和关。注意不要沾染到试管壁和试管口，以免浸湿棉塞引起杂菌污染。

装入试管（锥形瓶）的培养基，根据试管大小及需要而定，一般装量为试管高度的 1/5。

（6）包扎、灭菌　分装好的培养基，塞上棉塞，用牛皮纸包扎，注明培养基名称、配制日期、组别等，然后立即进行高压蒸汽灭菌（0.1MPa，121℃，30min）。

2. 固体培养基的制备

（1）称量、溶解、调节 pH　与液体培养基相同。

（2）加琼脂融化　先加热配制好的液体培养基，沸腾后添加 2% 的琼脂，不断搅拌直到完全融化，然后加水至所需体积。

（3）过滤、分装　同液体培养基的制备。但分量要适当，如分装在锥形瓶的量一般为其体积的 1/3～1/2；如用试管作斜面，则每管应装 5mL 左右（约为管长的 1/5～1/4）。

（4）包扎、灭菌　分装好的培养基，塞上棉塞，用牛皮纸包扎，注明培养基名称、配制日期、组别（在此操作中，应注意尽量快速，以免培养基凝固），然后立即进行高压蒸汽灭菌（0.1MPa，121℃，30min）。

3. 高压蒸汽灭菌

高压蒸汽灭菌是在密闭的高压蒸汽灭菌容器中进行的，是目前应用最广、效果最好的湿热灭菌方法。高压蒸汽灭菌器有立式灭菌锅、卧式灭菌锅和手提式灭菌锅三种，如图 8-8 所示。

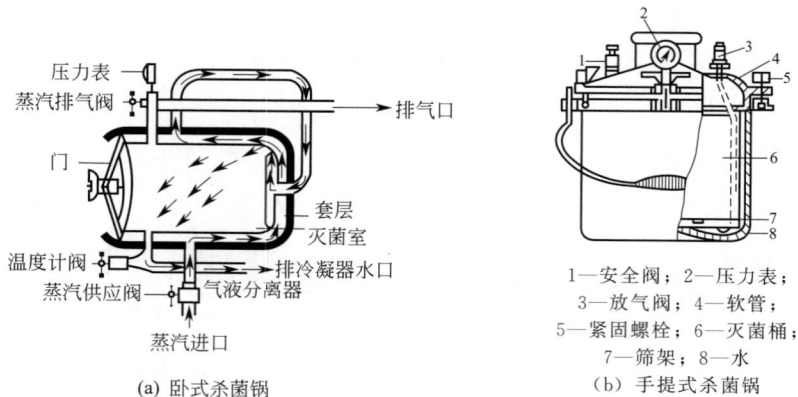

1—安全阀；2—压力表；
3—放气阀；4—软管；
5—紧固螺栓；6—灭菌桶；
7—筛架；8—水

(a) 卧式杀菌锅   (b) 手提式杀菌锅

图 8-8　杀菌锅

高压蒸汽灭菌操作步骤如下。

① 加水。使用前在锅内加入适量的水。加水不能太少，以防灭菌锅烧干，引起炸裂。但加水过多会引起灭菌物品积水。

② 装锅。将灭菌物品装入内锅，不要装得太满，要留有空隙，以利蒸汽流通。盖好锅盖后，旋紧四周的固定螺旋，打开排气阀。

③ 加热排冷空气。加热后待锅内沸腾并有大量蒸汽从排气孔排出时，维持 2min 左右以排尽冷空气。

④ 升温保压。当压力升至 0.1MPa，温度达 121℃ 时，控制热源，保持压力，维持 30min 后，切断热源。

⑤ 降温出锅。当压力表降至"0"处，温度降至 100℃ 以下时，打开排气阀，旋开固定螺旋，开盖，取出灭菌物品，并从中取出 2 管，放入 37℃ 恒温箱中保温 1～2d，检查有无杂菌，方能用于实验或生产。

⑥ 保养。灭菌完毕取出物品后，将锅内余水倒出，以保持锅内干燥并盖好锅盖。

4. 制备斜面培养基或倒平板

灭菌后，需做斜面的试管和需倒平板的培养基，应趁热立即进行。摆放斜面时斜面的斜度要适当，不超过试管长度的 1/2。灭菌后的培养基，包括斜面和平板等，必须于 37℃ 培养 24h，无菌生长时方可使用，以保证培养基完全无菌状态。

5. 灭菌时注意事项

① 根据不同的培养基，选择不同的灭菌方法，尽量达到灭菌最彻底而营养破坏少、灭菌方法简单方便的目的。

② 加压前，冷空气一定要排尽，以提高灭菌效果。

③ 要注意恒温灭菌。

④ 等自然降压至"0"后，才能打开灭菌锅盖。

实验九　食品中菌落总数的测定技术

【HSE 提示】

1. 健康与安全

（1）在微生物实验室和无菌室中，必须始终穿戴适当的个人防护装备，

视频：菌落总数检测技术

包括但不限于口罩、实验服、手套、护目镜或面罩，防止微生物污染和化学物质暴露，确保实验人员的安全。

（2） 所有实验操作必须严格遵守相关的法规、规范、质量标准、安全标准和环境标准。包括但不限于生物安全级别的要求、无菌操作技术以及实验室安全操作规程。

2. 环保

（1） 根据标准和要求，正确操作、维护和修理实验室设施、装置和设备。使用、管理和回收实验用品时，应遵循环保原则，减少废物产生，并确保有害物质的正确处理和回收。

（2） 定期清洁和消毒工作区域，确保无菌环境，并妥善处理实验废物，以维护实验室的环保标准。

检测食品中菌落总数是评价食品质量的重要指标之一。食品是否符合安全标准，是否可以安全食用，通常需要对食品中的菌落总数进行测定。

一、实验目的

1. 学习并掌握菌落总数的计数原理和两种菌落总数的测定方法。
2. 了解菌落总数测定在对被检样品进行卫生学评价中的意义。

二、实验原理

菌落总数是指食品检样经过处理，在一定条件下培养后（如培养基成分、培养温度、pH、需氧性质等），所得 1mL（或 1g）检样中所形成的菌落总数。菌落总数主要作为判别食品被污染程度的标志，也可以应用这一方法观察细菌在食品中繁殖的动态过程，以便对被检样品进行卫生学评价时提供依据。

菌落总数是在规定的培养条件下所得的结果，只包括一群在平板计数琼脂上生长发育的嗜中温嗜氧菌或兼性厌氧菌的菌落总数。

三、实验材料与仪器

1. 食品检样

2. 培养基

平板计数琼脂培养基、磷酸盐缓冲液或无菌生理盐水（见附录一），Petrifilm™ 菌落总数测试片和压板，1mol/L 氢氧化钠和 1mol/L 盐酸。

3. 设备

无菌培养皿、无菌吸管、恒温培养箱、无菌不锈钢勺等。

四、实验过程

方法一　平板菌落计数法

1. 取样、稀释和培养

① 以无菌操作取检样 25g（或 mL），置盛有 225mL 磷酸盐缓冲液或灭菌生理盐水的无菌锥形瓶（瓶内预置适量的玻璃珠）中，经充分混匀，制成 1:10 的样品均匀稀释液。固体检样在加入稀释液后，在灭菌均质器中以 8000~10000r/min 的速度均质 1min，制成 1:10 的样品均匀稀释液。

② 用 1mL 无菌吸管吸取 1:10 稀释液 1mL，沿管壁缓慢注入含有 9mL 稀释液的无菌试管内，振摇试管或换一支无菌吸管反复吹打使其混合均匀，制成 1:100 的样品均匀稀释液。

③ 按上述操作顺序，制备 10 倍系列稀释样品均匀稀释液，如此每递增稀释一次即换用 1 支 1mL 无菌吸管。

④ 根据食品安全标准要求或对污染情况的估计，选择 2～3 个适宜稀释度的样品匀液（液体样品可包括原液），在进行 10 倍递增稀释的同时，每个稀释度分别吸取 1mL 样品匀液于两个无菌平板中，同时分别取 1mL 稀释液加入两个无菌平板作空白对照。

⑤ 稀释液移入平板后，将冷却至 45～50℃ 的平板计数琼脂培养基注入平板约 15～20mL，并转动平皿使其混合均匀。

⑥ 待培养基凝固后，翻转平板，置 36℃±1℃ 恒温培养箱内培养 48h。

2. 菌落计数

可用肉眼观察，必要时用放大镜检查。记录稀释倍数和相应的菌落数。菌落计数以菌落形成单位（colony forming unit，CFU）表示。

① 选取菌落数在 30～300CFU 之间、无蔓延菌落生长的平板计数菌落总数。低于 30CFU 的平板记录具体菌落数，大于 300CFU 的可记录为"多不可计"。每个稀释度的菌落数应采用两个平板的平均数。

② 其中一个平板有较大片状菌落生长时，则不宜采用，而应以无片状菌落生长的平板作为该稀释度的菌落数，若片状菌落不到平板的一半，而其余一半中菌落分布又很均匀，则可以计算半个平板后乘以 2 以代表一个平板的菌落数。

③ 当平板上出现菌落无明显界限的链状生长时，则将每条单链作为一个菌落计数。

3. 菌落总数的计算方法

① 若只有一个稀释度平板上的菌落数在适宜计数范围内，计算两个平板菌落数的平均值，再将平均值乘以稀释倍数，作为每克（或毫升）中的菌落总数结果。

② 若有两个连续稀释度的平板菌落数在适宜计数范围内时，按下式计算。

$$N = \sum C / (n_1 + 0.1 n_2) d$$

式中，N 表示样品中菌落数；$\sum C$ 表示平板（含适宜范围菌落数的平板）菌落数之和；n_1 表示第一个适宜稀释度平板上的菌落数；n_2 表示第二个适宜稀释度平板上的菌落数；d 表示稀释因子（第一稀释度）。

示例：

稀释度	1：100（第一稀释度）	1：1000（第二稀释度）
菌落数（CFU）	232，244	33，35

$$N = \sum C / (n_1 + 0.1 n_2) d$$
$$= \frac{232 + 244 + 33 + 35}{[2 + (0.1 \times 2)] \times 10^{-2}} = \frac{544}{0.022} = 24727$$

上述数据经"四舍五入"后表示为 25000 或 2.5×10^4。

③ 若所有稀释度均大于 300CFU，则对稀释度最高的平板进行计数，其他平板可记录为"多不可计"，结果按平均菌落数乘以最高稀释倍数计算。

④ 若所有稀释度的平板菌落均小于 30CFU，则以稀释度最低的平均菌落数乘以稀释倍数计算。

⑤ 若所有稀释度（包括液体样品原液）平板均无菌落生长，则以小于 1 乘以最低稀释倍数计算。

⑥ 若所有稀释度的平板菌落均不在 30～300CFU 之间，其中一部分小于 30CFU 或大于 300CFU，则以最接近 30CFU 或 300CFU 的平均菌落数乘以稀释倍数计算。

4. 菌落总数的报告

① 菌落数在 100CFU 以内时，按"四舍五入"原则修约，采用两位有效数字报告。

② 大于或等于 100CFU 时，第三位数字采用"四舍五入"原则修约后，取前两位数字，后面用 0 代替位数，也可用 10 的指数形式来表示。

③ 若所有平板上为蔓延菌落而无法计数，则报告菌落蔓延。

④ 若空白对照上有菌落生长，则此次检测结果无效。

⑤ 称重取样以 CFU/g 为单位报告，体积取样以 CFU/mL 为单位报告。

方法二　菌落总数 Petrifilm^(TM) 测试片法

1. 样品稀释

同方法一制成 1：10 的样品匀液后，用 1mol/L 氢氧化钠或 1mol/L 盐酸调节 pH 至 6.6～7.2。

2. 接种

根据对样品污染状况估计，选择 2～3 个适宜稀释度的样品匀液进行检验。将测试片置于平坦实验台表面，揭开上层膜，用吸管或微量移液器吸取 1mL 样品匀液，垂直滴加在测试片的中央，将上层膜盖下，允许上层膜直接落下，但不要滚动上层膜，将压板（凹面底朝下）放置在上层膜中央，轻轻地压下，使样液均匀覆盖于圆形的培养膜上，切勿扭转压板。拿起压板，静置至少 1min 以使培养基凝固。每个稀释度接种两张测试片。

3. 培养

将测试片的透明面朝上，水平置于培养箱内。最多可叠放至 20 片，培养温度同方法一。

4. 计数

① 培养结束后立即计数，可肉眼观察计数，或用菌落计数器、放大镜、Petrifilm^(TM) 自动判读仪计数。选取菌落数在 30～300CFU 的测试片计数。

② 计数所有红色菌落。细菌浓度很高时，整个测试片会变成红色或粉红色，将结果记录为"多不可计"。

③ 有时，当细菌浓度很高时，测试片中央没有可见菌落，但圆形培养膜的边缘有许多小的菌落，其结果也记录为"多不可计"，进一步稀释样品可获得准确的读数。

④ 某些微生物会液化凝胶，造成局部扩散或菌落模糊的现象。如果液化现象干扰计数，可以计数未液化的面积来估算菌落数。

5. 结果与表述

同方法一。

五、思考题

1. 食品检验为什么要测定菌落总数？

2. 实验操作如何使数据可靠？

3. 食品中检出的菌落总数是否代表该食品上的所有细菌数？为什么？

4. 为什么平板计数琼脂培养基在使用前要保持在 45～50℃ 的温度？

实验十　酵母菌的形态观察与大小测定技术

一、实验目的与要求

1. 观察并掌握酵母菌的个体形态和菌落特征以及繁殖方式。

2. 学习测微技术，测量酵母菌的大小。

二、实验原理

1. 酵母菌细胞的形态、繁殖方式及菌落特征

酵母菌是单细胞真核微生物，细胞核与细胞质有明显的分化，细胞形态一般呈圆形、卵圆形、圆柱形或柠檬形，其大小是细菌的几倍至几十倍；有的酵母菌形成藕节状或竹节状的假菌丝。酵母菌的无性繁殖主要是芽殖，有性繁殖则形成子囊和子囊孢子。酵母菌的菌落一般较细菌菌落大且厚，圆形、湿润、较光滑，多数呈乳白色，少数呈红色，偶见黑色。

2. 利用测微技术测量微生物细胞大小的原理

微生物细胞的大小可使用测微尺测量。测微尺由目镜测微尺和镜台测微尺两部分组成。镜台测微尺是一块在中央有精确刻度尺的载玻片。刻度尺总长 1mm，等分为 100 小格，每小格为 0.01mm（即 $10\mu m$），是专用来标定目镜测微尺在不同放大倍数下每小格的实际长度。

目镜测微尺是一块圆形的特制玻片，其中央是一个带刻度的尺，等分成 50 或 100 小格。每小格的长度随显微镜的不同放大倍数而定，测定时需用镜台测微尺进行标定，求出在某一放大倍数时目镜测微尺每小格代表的实际长度，然后用标定好的目镜测微尺测量菌体大小（图 8-9）。

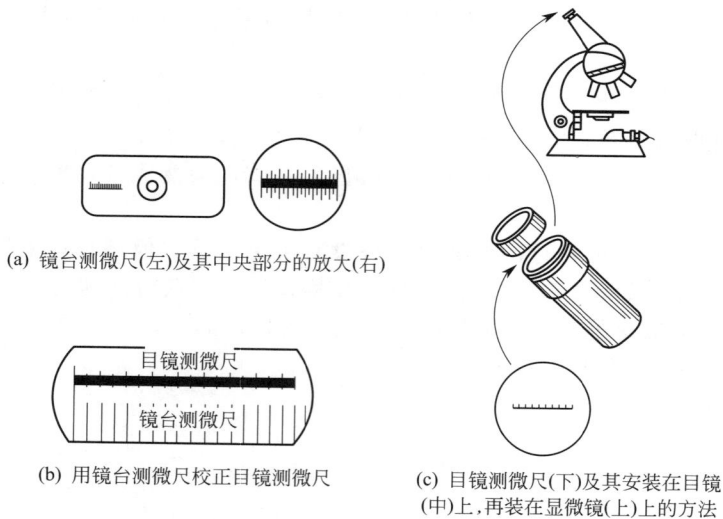

(a) 镜台测微尺(左)及其中央部分的放大(右)

(b) 用镜台测微尺校正目镜测微尺

(c) 目镜测微尺(下)及其安装在目镜(中)上,再装在显微镜(上)上的方法

图 8-9　目镜测微尺和镜台测微尺装置法及用镜台测微尺校正目镜测微尺

三、实验的材料及仪器

1. 菌种

酿酒酵母、红酵母、假丝酵母（酿酒酵母和红酵母菌平板各一个。酿酒酵母和酿酒酵母乙酸钠斜面各一支。假丝酵母加盖片培养的平板一个）。

2. 染液

0.1% 美蓝液；孔雀绿染液（见附录二）。

3. 仪器及其他用具

镜台测微尺、显微镜、载玻片及盖玻片、接种针等。

四、实验方法及操作步骤

1. 菌落特征观察

(1) 接种与培养　将酿酒酵母、红酵母划线接种在平板上，28～30℃培养 3d。

(2) 观察　观察菌落表面是湿润还是干燥，有无光泽，隆起形状、边缘整齐度、菌落的大小及颜色等特征。

2. 酵母菌形状与出芽繁殖的观察

(1) 酿酒酵母观察

① 制片。在载玻片上滴一小滴 0.1%美蓝液（或一滴无菌水），无菌操作用接种环取酿酒酵母少许（并注意酵母菌与培养基结合是否紧密），与美蓝液混合均匀，染色 2～3min。

② 加盖玻片。先将盖玻片一端与菌液接触，然后慢慢放下使其盖在菌液上。

③ 镜检。先用低倍镜，后用高倍镜，观察酵母细胞的形态、构造和出芽情况，并注意区分死细胞（蓝色）与活细胞（不着色）。

(2) 假丝酵母观察（示范）　将假丝酵母划线接种在麦芽汁或豆芽汁平板上，在划线部分加无菌盖玻片，28～30℃培养 3d。将假丝酵母的平板放在显微镜下，用高倍镜观察假丝酵母的形状和大小。

3. 子囊孢子的观察

(1) 活化酿酒酵母　将酿酒酵母接种在麦芽汁或豆芽汁液体培养基中，28～30℃培养 24h，如此连续转接 2～3 次。

(2) 移接产孢培养基　将活化的酿酒酵母转接到乙酸钠斜面培养基上，30℃培养 4～5d。

(3) 制片　挑取少许菌苔于载玻片中央的无菌水滴中，经涂片、热固定后，加数滴孔雀绿染色 2min 后水洗，用吸水纸吸干余水。

(4) 镜检　高倍镜下观察子囊孢子的形状和每个子囊内的孢子数。

4. 利用测微尺测量酵母菌细胞的大小

(1) 目镜测微尺的标定

① 放置测微尺。将目镜测微尺（刻度朝下）放入目镜中的隔板上（图 8-9），镜台测微尺（刻度朝上）放在载物台上，并对准聚光器。

② 镜检标定。先用低倍镜，观察时，光浅不宜太强，调好焦距后，将镜台测微尺移入视野中央。然后转动目镜，使目镜测微尺的刻度与镜台测微尺的刻度平行，并使两尺左边的一条线重合，向右寻找另一条两尺的重合线。最后记录两重合线间两尺各自所占的格数。

③ 计算方法

$$目镜测微尺每格长度(\mu m) = \frac{两条重合线间镜台测微尺格数 \times 10}{两条重合线间目镜测微尺格数}$$

以同样的方法可分别标出使用高倍镜和油镜时每小格的实际长度。

④ 计算示例。测得高倍镜下目镜测微尺 50 格相当于镜台测微尺的 7 格，则

$$目镜测微尺每格(\mu m) = \frac{7 \times 10}{50} = 1.4(\mu m/格)$$

(2) 酿酒酵母菌细胞大小的测量　取下镜台测微尺，换上酿酒酵母染色涂片或水浸片，用高倍镜测定 10 个酿酒酵母细胞的直径（宽度），测定时，转动目镜测微尺或移动载玻片测

量菌体的长与宽，记录测定值。

（3）测定完毕，取出目镜测微尺，将接目镜放回镜筒，再将目镜测微尺和镜台测微尺用擦镜纸擦拭干净，放回盒内保存。

五、实验报告

1. 描述酿酒酵母和红酵母菌的菌落特征。
2. 绘图
① 绘制酿酒酵母细胞和芽体形态结构图，并注明各部分名称。
② 绘制酿酒酵母菌的子囊和子囊孢子形态图。
3. 测定结果填入下表。

目镜测微尺标定结果

物镜倍数	目镜倍数	目尺格数	台尺格数	目尺每格长度/μm
10				
40				

酵母菌直径（宽度）测定记录

菌号	1	2	3	4	5	6	7	8	9	10	目尺平均格数	实际直径/μm
目尺格数												

六、思考题

1. 显微镜下，你如何区别酵母菌和细菌？
2. 在同一平板培养基上，你如何识别细菌和酵母菌的菌落？
3. 酵母菌的假菌丝是如何形成的？它与真菌菌丝有何区别？
4. 为什么更换不同放大倍数的目镜和物镜后，必须重新用镜台测微尺对目镜测微尺进行标定？

七、注意事项

1. 为了提高测量的准确率，一般需测定 10～20 个菌体后再求平均值。
2. 通常用处于对数生长期的菌体进行测量，因此时菌体的形态较为一致。

实验十一　霉菌水浸标本片的制备与观察

一、实验目的

1. 学习并掌握自制水浸片并观察霉菌的形态。
2. 学会绘制霉菌不同生长时期的形态图。

二、实验原理

霉菌的营养体是分枝的丝状体。其个体比细菌和放线菌大得多，分为基内菌丝和气生菌丝。气生菌丝中又可分化出繁殖菌丝。不同霉菌的繁殖菌丝可以形成不同的孢子。霉菌菌丝和孢子的大小比细菌和放线菌大得多，用低倍镜即可观察。

霉菌菌丝较粗大，细胞易收缩变形，且孢子容易飞散，所以制标本时常用乳酸酚棉蓝染色液。此染色液制成的霉菌标本片的特点是：细胞不变形，具有杀菌防腐作用，且不易干燥，能保持较长时间，溶液本身呈蓝色，有一定染色效果。

利用培养在玻璃纸上的霉菌作为观察材料，可以得到清晰、完整、保持自然状态的霉菌形态；也可以直接挑取生长在平板中的霉菌菌体制水浸片观察。

三、实验器材

1. 菌种

用马铃薯蔗糖琼脂平板（附录一）培养 2～5d 的黑曲霉、黑根霉、青霉等。

2. 染色液和试剂

乳酸酚棉蓝染色液（见附录二）、乙醇（50％体积分数）。

3. 器材

显微镜、接种针、接种环、载玻片、盖玻片、蒸馏水、剪刀、镊子、玻璃纸、玻璃涂布棒、酒精灯、无菌平皿等。

四、实验方法与步骤

1. 制水浸片观察法

在载玻片上滴加一滴乳酸酚棉蓝染色液或蒸馏水，用接种针从生长有霉菌的平板中挑取少量带有孢子的霉菌菌丝，用 50％的乙醇浸润，再用蒸馏水将浸过的菌丝洗一下，然后放入载玻片上的液滴中，仔细地用接种针将菌丝分散开来。盖上盖玻片（勿使产生气泡，且不要再移动盖玻片），先用低倍镜，必要时转换高倍镜镜检并记录观察结果。

2. 玻璃纸透析培养观察法

(1) 玻璃纸的选择与处理　要选择能够允许营养物质透过的玻璃纸。也可收集商品包装用的玻璃纸，加水煮沸，然后用冷水冲洗。经此处理后的玻璃纸若变硬就不可使用，只有那些软的可用。将那些可用的玻璃纸剪成适当大小，用水浸湿后，夹于牛皮纸中，然后一起放入平皿内 121℃灭菌 30min 备用。

(2) 菌种的培养　将熔化后的 PDA 培养基倒入无菌平皿内，每皿约 15mL。冷凝后用灭菌的镊子夹取无菌玻璃纸贴附于平板上，再用接种环蘸取少许霉菌孢子，在玻璃纸上方轻轻抖落于纸上。然后将平板置 28～30℃下培养 3～5d，曲霉菌和青霉菌即可在玻璃纸上长出单个菌落（根霉菌的气生性强，形成的菌落铺满整个平板）。

(3) 制片　剪取玻璃纸透析法培养 3～5d 后长有菌丝和孢子的玻璃纸一小块，先放在50％乙醇中浸一下，洗掉脱落下来的孢子，并赶走菌体上的气泡，然后正面向上贴附于干净载玻片上，滴加 1～2 滴乳酸酚棉蓝染色液，小心地盖上盖玻片（注意不要产生气泡），且不要移动盖玻片，以免搞乱菌丝。

(4) 镜检　标本片制好后，先用低倍镜观察，必要时再换高倍镜。注意观察菌丝有无隔膜，有无假根、足细胞等特殊形态的菌丝。注意其无性繁殖器官的形状和构造，孢子着生的方式及孢子的形态和大小等。

五、实验报告

绘出不同霉菌自然生长的形态图，并注明各部位的名称。

实验十二　用玻璃纸琼脂平板透析培养法观察放线菌形态

放线菌是一类呈丝状分支、无隔膜的单细胞革兰阳性菌。放线菌孢子丝形态和孢子排列情况是放线菌分类的重要依据。

一、实验目的

1. 掌握用放线菌的玻璃纸培养物观察放线菌的个体形态。
2. 学会辨认放线菌的营养菌丝、气生菌丝、孢子丝以及孢子的形态。

二、实验原理

放线菌自然生长的个体形态的观察现多用玻璃纸琼脂透析培养法。玻璃纸具有半透膜特性，其透光性与载玻片基本相同，采用玻璃纸琼脂平板透析培养，能使放线菌生长在玻璃纸上，然后将长菌的玻璃纸剪取小片，贴放在载玻片上，用显微镜镜检可见到放线菌自然生长的个体形态。

采用插片培养法也能观察放线菌的个体形态。

三、实验器材

1. 菌种

培养 2～5d 的细黄链霉菌（也称 5406）或吸水链霉菌等斜面。

2. 培养基

高氏一号培养基（见附录一）。

3. 器材

显微镜、接种针、接种环、载玻片、盖玻片、蒸馏水、剪刀、镊子、玻璃纸、玻璃涂布棒、酒精灯、无菌平皿等。

四、实验方法与步骤

1. 准备无菌玻璃纸

将玻璃纸剪成培养皿大小，用牛皮纸隔层叠好后灭菌。

2. 制孢子悬液

将放线菌斜面菌种制成 10^{-3} 的孢子悬液。

3. 倒平板

将高氏一号琼脂培养基熔化后在火焰旁倒入无菌培养皿内，每皿倒 15mL 左右，待培养基凝固后，在无菌操作下用镊子将无菌玻璃纸覆盖在琼脂平板上，即制成玻璃纸琼脂培养基平板。

4. 接种

分别用 1mL 无菌吸管取 0.2mL 细黄链霉菌（5406）孢子悬液、吸水链霉菌孢子悬液滴加在两个玻璃纸琼脂平板培养基上，并用无菌玻璃涂布棒涂抹均匀。

5. 培养

将接种的玻璃纸琼脂平板倒置 28～30℃下培养 3～7d。

6. 菌落形态及菌苔特征

从培养的第三天开始观察平板上的菌落的形状、大小、颜色和边缘等；观察菌苔特征，如孢子颜色，营养菌丝颜色和色素分泌等。

7. 镜检

在无菌环境下打开培养皿，用无菌镊子将玻璃纸与培养基分离，注意放线菌在基质上着生的紧密情况；区别基内菌丝、气生菌丝及孢子丝的着生部位。用无菌剪刀取小片置于载玻片上，用显微镜观察。

五、实验结果

1. 绘出吸水链霉菌和细黄链霉菌自然生长的个体形态图。
2. 为什么在培养基上放了玻璃纸后，放线菌仍能生长？

附：插片培养法

放线菌的插片培养是将放线菌菌种制成孢子悬液后（浓度以 $10^{-3} \sim 10^{-2}$ 为好），取 0.2mL 放在适合放线菌生长的平板培养基上，用玻璃刮铲涂布均匀，然后将灭过菌的盖玻片斜插入固体培养基中，置 28～32℃下培养，3～5d 后取出盖玻片放在载玻片上镜检，可见放线菌自然生长的个体形态。

实验十三　环境因素对微生物生长的影响

微生物和所有其他生物一样，在生命活动过程中需要一定的生活条件，包括营养、温度、pH、渗透压等。只有当外界环境条件适宜时，微生物才能很好地生长繁殖，如果环境条件变得不适宜时，微生物的生长繁殖就要受到抑制，甚至死亡。通过人为设计的环境因素对微生物生长影响的实验，有助于理解环境条件与微生物生命活动之间的关系。

一、实验目的

1. 了解抑制或杀死微生物的一些物理的、化学的及生物的因素的抑菌、杀菌原理。
2. 掌握环境因素对微生物生长影响的实验方法。

二、实验原理

微生物和外界环境处于相互影响的状态中，射线、紫外线可以杀死微生物，也可以引起遗传性状发生变异；氧气与微生物生长发育的关系密切；不同类型、不同浓度的化学物质对微生物可以起到营养、抑制或致死的作用；青霉菌、放线菌和某些细菌产生的抗生素可以使微生物受到抑制和致死作用。这些物理的、化学的、生物的因素就构成了微生物的环境因素。当外界环境适宜时，微生物正常生长、繁殖，不适宜时，微生物的生长就会受到抑制，发生变异，甚至死亡。

三、实验材料和用具

1. 菌种

大肠杆菌、金黄色葡萄球菌、枯草芽孢杆菌、产黄青霉、丙酮丁醇梭状芽孢杆菌、圆褐固氮菌。

2. 培养基

牛肉膏蛋白胨固体培养基、豆芽汁固体培养基、葡萄糖牛肉膏蛋白胨培养基（见附录一）。

3. 试剂

$0.1\%HgCl_2$、碘酒、苯扎溴铵（1：1000）、5%苯酚。

4. 用具

无菌培养皿、接种环、无菌吸管、涂布棒、黑纸、圆滤纸片、紫外光灯等。

四、实验方法

1. 物理因素的影响

（1）紫外线 紫外线可引起微生物细胞的核酸分子发生光化学反应，形成胸腺嘧啶二聚体和胞嘧啶与尿嘧啶的水合物，致使核酸变性。不同的照射剂量、照射时间及照射距离可以导致菌体死亡或发生变异。因此，紫外线可作为诱变剂来进行微生物菌种的诱变和选育工作。

① 将牛肉膏蛋白胨培养基制成平板，用无菌吸管吸取 0.1mL 培养 18h 的金黄色葡萄球菌液（约 3×10^8 个/mL）于平板上，以无菌涂布棒将菌液涂布均匀。

② 打开培养皿盖，用三角形黑纸遮住培养基的一部分（图 8-10），于紫外光灯下照射 30～40min，灯与皿的距离约为 30～40cm。

③ 照射完毕，盖上皿盖，用黑纸包皿，在 37℃下培养 24h 后，比较加与未加黑纸处金黄色葡萄球菌的生长情况。

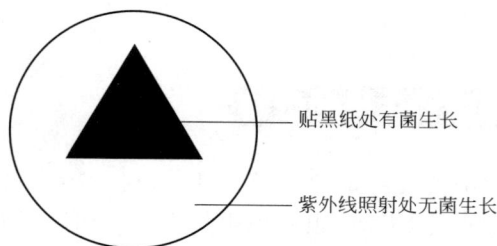

贴黑纸处有菌生长

紫外线照射处无菌生长

图 8-10 紫外线对微生物的影响

（2）氧气 将装有葡萄糖牛肉膏蛋白胨琼脂培养基的 3 支试管加热使培养基融化，50℃保温，分别接种丙酮丁醇梭状芽孢杆菌、圆褐固氮菌和大肠杆菌，轻轻摇动使细菌上下平均分布，凝固后，于 30℃培养 2～3d，观察各菌在深层培养基内的生长情况，判断细菌对氧气的需求情况。

（3）温度 微生物生长需要一定的温度条件，不同的微生物各有其不同的生长温度范围。在生长温度范围内有最高、最适、最低三种生长温度。如果超过最低和最高生长温度时，微生物均不能生长，或处于休眠状态，甚至死亡。

每组制备牛肉膏蛋白胨斜面培养基 6 支，贴上标签，注明班级、组号、培养温度等，在无菌操作下，用枯草芽孢杆菌菌种进行斜面接种。各取 2 支标记 28℃、60℃、4℃（冰箱），分别放入相应温度下培养，48h 后观察记录并做实验报告。

2. 化学因素的影响

一些化学药剂对微生物生长有抑制或致死作用，因此可选择适宜的化学药剂，配制成适宜的浓度进行消毒和灭菌。

① 在无菌培养皿底部用记号笔注明："1"、"2"、"3"、"4"，在皿盖注明名称、时间、实验者。

② 用无菌操作在培养皿内加入培养 18h 的金黄色葡萄球菌菌悬液 1mL，再加入融化并冷却到 45～50℃的牛肉膏蛋白胨固体培养基 15～20mL，摇匀。

③ 将浸泡在 $HgCl_2$、碘酒、苯扎溴酚、苯酚四种溶液中的圆滤纸片分别放于标有"1"、"2"、"3"、"4"位置的培养基上（图 8-11）。

④ 37℃温箱中培养 24h，观察抑菌圈的大小，以判断各种药剂对金黄色葡萄球菌抑制

性能的强弱。

3. 生物因素的影响

青霉菌是人类发现的第一个产抗生素微生物，青霉素对不同类型的微生物具有不同的抑制效果。对青霉素敏感的菌株，在有青霉素存在时，受到抑制，表现为不生长，反之则表现为生长。

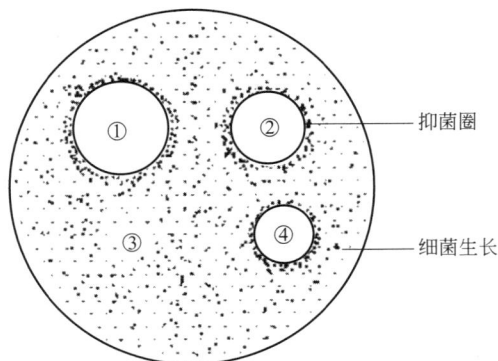

图 8-11　化学因素对微生物生长的影响　　　　图 8-12　生物因素对微生物生长的影响

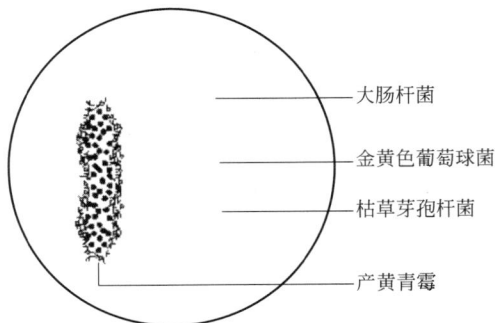

① 豆芽汁琼脂培养基制成平板，用接种环取少许产黄青霉孢子，在平板的一侧划一直线接种，于 25～27℃培养 64～72h。

② 待形成产黄青霉菌落后，再用接种环分别挑取培养 18h 的大肠杆菌、金黄色葡萄球菌、枯草芽孢杆菌的斜面菌苔少许，从产黄青霉菌落边缘向外划平行线接种。

③ 37℃培养 24h，观察结果，根据抑菌区域判断青霉素对该菌的抑菌效能（图 8-12）。

4. 实验内容

① 按教师指定的小组，每组作物理因素影响——紫外线对金黄色葡萄球菌的影响，平皿两套。氧气对细菌生长的影响，三管。温度对细菌生长的影响，六管。

② 每人作化学因素影响和生物因素影响平皿两套。

五、实验报告

1. 以绘图和列表的方式，报告物理因素、化学因素影响的实验结果。

2. 以图示说明产黄青霉所产生的青霉素对大肠杆菌、金黄色葡萄球菌、枯草杆菌生长的影响。

六、思考题

1. 紫外线照射时，为什么要除掉皿盖？

2. 化学药剂对微生物所形成的抑菌圈内未长菌的部分是否能说明微生物细胞已被杀死？

3. 根据氧气对微生物生长发育的影响可将微生物分为几种呼吸类型？

实验十四　微生物菌种分离纯化技术

【HSE 提示】

1. 健康与安全

(1) 在微生物实验室和无菌室中，必须始终穿戴适当的个人防护装备。

视频：划线技术

包括但不限于口罩、实验服、手套、护目镜或面罩，防止微生物污染和化学物质暴露，确保实验人员的安全。

（2）所有实验操作必须严格遵守相关的法规、规范、质量标准、安全标准和环境标准。包括但不限于生物安全级别的要求、无菌操作技术以及实验室安全操作规程。

2. 环保

（1）根据标准和要求，正确操作、维护和修理实验室设施、装置和设备。使用、管理和回收实验用品时，应遵循环保原则，减少废物产生，并确保有害物质的正确处理和回收。

（2）定期清洁和消毒工作区域，确保无菌环境，并妥善处理实验废物，以维护实验室的环保标准。

在自然条件下，微生物常常在各种生态系统中群居杂聚。为了研究某种微生物的特性，或者大量培养和利用某一种微生物，必须事先从有关的生态环境中分离出所需的菌株，获得纯培养。获得纯培养的方法称为微生物的分离纯化技术。

在微生物的分离和纯培养过程中，必须使用无菌操作技术。所谓无菌操作，就是在分离、接种、移植等各个操作环节中，必须保证杜绝外界环境中杂菌进入培养的容器或系统内，从而避免污染培养物。

获得微生物纯培养的常用方法有稀释平板分离法、平板划线分离法和平板涂布分离法等。针对不同的分离材料和条件，可以采用不同的分离方法。

一、实验目的

1. 初步掌握微生物的培养分离技术。
2. 练习微生物接种、移植和培养的基本技术，掌握无菌操作技术。

二、实验原理

欲从含有多种微生物的样品中直接辨认出，并且取得某种所需微生物的个体，进行纯培养，那是困难的。由于微生物可以形成菌落，而每个单一菌落常常是由一种个体繁殖而成，菌落又是可以识别和加以鉴定的，因此将样品中不同微生物个体在特定的培养基上培养出不同单一菌落，再从选定的某一菌落中取样，移植到新的培养基中去，就可以达到分离纯化的目的。这也就是常用的纯种分离法的原理。

三、实验材料和用具

1. 检样

新鲜土壤样品。

2. 培养基

牛肉膏蛋白胨培养基，高氏一号培养基，马铃薯培养基（PDA 培养基），淀粉琼脂培养基（见附录一）。

3. 用具

无菌培养皿、无菌吸管、无菌水、酒精灯、接种环、接种针、火柴等。

四、实验步骤

1. 分离培养

（1）稀释平板法

① 稀释土样。称取 1g 样品，在火焰旁加到有 99mL 无菌水和少许玻璃珠的三角瓶内，振荡 10min，使土壤和水样充分混合，将菌分散，土样中的菌样被稀释了 100 倍，土壤悬液的稀释度为 10^{-2}。在火焰处打开无菌吸管的纸套，用无菌吸管吸取土壤悬液 1mL，加到一个盛有 9mL 无菌水的试管内，稀释 1000 倍制成稀释度为 10^{-3} 的土壤悬液，将此吸管在试管内反复吹洗 3 次，然后取出，通过火焰，再插入纸套内，以备再用。轻轻摇动试管，使菌液均匀。再用刚才用过的吸管，插入试管内，反复吹洗 3 次，然后取出 1mL 菌液，加到另一支 9mL 无菌水中，制成稀释度为 10^{-4} 的土壤悬液（图 8-13）。

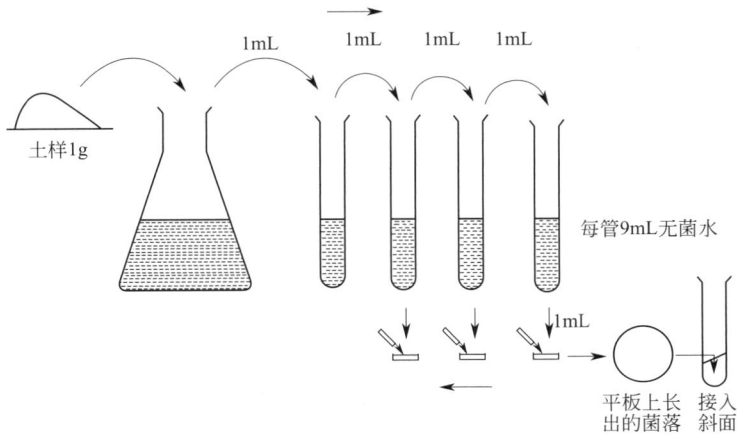

图 8-13 样品稀释过程示意图

同法按每级稀释 10 倍的次序得到 10^{-5}、10^{-6} 的土壤稀释液，稀释完后，用最后一支吸管，由最小的稀释液（10^{-6}）开始吸取 0.2mL 加到编号为 10^{-6} 的培养皿，再依次分别从 10^{-5}、10^{-4} 试管中各吸取 0.2mL 稀释液，加到相应编号的培养皿内，每次吸取时，吸管都要在稀释液中反复吹洗几次。

② 平板的制作及培养。将已灭菌的牛肉膏蛋白胨固体培养基水浴融化后冷却至 45～50℃（温度过高，培养皿盖上凝结水太多，菌易被冲掉或烫死；温度过低，培养基凝固，不易倒出）。倾倒培养基应在酒精灯火焰附近操作。右手持盛培养基的锥形瓶（或试管），左手拿培养皿，并松动锥形瓶的棉塞。培养基一次不能用完时，棉塞应用左手小指夹持，不可放在桌面上，拔出棉塞后，锥形瓶口在火焰上灭菌，然后少许打开培养皿盖，迅速倾入培养基，并迅速将皿盖盖妥，平放桌上，轻轻旋转，使培养基与悬液混合均匀，待凝固后，即成平板。将培养皿倒置于 37℃ 恒温箱中培养 24h，细菌即在所固定的位置长成肉眼可见的菌落。

放线菌的稀释分离法同前，只不过在制土壤悬液时，于 99mL 无菌水的锥形瓶内加入 10% 的苯酚溶液 10 滴，以抑制细菌生长，28℃ 恒温箱中培养 7～10d。

霉菌的分离也同前，其不同点在于培养基中要先加入 80% 的乳酸数滴抑制细菌生长，平板于 25℃ 恒温箱中培养 3～4d。

(2) 平板划线分离法 将融化的牛肉膏蛋白胨琼脂培养基制成平板，待冷凝后，左手持平板，右手持接种针，用接种环在火焰上灭菌后蘸取一环适宜稀释度的悬液，在火焰附近用左手拇指、食指掀开皿盖，使接种环轻触培养基，迅速划线（注意勿将培养基划破），划线时，接种环与培养基表面的夹角为 20°～30°。

常用的划线方式有两种（见图 8-14）：一种是将平板分成三个区域，先在第一个区域内划 3～4 条平行线，转动培养皿，在火焰上烧掉接种环上的残余物后，通过第一次划线部分，在第二个区域内划线；第二个区域中的线和第一个区域中的线应有部分交叉，依法在第三个区域中划线。另一种是先以蘸有细菌悬液的接种环在平板的一端抹一下，使该处沾上一些细菌，然后烧掉环上剩下的细菌，再用烧过冷却的接种环，通过刚才涂抹的部分，左右划线，不能互相接触。

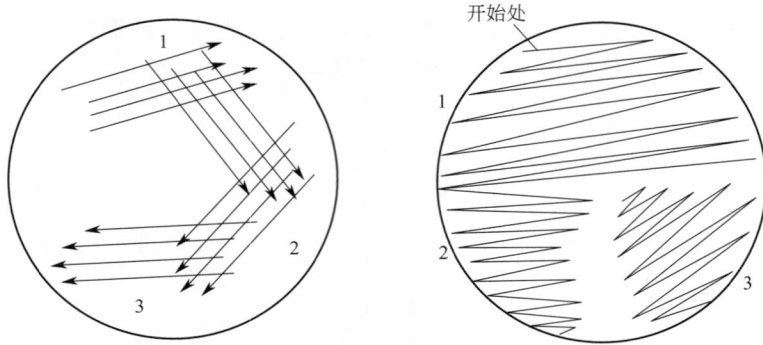

图 8-14　划线分离方式

划线分离对细菌、酵母菌较为适宜，而霉菌和放线菌的分离多采用稀释分离法。分离纯化工作可反复进行，直至获得满意的单菌落纯培养为止。

(3) 平板涂布分离　以无菌操作法先在培养皿中加入 0.5% 重铬酸钾（抑制细菌生长）溶液两滴，取已融化的淀粉琼脂培养基倒入培养皿中，轻轻转动，使培养基与重铬酸钾充分混匀，铺平，制成平板。待平板凝固后，取一支吸管吸取土壤稀释液（10^{-4}）0.2mL 放在平板上。取无菌三角玻棒，把上述稀释液在平板表面涂抹均匀。在涂抹时不要弄破平板，以免影响菌落的生长。翻转培养皿，置 28℃ 恒温箱中培养 7～10d。

2. 接种方法

(1) 斜面接种技术　操作时按图 8-15 的顺序。

① 左手平托两支试管，拇指按住试管的底部。外侧一支试管是斜面上长有菌苔的菌种试管，内侧一支是待接的空白斜面（两支试管的斜面同时向上），用右手将棉塞旋松，以便在接种时容易拔出。

② 右手拿接种环（如握毛笔一样），在火焰上先将环端烧红灭菌，然后将有可能伸入试管的其余部分也过火灭菌。

③ 将两支试管的上端并齐，靠近火焰，用右手小指和掌心将两支试管的棉塞一并夹住拔出，棉塞仍夹在手中，然后让试管口缓缓移过火焰（切勿烧得过烫）。

④ 将已灼烧的接种环伸入外侧的菌种试管内。先把接种环的前端触及无菌的培养基上，使其冷却（如果操作迅速，此时接种环尚未完全冷却）。再根据需要以环蘸取一定量的菌苔（勿刮破培养基）。将蘸有菌苔的接种环抽出试管，注意勿使接种环碰到管壁或管口上。

⑤ 迅速将蘸有菌种的接种环伸入另一支待接斜面试管的底部，轻轻向上划线（直线或曲线，根据需要确定），勿划破培养基表面。

⑥ 接好种的斜面试管口再次过火焰，棉塞底部过火焰后立即塞入试管内。

⑦ 将蘸有菌苔的接种环在火焰上烧红灭菌。先在内焰中烧灼，使其干燥后，再在外焰中烧红，以免菌苔骤热，导致菌体爆溅，造成污染。

⑧ 放下环后，再将棉花塞旋紧，在试管斜面上方距管口 2～3cm 处贴上标签。

⑨ 28～37℃ 恒温培养。

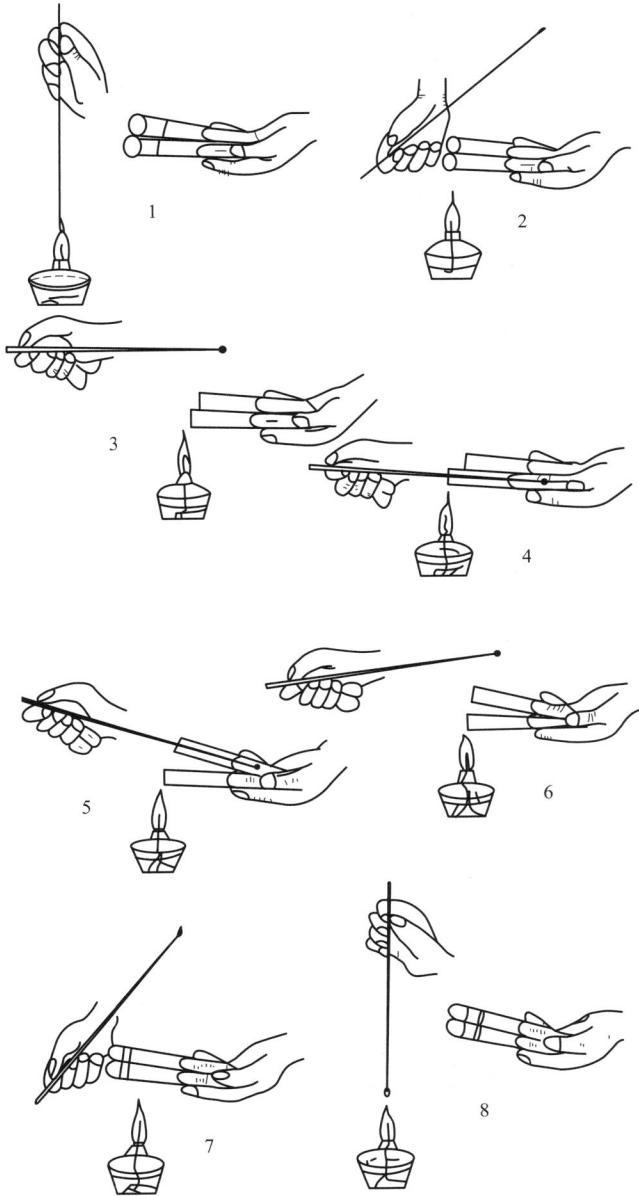

图 8-15　斜面接种无菌操作图

(2) 液体接种法　包括从斜面菌种接入培养液，或从液体菌种接入液体培养液，两种情况都可以做接种环接种，但在培养量比较大的情况下，液体接种宜采用移液管接种，同时要求无菌操作。将取有菌种的接种环送入液体培养基时要使环在液体表面与管壁接触的部分轻轻摩擦，接种后塞棉塞，将试管在手掌中轻轻打动，使菌体在培养基中分散开来，放置于37℃恒温培养。

(3) 穿刺接种法　用接种针经火焰灭菌，蘸取少量菌种，垂直地穿入试管固体培养基中心至底部，然后沿着原接种线将针拔出，要做到手稳、动作轻巧迅速，最后塞上棉塞。再将接种针上残留的菌体在火焰上烧掉。

3. 微生物培养中的氧气条件

根据培养微生物时所控制的氧气条件，可将培养的方法分为好氧培养法和厌氧培养法。真菌、放线菌和大多数细菌都是用好氧培养。厌氧性细菌则相反，要求进行厌氧培养（参观培养设备：包括接种室、恒温培养室、恒温培养箱、液体发酵——摇床、厌氧培养罐等）。

（1）好氧培养 例如平板培养、斜面培养、浅层液体培养、液体振荡培养或通气搅拌培养等都属于好氧培养的方法。

（2）厌氧培养 除了最简便的深层液体培养以外，可以采用物理、化学或生物学的方法来排除培养容器中的空气或空气中的氧气，创造厌氧条件。对于严格厌氧的微生物，要用化学和物理并用的方法。在进行厌氧培养时，可以用指示剂检查培养系统中的还原条件，一般实验室中常用的如葡萄糖——美蓝指示剂。

4. 观察记录

① 观察各培养皿和培养管中的菌落形态。

② 观察穿刺培养标本。

③ 选择刚好能把菌分开，而稀释倍数最低的平板（一般含菌落 30～300 个），计算每克土样中的微生物数量，填入下表。

微生物细胞个数(个/克)＝平均菌落数×稀释倍数/土壤质量(g)

菌名	形状	菌落大小/cm	表面光泽	与培养基结合程度	培养温度	培养时间
细菌						
放线菌						
霉菌						

五、思考题

1. 什么叫无菌操作？什么是分离纯化？
2. 平板培养时为什么要把培养皿倒置？
3. 为什么在分离放线菌时要加入 10％的酚或 0.5％的重铬酸钾溶液？

实验十五 食品中大肠菌群的测定

视频：大肠菌群检测技术

【HSE 提示】

1. 健康与安全

（1）在微生物实验室和无菌室中，必须始终穿戴适当的个人防护装备，包括但不限于口罩、实验服、手套、护目镜或面罩，防止微生物污染和化学物质暴露，确保实验人员的安全。

（2）所有实验操作必须严格遵守相关的法规、规范、质量标准、安全标准和环境标准。包括但不限于生物安全级别的要求、无菌操作技术以及实验室安全操作规程。

2. 环保

（1）根据标准和要求，正确操作、维护和修理实验室设施、装置和设备。使用、管理和回收实验用品时，应遵循环保原则，减少废物产生，并确保有害物质的正确处理和回收。

（2）定期清洁和消毒工作区域，确保无菌环境，并妥善处理实验废弃物，以符合实验室

的环保标准。

一、实验目的

1. 学习和掌握食品中大肠菌群的检测方法。
2. 了解测定过程中每一步的基本原理及操作程序。

二、实验原理与方法

大肠菌群系指一群在36℃条件下培养48h能发酵乳糖、产酸产气、需氧和兼性厌氧的革兰阴性无芽孢杆菌。该菌群主要来自人畜粪便，作为粪便污染指标来评价食品的卫生质量，推断食品中有否污染肠道致病菌的可能。

我国标准法规定的检测方法有：大肠菌群 MPN 计数；大肠菌群平板计数；大肠菌群 Petrifilm™ 测试片法。

三、实验材料与仪器

1. 食品检样

2. 培养基（见附录一）

月桂基硫酸盐胰蛋白胨（LST）肉汤；煌绿乳糖胆盐（BGLB）肉汤；结晶紫中性红胆盐琼脂（VRBA）。

3. 试剂

磷酸盐缓冲稀释液；无菌生理盐水；1mol/mL 氢氧化钠；1mol/mL 盐酸；Petrifilm™ 大肠菌群测试片和压板。

4. 仪器

恒温培养箱：36℃±1℃，冰箱：2～5℃，恒温水浴：45℃±1℃，天平，显微镜，均质器，直径为90mm的无菌平皿，无菌试管，1mL 和 10mL 无菌吸管，500mL 广口瓶或三角烧瓶，直径约5mm玻璃珠，酒精灯，试管架，菌落计数器或 Petrifilm™ 自动判读仪等。

四、实验操作步骤

方法一　大肠菌群 MPN 计数

1. 样品稀释

(1) 固体和半固体样品　称取25g样品加入225mL磷酸盐缓冲液或无菌生理盐水的无菌均质杯内，8000～10000r/min 均质1～2min，制成1:10的样品匀液。

(2) 液体样品　以无菌吸管吸取25mL样品，置盛有225mL磷酸盐缓冲液或灭菌生理盐水的无菌锥形瓶（瓶内预置适量的玻璃珠）中，经充分混匀，制成1:10的样品匀液。

(3) 样品匀液的pH应在6.5～7.5之间，必要时分别用1mol/mL氢氧化钠或1mol/mL盐酸调节。

(4) 用1mL无菌吸管吸取1:10样品匀液1mL，沿管壁缓慢注入含有9mL磷酸盐缓冲液或灭菌生理盐水的无菌试管中（注意吸管尖端不要触及液面），振摇试管或换一支无菌吸管反复吹打使其混合均匀，制成1:100的样品匀液。

(5) 根据样品的污染状况的估计，按上述操作，依次制成10倍递增系列稀释样品匀液，每递增稀释一次换用1支1mL无菌吸管。从制备样品匀液至样品接种完毕，全过程不得超过 15min。

2. 初发酵实验

每个样品选择 3 个适宜的连续稀释度的样品匀液（液体样品可选择原液），每个稀释度接种 3 管月桂基硫酸盐蛋白胨（LST）肉汤发酵管（内倒置小管），每管接种 1mL，36℃±1℃培养 24h±2h，观察倒管内是否有气泡产生，如未产气则继续培养至 48h±2h。记录在 24h 和 48h 内产气的 LST 肉汤管数。未产气者为大肠菌群阴性，产气者则进行复发酵试验。

3. 复发酵试验

用接种环从所有 48h±2h 内发酵产气的 LST 肉汤管中分别取培养物 1 环，移种于煌绿乳糖胆盐（BGLB）肉汤中，36℃±1℃培养 48h±2h，观察产气情况。产气者，计为大肠菌群阳性管。

根据证实为大肠菌群阳性的管数，查 MPN 检索表（表 8-2），报告每 100mL（g）大肠菌群的 MPN 值。

表 8-2 大肠菌群最可能数（MPN）检索表

阳性管数			MPN	95%可信度		阳性管数			MPN	95%可信度	
0.1	0.01	0.001		上限	下限	0.1	0.01	0.001		上限	下限
0	0	0	<3.0	—	9.5	2	2	0	21	4.5	42
0	0	1	3.0	0.15	9.6	2	2	1	28	8.7	94
0	1	0	3.0	0.15	11	2	2	2	35	8.7	94
0	1	1	6.1	1.2	18	2	3	0	29	8.7	94
0	2	0	6.2	1.2	18	2	3	1	36	8.7	94
0	3	0	9.4	3.6	38	3	0	0	23	4.5	94
1	0	0	3.6	0.17	18	3	0	1	38	8.7	110
1	0	1	7.2	1.3	18	3	0	2	64	17	180
1	0	2	11	3.6	38	3	1	0	43	9	180
1	1	0	7.4	1.3	20	3	1	1	75	17	200
1	1	1	11	3.6	38	3	1	2	120	37	420
1	2	0	11	3.6	42	3	1	3	160	40	420
1	2	1	15	4.5	42	3	2	0	93	18	420
1	3	0	16	4.5	42	3	2	1	150	37	420
2	0	0	9.2	1.4	38	3	2	2	210	40	430
2	0	1	14	3.6	42	3	2	3	290	90	1000
2	0	2	20	4.5	42	3	3	0	240	42	1000
2	1	0	15	3.7	42	3	3	1	460	90	2000
2	1	1	20	4.5	42	3	3	2	1100	180	4100
2	1	2	27	8.7	94	3	3	3	>1100	420	—

1. 本表采用 3 个稀释度 [0.1g（或 0.1mL）, 0.01g（或 0.01mL）和 0.001g（或 0.001mL）]，每个稀释度接种 3 管。

2. 表内检样量如改为 1g（或 1mL）、0.1g（或 0.1mL）和 0.01g（或 0.01mL）时，表内数字应相应降低 10 倍；如改用 0.01g（或 0.01mL）、0.001g（或 0.001mL）和 0.0001g（或 0.0001mL）时，表内数字应相应增高 10 倍。

方法二 大肠菌群平板计数

1. 样品稀释

同方法一。

2. 平板计数

① 选取 2～3 个适宜的连续稀释度，每个稀释度接种两个无菌平皿，每皿 1mL。同时分别取 1mL 无菌生理盐水加入两个无菌平皿作空白对照。

② 及时将 15～20mL 冷却至 46℃的结晶紫中性红胆盐琼脂（VRBA）倾注于每个平皿中。小心旋转平皿，将培养基与样液充分混匀，待琼脂凝固后，再加 3～5mL VRBA 覆盖平板表层。翻转平板，置于 36℃±1℃培养 18～24h。

3. 平板菌落的选择

选取菌落数在 30～150CFU 的平板，分别计数平板上出现的典型和可疑的大肠菌群菌落。典型菌落为紫红色，菌落周围有红色的胆盐沉淀环，菌落直径约为 0.5mm 或更大。

4. 证实试验

从 VRBA 平板上挑取 10 个不同类型的典型和可疑的菌落，分别移种于 BGLB 肉汤管内，36℃±1℃培养 18～24h，观察产气情况。凡 BGLB 肉汤管产气，即可报告大肠菌群阳性。

5. 大肠菌群平板计数的报告

经最后证实为大肠菌群阳性的试管比例乘以以上 3. 中计数的平板菌落数，再乘以稀释倍数，即为每克（或毫升）样品中大肠菌群。例：10^{-4} 样品稀释液 1mL，在 VRBA 平板上有 100 个典型和可疑菌落，挑取其中 10 个接种 BGLB 肉汤管，证实有 6 个阳性管，则该样品的数为：

$$100 \times 6/10 \times 10^{-4}/g(mL) = 6.0 \times 10^{5}CFU/g(CFU/mL)$$

方法三 大肠菌群 Petrifilm^{TM} 测试片法

1. 样品稀释

同方法一。

2. 测定

(1) 样品接种及培养 将待检样品选取 2～3 个适宜的连续稀释度，每个稀释度接种两张测试片。将 Petrifilm^{TM} 大肠菌群测试片置于平坦实验台面，揭开上层膜，用吸管吸取 1mL 样液，垂直滴加在测试片的中央，将上层膜缓慢盖下，避免气泡产生和上层膜直接落下，将压板（凹面底朝下）放置在上层膜中央，轻轻地压下，使样液均匀覆盖于圆形的培养膜上，切勿扭转压板。拿起压板，静置至少 1min 以使培养基凝固。

将测试片的透明面朝上置于培养箱内，堆叠片不超过 20 片，36℃±1℃培养 24h±2h。

(2) 判读 培养 24h±2h 后立即计数，可目测或用标准菌落计数器、放大镜或 Petri-film^{TM} 自动判读仪来计数。红色有气泡的菌落确认为大肠菌群。圆形培养区边缘及边缘以外的菌落不作计数。当培养区域出现大量气泡、大量不明显小菌落或培养区呈暗红色三种情况，表明大肠菌群的浓度较高，需要进一步稀释样品以获得更准确的读数。

3. 大肠菌群测试片计数的报告

选取菌落数在 15～150CFU 之间的测试片，计数其红色有气泡的菌落数，两个测试片的平均菌落数乘以稀释倍数即为每克（或毫升）样品中大肠菌群形成单位（CFU）数。如果所有稀释度测试片上的菌落数都小于 15CFU，则计数稀释度最低的测试片上的平均菌落数乘以稀释倍数报告，如果所有稀释度的测试片上均无菌落生长，则以小于 1 乘以最低稀释倍数报告；如果最高稀释度的菌落数大于 150CFU，计数最高稀释度的测试片的平均菌落数乘以稀释倍数报告。计数菌落数大于 150CFU 的测试片，可计数一个或两个具有代表性的方格内菌落数，换算成单个方格内的菌落数后乘以 20 即为测试片上估算的菌落数（圆形生

长面积为 $20cm^2$）。

报告单位以 CFU/g（CFU/mL）表示。

五、思考题

1. 方法一中检测食品中的大肠菌群的操作要点是什么？
2. 怎样判别食品中污染了大肠菌群？

实验十六　微生物菌种保藏实验

利用微生物菌种保藏技术，使菌种经长期保藏后不但能存活，而且保证高产突变株不改变表型和基因型，特别是不改变初级代谢产物和次级代谢产物的高产能力，即很少发生突变，这对于微生物菌种极为重要。

一、实验目的

了解并掌握常用菌种保藏方法、基本原理及其不同之处。

二、实验原理

菌种保藏的原理是创造一个适合于微生物休眠的环境，即使微生物代谢作用相对地处于最不活跃状态，如低温、干燥、缺氧等，以利于降低菌种的变异。

菌种的保藏方法有许多，常用的有斜面低温保藏法、砂土管保藏法、穿刺保藏法、冷冻真空干燥保藏法、液体石蜡保藏法、甘油管保藏法等。由于这些保藏法不需要特殊的实验设备，操作简便，因此一般发酵工业及实验室广泛采用。

三、实验材料及仪器

1. 菌种

细菌、酵母菌、霉菌及放线菌斜面菌种。

2. 培养基

牛肉膏蛋白胨和麦芽汁培养基、高氏一号培养基、马铃薯蔗糖培养基（见附录一）。

3. 试剂

液体石蜡，脱脂奶粉，干冰，95％乙醇，无菌水，食盐，河砂，黄土（有机物含量少的黄土），10％盐酸等。

4. 器材

无菌试管，无菌吸管（1mL 及 5mL），无菌滴管，接种环，接种针，干燥器，酒精喷灯，锥形瓶（250mL），安瓿，40 目和 100 目筛，冰箱，冷冻真空干燥装置，恒温培养箱，高压蒸汽灭菌锅等。

四、实验步骤

1. 斜面低温保藏法

（1）接种　取若干支无菌斜面试管，将待保藏的菌种用接种环以无菌操作法接种在贴有菌株名称及接种日期标签的试管斜面上。细菌和酵母菌均采用对数生长期的细胞，放线菌和霉菌均采用成熟的孢子。

(2) 培养　细菌 37℃恒温培养 18～24h，酵母菌 28～30℃培养 36～60h，放线菌和霉菌于 28℃培养 4～7d。

(3) 保藏　待斜面菌种长好后，可直接放入 4℃冰箱保藏，试管口棉塞部分用牛皮纸包扎好或换用无菌胶塞。

此方法保藏菌种的时间随微生物种类而不同，酵母菌、放线菌、霉菌及有芽孢细菌可保存 2～4 个月移种一次，而不产芽孢的细菌最好每月移种一次。此法为工厂菌种室和实验室常用的方法，其优点是操作简单、使用方便、不需要特殊的设备，而缺点是菌种容易变异和污染杂菌。

2. 液体石蜡保藏法

(1) 液体石蜡灭菌　在 250mL 的锥形瓶中装入 100mL 的液体石蜡，塞上棉塞，并用牛皮纸包扎好，121℃灭菌 30min，然后于 40℃温箱中放置 10～14d（或置于 105～110℃烘箱中 1h），使石蜡中的水分蒸发，备用。

(2) 接种培养　同斜面低温保藏法。

(3) 加液体石蜡　用无菌滴管（或吸管）吸取液体石蜡以无菌操作加到已长好的斜面菌种上，加入量以高出斜面顶端 1cm 为宜。

(4) 保藏　棉塞外包牛皮纸，将试管直立于 4℃冰箱保藏。

液体石蜡可防止因培养基水分蒸发而引起的菌种死亡，同时使空气与菌种隔绝，使好氧菌不能继续生长，从而延长菌种保藏时间。利用这种保藏方法，霉菌、放线菌、有芽孢的细菌可保藏 2 年左右，酵母菌可保藏 1～2 年，一般无芽孢细菌也可保藏 1 年左右。此法的优点是操作简便，不需要特殊设备，且不需要经常移种。缺点是保存时必须直立放置，不方便携带。

3. 穿刺保藏法

(1) 接种　将半固体培养基加入试管中，使培养基距试管口约 2～3cm，然后用接种针以穿刺接种法将菌种接种至半固体深层培养基中央部分，注意不要穿透底部。

(2) 培养　在适宜的温度下培养，使其充分生长。

(3) 保藏　将生长好的菌种试管熔封后保藏。

这种方法保藏菌种虽然操作简单，但对菌种有限制性，只能保藏兼性厌氧细菌或酵母菌，保藏期在 0.5～1 年。

4. 砂土管保藏法

(1) 制备砂土管

① 取河砂加入 10% 的稀盐酸，并加热煮沸 30min，以除去砂中的有机质。

② 倒去酸水，用自来水冲洗数次，至中性为止。

③ 烘干，用 40 目筛过筛，以去除粗颗粒。

④ 取深层黄土或红土（不含腐殖质），加自来水浸泡洗涤数次，直至中性。

⑤ 1:3 的黄土与砂的比例混合均匀，并装入小试管（10mm×100mm），每管装 1g 左右，塞上棉塞，121℃灭菌 30min，烘干。抽样进行无菌检验，证明无菌后方可使用。

(2) 制备砂土管孢子

① 选择培养成熟的菌种斜面（一般指生长丰满的孢子），以无菌水洗下，制成孢子悬浮液。

② 将孢子悬浮液加入无菌砂土管中（每管约加 0.5mL 孢子悬浮液，以刚使砂土湿润为宜），同时用接种针拌匀。

③ 放入真空干燥器内，用真空泵抽干其水分，时间应在 12h 内。抽干完毕取出砂土管，在手心上轻轻拍打，看是否松散，即砂土管内水分是否抽干。

④ 将抽干的砂土管孢子中随机地抽取几支（一般每 10 支中抽取 1 支），将砂粒接种于斜面培养基上进行培养，观察菌种生长情况和有无杂菌生长，如出现杂菌或菌落很少，则说明制作的砂土管有问题，尚需进行检查。

⑤ 将抽样无任何问题的砂土管置于 4℃ 冰箱保藏，每半年抽检一次菌种活力及有无杂菌情况。此方法多用于保藏能产生孢子的微生物如放线菌、霉菌，所以在抗生素工业生产中应用最多，效果非常理想，可保存 2 年左右。但缺点是保藏营养细胞效果不佳。

5. 冷冻干燥保藏法

(1) 准备安瓿 选用内径为 6～8mm、长 10.5cm 的玻璃安瓿，用 10% 的盐酸浸泡 8～10h 后，用自来水冲洗数次，最后用去离子水洗 2 次，烘干。管口加乳胶塞，121℃ 灭菌 30min，备用。

(2) 制备脱脂牛奶 将脱脂奶粉配成 20% 的乳液后，用 121℃ 灭菌 30min，备用。

(3) 准备菌种 选用无杂菌的纯菌种，培养时间一般细菌为 24～248h，酵母菌 4d，放线菌和丝状真菌 7～10d。

(4) 制备菌液 吸取 3mL 无菌牛奶液直接加入斜面菌种管中（牛奶为保护剂，使蛋白质不会变性），用无菌接种制成均匀的细胞或孢子悬液。用无菌长滴管将菌液分装于无菌安瓿底部，每管约装 0.2mL。

(5) 预冷冻 将所有安瓿浸入装有干冰（固体 CO_2）和 95% 乙醇的预冷槽中，此槽的温度可达 −60～−50℃，只需冷冻 1h 左右，即可使悬液冻结成固体。

(6) 真空干燥 完成预冷冻后，将安瓿仅底部与冰面接触（此时温度约为 −10℃），以保持管内悬液仍呈固体状态。安瓿通过乳胶管连接于总管的侧管上，总管则通过三通管与真空表及干燥瓶、真空泵相连接。开启真空泵抽气，约 5～10min 内真空度可达 66.7Pa 以下，使被冻结的悬液开始升华，当真空度达到 13.3～26.9Pa 时，冻结的样品被干燥成白色片状，此时，需将安瓿脱离冰槽，在室温下继续干燥，这样可加速样品中残余的水分蒸发。总干燥的时间约为 3～4h。

(7) 封口 将干燥的安瓿的塞稍下部位用酒精喷灯火焰灼烧，并拉成细颈状熔封，贴上标签后，置于 4℃ 冰箱保藏。

此方法为菌种保藏方法中最有效的，其优点是对生活力强的微生物、孢子及无芽孢的细菌都适用，同时对一些难保存的致病菌，如脑膜炎球菌与淋球菌等都能保存，且适用于菌种长期保存。缺点是设备和操作都较复杂。

五、实验报告

将保藏菌种记录到下列表格。

接种日期	菌种名称	培养条件		保藏方法	保藏温度	备注
		培养基	培养温度			

六、注意事项

熔封安瓿时，注意火焰大小要适中，封口处灼烧要均匀，如火焰过大，封口处容易弯曲，冷却后易出现裂缝而造成漏气。

七、思考题

1. 分别说明各种保藏方法适合保藏哪些类型的微生物?
2. 如何防止菌种试管棉塞受潮和被杂菌污染?
3. 保藏细菌菌体最常用的方法是哪种? 为什么?
4. 斜面低温保藏法为什么菌种容易变异且易被污染杂菌?
5. 液体石蜡保藏法中试管需直立放置的原因是什么?

附　录

附录一　常用培养基及制备

1. 平板计数琼脂（plate count agar，PCA）**培养基**

酵母浸膏	2.5g	琼脂	15g
胰蛋白胨	5.0g	蒸馏水	1000mL
葡萄糖	1.0g		

pH 7.0±0.2

将上述成分加于蒸馏水中，煮沸溶解，调 pH。分装至试管或锥形瓶，121℃高压灭菌 15min。

2. 磷酸盐缓冲液

磷酸二氢钾（KH_2PO_4）	34g
蒸馏水	500mL

pH 7.2

贮存液：称取 34.0g 磷酸二氢钾溶于 500mL 蒸馏水中，用大约 175mL 的 1mol/L 氢氧化钠溶液调节 pH 至 7.2，用蒸馏水稀释至 1000mL 后贮存于冰箱。

稀释液：取贮存液 1.25mL，用蒸馏水稀释至 1000mL，分装于适宜的容器中，121℃高压灭菌 15min。

附：1mol/L 氢氧化钠。称取 40g 氢氧化钠溶于 1000mL 蒸馏水中。

　　1mol/L 盐酸。移取浓盐酸 90mL，用蒸馏水稀释至 1000mL。

3. 营养肉汤固体培养基

葡萄糖	1.0g	牛肉膏	0.3g
蛋白胨	0.5g	琼脂	2.0g
NaCl	0.5g	蒸馏水	100mL

pH 7.0~7.2，0.05MPa 压力，灭菌 30min。

4. EC 肉汤

胰蛋白胨	20g	3 号胆盐（或混合胆盐）	1.5g
乳糖	5g	磷酸氢二钾	4g
磷酸二氢钾	1.5g	氯化钠	5g
蒸馏水	1000mL		

将上述成分混合溶解后，分装于有发酵倒管的试管中，121℃高压灭菌 15min，最终 pH 为 6.9±0.2。

5. 伊红美蓝琼脂平板（EMB）

蛋白胨	10g	2%伊红水溶液	20mL
磷酸氢二钾	2g	蒸馏水	1000mL

| 乳糖 | 10g | 0.65％美蓝水溶液 | 10mL |
| 琼脂 | 17g | pH7.1 | |

制法：将蛋白胨、磷酸盐和琼脂溶解于蒸馏水中，校正 pH，分装于烧瓶内，121℃高压灭菌 15min 备用。临用时加入乳糖并加热融化琼脂，冷至 50～55℃，加入伊红和美蓝溶液，摇匀，倾注平板。

6. 豆芽汁固体培养基

| 10％豆芽汁 | 100mL | 琼脂 | 2.0g |
| 葡萄糖（或蔗糖） | 5.0g | | |

pH 自然，0.1MPa 压力，灭菌 20min。

豆芽汁的制备：

① 取黄豆若干，用水洗净，浸泡一夜，弃水，置 20℃条件下保温发芽。在黄豆上敷盖湿纱布，每天用清水冲洗黄豆一次，至豆芽长至 5cm 即可。

② 称量豆芽 10g，加自来水 100mL，煮沸 1h，纱布过滤，滤液补足至 100mL，即为 10％豆芽汁。

7. 高氏一号培养基

可溶性淀粉	2.0g	$MgSO_4 \cdot 7H_2O$	0.05g
KNO_3	0.1g	$FeSO_4$	0.001g
NaCl	0.05g	琼脂	2.0g
K_2HPO_4	1.0g	蒸馏水	100mL

pH7.6～7.8，配制时，用少量冷水将淀粉调成糊状，倒入煮沸的水中，搅拌，加热至淀粉融化，加入其他成分，补足水量，0.1MPa 压力，灭菌 20min。

8. 马铃薯培养基（PDA 培养基）

| 马铃薯 | 20g | 琼脂 | 2.0g |
| 葡萄糖 | 2.0g | 蒸馏水 | 100mL |

pH 自然

制备方法：取新鲜马铃薯，去皮，称量后切成小块，加水煮沸 30min，纱布过滤，补足水量，添加葡萄糖和琼脂，0.1MPa 压力，灭菌 20min，称为 PDA 培养基，不加琼脂，称为 PDB 培养基。以等量蔗糖替代葡萄糖，称为 PSA 培养基。

9. 月桂基硫酸盐胰蛋白胨（LST）肉汤

胰蛋白胨或胰酶胨	20g	磷酸氢二钾	2.75g
氯化钠	5.0g	磷酸二氢钾	2.75g
乳糖	5.0g	月桂基硫酸钠	0.1g
蒸馏水	1000mL		

pH6.8±0.2

制法：将上述成分溶解于蒸馏水中，调 pH，分装到有玻璃小倒管的试管中，每管 9mL，121℃高压灭菌 15min。

10. 煌绿乳糖胆盐（BGLB）肉汤

蛋白胨	10g	乳糖	10g
牛胆粉(oxgall 或 oxbile)溶液	200mL	蒸馏水	1000mL
0.1％煌绿水溶液	13.3mL		

pH7.2±0.1

制法：将蛋白胨及乳糖溶于 500mL 蒸馏水中，加入牛胆粉溶液 200mL（将 20g 脱水牛胆粉溶于 200mL 蒸馏水中，pH7.0～7.5），用蒸馏水稀释到 975mL，调节 pH 至 7.4，再加入 0.1% 煌绿水溶液 13.3mL，用蒸馏水补足到 1000mL，用棉花过滤，分装到有玻璃小倒管的试管中，每管 9mL，121℃ 高压灭菌 15min。

11. 结晶紫中性红胆盐琼脂（VRBA）

蛋白胨	7.0g	氯化钠	5.0g
酵母膏	3.0g	中性红	0.03g
乳糖	10g	结晶紫	0.002g
胆盐或胆盐 3 号	1.5g	琼脂	15～18g
蒸馏水	1000mL		

pH7.4±0.1

将上述成分溶于蒸馏水中，静置几分钟，充分搅拌，调节 pH。煮沸 2min，将培养基冷却至 45～50℃，倾注平板。使用前临时制备，不得超过 3h。

12. 缓冲蛋白胨水（BP）

蛋白胨	10g	氯化钠	5g
磷酸氢二钠($Na_2HPO_4 \cdot 12H_2O$)	9g	磷酸二氢钾	1.5g
蒸馏水	1000mL	pH7.2	

按上述成分配好后以大烧瓶装，121℃ 高压灭菌 15min。临用时无菌分装，每瓶 225mL。

13. 氯化镁孔雀绿增菌法（MM）

（1）甲液

胰蛋白胨	5g	氯化钠	8g
磷酸二氢钾	1.6g	蒸馏水	1000mL

（2）乙液

氯化镁（化学纯）	40g	蒸馏水	100mL

（3）丙液

0.4% 孔雀绿水溶液

制法：分别按上述成分配好后，121℃ 高压灭菌 15min 备用。临用时取甲液 90mL、乙液 9mL、丙液 0.9mL，以无菌操作混合即可。

14. 氯化钠蔗糖琼脂

蛋白胨	10g	牛肉膏	10g
氯化钠	50g	蔗糖	10g
琼脂	18g	0.2% 溴麝香草酚蓝溶液	20mL
蒸馏水	100mL	pH7.8	

制法：将牛肉膏、蛋白胨及氯化钠溶解于蒸馏水中，校正 pH。加入琼脂，加热溶解，过滤。加入指示剂，分装烧瓶 100mL。121℃ 高压灭菌 15min 备用。临用前在 100mL 培养基内加入蔗糖 1g，加热溶化并冷至 50℃，倾注平板。

15. 察氏培养基

硝酸钠	3g	琼脂	20g
硫酸镁($MgSO_4 \cdot 7H_2O$)	0.5g	磷酸氢二钾	1g
硫酸亚铁	0.01g	氯化钾	0.5g

| 蔗糖 | 30g | 蒸馏水 | 1000mL |

制法：加热溶解，分装后 121℃灭菌 20min。

16. 高盐察氏培养基

硝酸钠	2g	磷酸二氢钾	1g
硫酸镁（$MgSO_4 \cdot 7H_2O$）	0.5g	氯化钾	0.5g
硫酸亚铁	0.01g	氯化钠	60g
蔗糖	30g	琼脂	20g
蒸馏水	1000mL		

加热溶解，分装后，115℃高压灭菌 30min。必要时，可酌量增加琼脂。

17. 改良 Y 培养基

蛋白胨	15g	氯化钠	5g
乳糖	10g	草酸钠	2g
去氧胆酸钠	6g	三号胆盐	5g
丙酮酸钠	2g	孟加拉红	40mg
水解酪蛋白	5g	琼脂	17g
蒸馏水	1000mL		

将上述成分混合，于 121℃高压灭菌 15min，待冷至 45℃左右时，倾注平皿。最终 pH7.4±0.1。

附录二　常用染液配制

1. 石炭酸复红染液

| A 液:碱性复红 | 0.3g | 95％乙醇 | 10mL |
| B 液:石炭酸 | 5.0g | 蒸馏水 | 95mL |

配制：将 A、B 二液混合摇匀过滤。

2. 吕氏美蓝液

A 液：美蓝（甲烯蓝、次甲基蓝、亚甲蓝）含染料90％		0.3g
95％乙醇		30mL
B 液：KOH（0.01％质量分数）		100mL

配制：将 A、B 二液混合摇匀使用。

3. 草酸铵结晶紫液

| A 液:结晶紫(含染料90％以上) | 2.0g | 95％乙醇 | 20mL |
| B 液:草酸铵 | 0.8g | 蒸馏水 | 80mL |

配制：将 A、B 二液充分溶解后混合静置 24h 过滤使用。

4. 碘液

| 碘 | 1g | 碘化钾 | 2g |
| 蒸馏水 | 300mL | | |

配制：先将碘化钾溶于 5～10mL 水中，再加入碘 1g，使其溶解后，加水至 300mL。

5. 番红溶液

| 2.5％番红的乙醇溶液 | 10mL | 蒸馏水 | 100mL |

配制：混合过滤。

6. 孔雀绿染色液

| 孔雀绿 | 7.6g | 蒸馏水 | 100mL |

配制：此为孔雀绿饱和水溶液。配制时尽量溶解，过滤后使用。

7. 黑墨水染色法

| 6%葡萄糖水溶液 | | 绘图墨汁或黑色素或苯胺黑 |
| 无水乙醇 | | 结晶紫染液 |

8. 利夫森（Leifson）染色液

A 液：NaCl	1.5g	蒸馏水	100mL
B 液：单宁酸（鞣酸）	3g	蒸馏水	100mL
C 液：碱性复红	1.2g	95%乙醇	200mL

配制：临时前将 A、B、C 三种染液等量混合。

分别保存的染液可在冰箱保存几个月，室温保存几个星期仍可有效。但混合染液应立即使用。

9. 银染法

A 液：单宁酸	5g	FeCl$_3$	1.5g
15%福尔马林	2.0mL	蒸馏水	100mL
B 液：AgNO$_3$	2g	1%NaOH	1.0mL
蒸馏水	100mL		

配制方法：硝酸银溶解后取出 10mL 备用，向 90mL 硝酸银溶液中滴加浓 NH$_4$OH 溶液，形成浓厚的沉淀，再继续滴加入 NH$_4$OH 溶液到刚溶解沉淀成为澄清溶液为止。再将备用的硝酸银溶液慢慢滴入，出现薄雾，轻轻摇动后，薄雾状沉淀消失；再滴加硝酸银溶液，直到摇动后，仍呈现轻微而稳定的薄雾状沉淀为止。雾重银盐沉淀，不宜使用。

10. 乳酸石炭酸溶液（观察霉菌形态用）

| 石炭酸 | 20g | 乳酸（相对密度 1.2） | 20g |
| 甘油（相对密度 1.25） | 40g | 蒸馏水 | 20mL |

配制：先将苯酚放入水中加热溶解，然后慢慢加入乳酸及甘油。

参 考 文 献

[1] 曾峰，刘斌．食品微生物检验．3 版．福州：福建教育出版社，2024.

[2] 丁甜，董庆利．食品微生物风险评估．北京：中国轻工业出版社，2024.

[3] 殷海松，孙勇民．食品发酵技术．3 版．北京：中国轻工业出版社，2024.

[4] 卫晓英，操庆国，孙露敏．食品微生物检验．北京：化学工业出版社，2024.

[5] 李自刚，邵慧杰．食品微生物检验技术．2 版．北京：中国轻工业出版社，2023.

[6] 杨玉红，吕玉珍．食品微生物学．2 版．大连：大连理工大学出版社，2023.

[7] 吴向华，贲爱玲．微生物学实验．南京：南京晓庄学院出版社，2023.

[8] 何国庆，贾英民，丁立孝．食品微生物学．4 版．北京：中国农业大学出版社，2021.

[9] 周德庆．微生物学教程．4 版．北京：高等教育出版社，2020.

[10] 张水华，徐树来，宁喜斌．食品微生物学．北京：中国轻工业出版社，2013.

[11] 董明盛．食品微生物学．2 版．北京：中国农业出版社，2010.

[12] 叶明．微生物学．化学工业出版社，2010.

[13] 江汉湖．食品微生物学．2 版．北京：中国农业出版社，2005.

[14] 王国惠．环境工程微生物学．北京：化学工业出版社，2005.

[15] 乐毅全，王士芬．环境微生物学．北京：化学工业出版社，2005.

[16] 翁连海．食品微生物基础与应用．北京：高等教育出版社，2005.

[17] 何国庆，贾英民．食品微生物学．北京：中国农业大学出版社，2005.

[18] 路福平．微生物学．北京：中国轻工业出版社，2005.

[19] 于淑萍．微生物基础．北京：化学工业出版社，2005.

[20] Adams M R，Moss M O. Food Microbiology. Second Edition. London：Royal Society of Chemistry，2000.

[21] Jay M J. Modern Food Microbiology. New York：Aspen Publishers，2000.

[22] Yousel A E，Carlstrom C. Food Microbiology：A Laboratory Manual. New York：WILEY-IEEE Publishers，2003.

[23] 王福源．现代食品发酵技术．2 版．北京：中国轻工业出版社，2004.

[24] 贾英民．食品微生物学．北京：中国轻工业出版社，2001.

[25] 蔡信之，黄君红．微生物学．北京：高等教育出版社，2002.

[26] 陈三凤，刘德虎．现代微生物遗传学．北京：化学工业出版社，2003.

[27] 岑沛霖，蔡谨．工业微生物学．北京：化学工业出版社，2000.

[28] 王福源．现代食品发酵技术．2 版．北京：中国轻工业出版社，2001.

[29] 蔡静平．粮油食品微生物学．北京：中国轻工业出版社，2002.

[30] 罗云波．食品生物技术导论．北京：中国农业大学出版社，2002.

[31] 张青，葛菁萍．微生物学．北京：科学出版社，2004.

[32] 沈萍．微生物学．北京：高等教育出版社，2000.

[33] 吕嘉枥．食品微生物学．北京：化学工业出版社，2007.

[34] 武汉大学微生物教研室，复旦大学微生物教研室．微生物学．北京：高等教育出版社，2000.

[35] 郑晓冬．食品微生物学．杭州：浙江大学出版社，2000.

[36] Brian J B Wood. 发酵食品微生物学．徐岩译．北京：中国轻工业出版社，2001.

[37] 张松．食用菌学．广州：华南理工大学出版社，2000.

[38] 牛天贵．食品微生物学实验技术．北京：中国轻工业出版社，2004.

[39] 万萍，朱维军，李善斌．食品微生物基础与实验技术．北京：科学出版社，2004.

[40] 赵斌，何绍江．微生物学实验．北京：科学出版社，2002.

[41] 肖琳，杨柳燕，尹大强．环境微生物实验技术．北京：中国环境科学出版社，2002.

[42] 杨文博．微生物学实验．北京：化学工业出版社，2002.

[43] 钱存柔，黄仪秀．微生物实验教程．北京：北京大学出版社，2000.

[44] 王聪．Cell 重磅：史上最大规模研究，揭开人类食物中的微生物群及其对健康的影响［EB/OL］．（2024-08-31）［2024-12-15］.

[45] 卞德龙．广东省科学院微生物研究所领衔攻关食品微生物安全关键技术［N/OL］. 南方新闻网，2022-04-16［2025-12-22］.

［46］ 昊岳 . 益生菌｜从朦胧认知到健康守护的漫长旅程［EB/OL］.（2024-12-12）［2024-12-18］.

［47］ 国家卫生健康委员会 . 国家卫生健康委员会发布慎吃长时间发酵的酵米面类食品的提示［EB/OL］.（2020-10-19）［2024-11-30］.

［48］ 张兆都 . 防腐剂多没营养？罐头一直被误解了［N］. 科普中国，2025-03-19.

［49］ 深圳市疾控中心 . 一起米酵菌酸中毒事件的病因学诊断［J］. 中国食品卫生杂志，2022，34（3）.

［50］ 宋文珍 . 微生物蛋白"跑"上生产线［N］. 人民日报，2025-03-25.